浙江省普通本科高校“十四五”重点立项建设教材

PRACTICAL TECHNIQUES FOR PREPARATION OF BIOLOGICAL MICROSCOPIC SPECIMENS

实用生物学制片技术

敖成齐　马增岭◎主编

ZHEJIANG UNIVERSITY PRESS
浙江大学出版社
·杭州·

图书在版编目(CIP)数据

实用生物学制片技术/敖成齐,马增岭主编. —杭州:浙江大学出版社,2023.12
ISBN 978-7-308-24441-1

Ⅰ.①实… Ⅱ.①敖… ②马… Ⅲ.①生物—标本制作—教材 Ⅳ.①Q-34

中国国家版本馆CIP数据核字(2023)第232750号

封面图解:光学显微镜下的落地生根 *Bryophyllum pinnatum* Oken 的叶表皮形态(番红染色、酒精脱水兼褪色、加拿大树胶封固的永久装片),示叶表皮细胞和两个不等细胞型气孔器。

实用生物学制片技术
SHIYONG SHENGWUXUE ZHIPIAN JISHU
主编 敖成齐 马增岭

策划编辑 阮海潮(1020497465@qq.com)
责任编辑 阮海潮
责任校对 王元新
封面设计 雷建军
出版发行 浙江大学出版社
(杭州市天目山路148号 邮政编码310007)
(网址:http://www.zjupress.com)
排　　版 杭州星云光电图文制作有限公司
印　　刷 杭州宏雅印刷有限公司
开　　本 787mm×1092mm 1/16
印　　张 12.75
字　　数 286千
版 印 次 2023年12月第1版 2023年12月第1次印刷
书　　号 ISBN 978-7-308-24441-1
定　　价 65.00元

序

《实用生物学制片技术》是一本极具特色的实验教材。该书采用模块化编写形式，显微镜、生物制片技术和组织化学技术三个模块相对独立，又唇齿相依。该书通篇体现了两个多样性，即制片技术多样性和生物类群多样性。

该书从技术手段上看，既有非切片法，又有切片法；既有光学显微镜制片，又有透射电镜制片。非切片法包括整体封片、涂片、装片、压片、离析，由浅入深；切片法包括徒手切片、冰冻切片、石蜡切片、火棉胶切片、Technovit 切片、树脂切片（超薄切片），由易到难，体现了人类认知的顺序。从内容上看，既有植物学制片，又有动物学制片，两者分别按照从简单到复杂、从水生到陆生、从低级到高级的顺序编排，体现了生物进化的顺序。

该书的第一主编敖成齐老师长期从事生物制片工作，并将生物制片技术运用到实验教学中。该书中大部分原始照片是师生们实验工作的成果，而部分章节的编写则是他们的工作经验总结和心得体会。特别值得一提的是，2011 年 6—10 月，敖成齐老师在日本京都大学访学，从事山茱萸科落叶灌木青荚叶 *Helwingia japonica*（Thunb.）Dietr. 的胚胎学研究。在此期间，他除了深入开展理论研究之外，还潜心钻研 Technovit 切片技术。回国后，他在温州大学植物胚胎学研究室成功地"复制"了这项技术并应用于铁皮石斛 *Dendrobium catenatum* Lindl. 的胚胎学研究，观察到第二次受精的一系列证据，为解决兰科是否有双受精这一多年悬而未决的问题做出了重要贡献。

石蜡切片技术是应用最广泛的生物制片技术，在该书中有较详细的描述。石蜡包埋组织切片与流式细胞术相结合，用来测量 DNA 含量及分析染色体倍性，在植物细胞周期和植物多倍化研究领域是最有价值的技术手段之一。近年来，石蜡包埋组织切片用于原位核酸分子杂交技术中，可对材料中被杂交的 DNA 分子进行定位、含量分析或基因表达水平的测定，使得该技术又焕发出新的生机。

该书对 Technovit 切片技术进行了详细的描述，并附有作者使用该技术获得的大量原始照片，为同类实验教材所少见，也成为该书的一大特色与亮点。Technovit 切片技术是近年来兴起的以液体塑料渗透和包埋的切片技术，兼具石蜡切片的方便快捷和树脂切片的高质量，其制片质量甚至优于树脂切片，使其相对于传统的石蜡切片技术有较大优势。该技术采用普通切片机和普通刀片（或一次性刀片）切片，省时省力且经济实用，特别适用于一些缺乏高端装备而又希望获得较好制片效果的实验室。

该书的出版将有力促进实验教学工作和生物科学国家一流专业建设。

温州大学生命与环境科学学院院长

2023 年 11 月 20 日

前　言

生物制片是指制作生物组织或细胞的薄片，以便在光学显微镜或电子显微镜下观察的一种方法。生物制片技术是动物学、植物学、细胞生物学、组织胚胎学、病理解剖学等生命科学及医学领域观察研究组织细胞的形态结构及其生理、病理变化的一种技术。

生物制片始于何时，现已无法查证。1665 年，英国人罗伯特·虎克（Robert Hooke，1635—1703）用自制的显微镜观察软木的切片，第一次发现了细胞；1674 年，荷兰人列文虎克（Antonie van Leeuwenhoek，1632—1723）用改进的显微镜观察污水中的微小生物，第一次发现了细菌。以上两者都可以看作是生物制片技术的开端。

1859 年，克莱伯斯（Klebs）发明了石蜡切片，由于切片菲薄以及采用了染色手段，该技术得到了广泛的应用。此后，德雷尔（Dural）于 1879 年试制成功了一种火棉胶切片，对于一些容易脆碎的标本，该技术能获得良好的制片效果。到了近代，人们又利用聚苯乙烯等高分子化合物作显微切片包埋剂，将制片技术提升到了一个新高度。

将石蜡包埋组织切片与流式细胞术（flow cytometry，FCM）相结合，用于测量 DNA 含量及染色体倍性分析，为流式细胞仪在植物细胞周期和植物多倍化研究领域的应用开拓了新的途径。FCM 是激光、电子信息和计算机、流体喷射技术的综合应用，是一种快速定量分析细胞的技术，该技术要求被检细胞呈悬浮状态。目前，FCM 已可用于测量细胞的大小、体积、DNA 含量、DNA 合成速率、RNA 含量、表面抗原、染色体等。由于制备样品技术受限，以往许多流式分析仅限于采用新鲜组织标本。Hedley 等于 1983 年首先报道了通过 FCM 分析由石蜡包埋组织切片制备的分散细胞悬液来进行 DNA 含量的检测。FCM 能够从组织切片中获得足够数量的单个细胞，且其与从新鲜组织分离获得的单个细胞在形态及 DNA 含量组方图上均极为相似，而石蜡包埋块保存时间的长短对结果影响并不大。

石蜡切片标本是形态计量技术的基础。形态计量技术是近年发展起来的一种新的定量检测技术，其采用全自动图像分析仪对组织和细胞内各种有形成分的数量、体积、长度及表面积等图像数据进行数学处理，以便对生物组织细胞及其结构成分的形态进行定量分析，如线粒体个数，内质网、细胞核及细胞质面积，使组织学及细胞学的研究由形态及定性观察转向形态定量化。形态计量从石蜡组织切片或涂片以及组织的光学显微镜照片和电子显微镜照片上的各种结构获取二维图像数据，通过软件处理，得出有价值的结构参数。这种数据准确性高、客观性强、重复性好，可减少或弥补观察者的主观性差异。

随着各种新仪器的问世和新技术方法的不断建立与使用，石蜡切片技术也逐渐扩展应用于许多新领域。此外，石蜡包埋组织切片还可用于细胞原位核酸分子杂交技术中，可对材料中被杂交的 DNA 分子进行定位、含量分析，或观察基因表达（mRNA）水平。聚合酶链式反应（PCR）技术可用于石蜡包埋组织的 DNA 分析，使研究进入了分子水平。

水体的污染和富营养化导致水生生物体内积累了大量有害物质。这些物质通过食物链最后进入人体，严重影响人类的健康。通过组织化学技术，我们可以对有害物质进行定位并鉴定其种类，为相关部门制定环境保护政策提供理论依据。在医学上，组织切片技术是快速、准确地诊断组织病变的技术手段之一；免疫组织化学技术利用抗原与抗体的特异性结合来定性和定量检测多肽、蛋白质等生物大分子。在农业生产上，组织切片技术是植物病理学研究的主要技术手段之一。

现有的生物制片教材出版于 20 世纪 80 年代（徐绥峻，1987；曾小鲁，1989）。30 多年来，一直未见同类教材的出版发行。21 世纪科学技术迅猛发展，传统的生物制片技术正以前所未有的速度渗透到海洋和环境保护、“新医科”、“新农科”、生命科学等多学科领域。广大师生和科研人员迫切需要一部能紧跟时代步伐、整合最新生物制片技术的新教材，来学习生物制片技术和指导科研工作。

近年来，一方面，由于我国社会经济的快速发展，原有的很多切片单位纷纷停产或转型；另一方面，高等院校的扩大招生增加了对生物制片的需求。若生物学实验教学中的相关切片（或装片）得不到及时补充，则会影响实验教学的正常开展。广大一线教师和教学辅助人员需要掌握基本的制片技术，以便及时补充切片资源，为正常的教学服务。

本书从显微镜、生物制片技术和组织化学技术三个方面展开，每个方面又分为章、节、知识点三级结构，从宏观上构建了一套完整的知识体系。

本书共八章。第一章介绍了显微镜的发明及其改进、显微镜的构造和使用、显微镜与生物制片的关系，以及透射电镜的发明、构造和工作原理。第二章介绍了切片机、染色工具等主要设备。第三章介绍了固定剂、脱水剂、透明剂、包埋剂、粘贴剂、染色剂和封固剂等常用试剂。第四章介绍生物制片的技术原理及其改进历程，重点介绍了固定和染色原理。第五章介绍了整体封片、涂片、装片、压片、离析、徒手制片、冰冻切片、石蜡切片、火棉胶切片、Technovit 切片和超薄切片等常规生物制片技术。第六章是生物制片举例。第七章是组织化学技术(生物显微化学鉴定)。第八章是毒理学技术。附录介绍了测微尺的构造和使用。

编写中,我们把显微镜、主要设备和常用试剂安排在前三章,这是因为显微镜是生物制片的技术基础,而主要设备和常用试剂是生物制片的物质基础。

第四章是生物制片的技术原理。读者只有在弄懂生物制片原理,特别是固定和染色等关键步骤的原理后,才能卓有成效地学习和掌握生物制片技术。

在第五章,我们安排了生物制片技术的介绍,按照从非切片法到切片法顺序编排。非切片法按照整体封片、涂片、装片、压片、离析的顺序,由简单到复杂,循序渐进;切片法从徒手切片、冰冻切片、石蜡切片、火棉胶切片、Technovit 切片,到供透射电镜观察的树脂切片(超薄切片),由易到难,由浅入深。

第六章是常用生物制片举例。从技术手段上,既有光学显微镜制片,又有透射电镜制片,光学显微镜制片在前,透射电镜制片在后(按照人类认知顺序)。从内容上,既有植物学制片,又有动物学制片,植物学制片在前,动物学制片在后。两者分别按照从简单到复杂、从水生到陆生、从低级到高级的顺序编排(按照生物进化顺序)。

第七章是组织化学技术(生物显微化学鉴定),包括细胞中后含物的鉴定、色素的鉴定、核酸的鉴定和酶的鉴定等。本章和第八章毒理学技术都是切片技术在现实生活中的应用,实现了从理论到实践的衔接过渡,体现了学以致用的教学理念。

相对于传统的生物制片教材,本书有以下几个特色。

(1)本书把显微镜从“主要设备”中分离出来,单独列为一章,并增加了透射电子显微镜的发明、构造和工作原理。这种处理与同类教材有很大的不同。显微镜是生物制片的基础,显微镜的改进推动了生物制片技术的革新(见第一章第四节“显微镜与生物制片的关系”)。显微镜在生物制片中的意义举足轻重,将其作为独立的一章是教学的必然要求。

(2)本书对 Technovit 切片技术进行了详细的描述,并附有作者使用该技术获得的大量原始照片,这是以往同类教材均没有的。Technovit 切片技术是近年来刚刚兴起的一种以液体塑料渗透和包埋的切片技术,相对于传统的石蜡切片技术有较大优势:制片质量高,可与树脂切片相媲美,甚至优于树脂切片,且相对于后者简单了许多,又经济实用。这项技术在国内使用得还很少,非常有推广价值。

(3)本书增加了超薄切片技术(透射电镜制样技术),与“透射电子显微镜”这部分内容相呼应,同时也便于读者从纵向上把握切片技术的发展。

(4)本书大部分制片结果都附有照片,不但向读者展示了制片效果,而且描述了制片后观察到的细节,更具知识性。

本书可供高等师范院校、综合性大学,以及农林医药院校的生物科学、生物技术等相关专业作为通识课“生物制片技术”的教材使用,也可供中学生物学教师作为实验教学参考书使用,同时对海洋和环境保护、“新医科”“新农科”、生命科学领域的广大科研工作者也有一定的参考价值。

由于作者学识有限,本书难免有错误和不足之处,恳请读者批评指正,以便再版时修改完善。

主　编

目　录

第一章

显微镜

第一节　显微镜的发明及其改进

人们对未知世界的好奇和探索一直就没有停止过。早在公元前 1 世纪，人们就已发现通过球形透明物体观察微小物体时，可以使其放大成像，后来逐渐对球形玻璃表面能使物体放大成像的规律有了认识。古罗马人发现使用盛满水的玻璃器皿可以放大书本上的文字，拉开了人类使用透镜来增强视力的序幕，推动了建立在透镜原理基础上的显微镜的发明。表面为曲面的玻璃或其他透明材料制成的光学透镜可以使物体放大成像，光学显微镜就是利用这一原理把微小物体放大到人眼足以观察的尺寸。1590 年，荷兰和意大利的眼镜制造者已经造出类似显微镜的放大仪器。1610 年前后，意大利的伽利略和德国的开普勒在研究望远镜的同时，通过改变物镜和目镜之间的距离，得出合理的显微镜光路结构。当时的光学工匠纷纷从事显微镜的制造、推广和改进。

17 世纪中叶，英国的罗伯特·虎克和荷兰的列文虎克都对显微镜的发展做出了卓越的贡献。1665 年，罗伯特·虎克用自制的显微镜观察软木的切片，第一次发现了细胞。罗伯特·虎克自制的显微镜也被认为是世界上第一台光学显微镜（light microscope，LM，或 optical microscope，OM），他在显微镜中加入粗动和微动调焦机构、照明系统、承载标本片的工作台。这些部件经过不断改进，成为现代显微镜的基本组成部分。1673—1677 年，列文虎克制成单组元放大镜式的高倍显微镜，其中 9 台保存至今。

19 世纪初，高质量消色差浸液物镜的出现使得显微镜观察微细结构的能力大为提高。1827 年，阿米奇第一个采用了浸液物镜。19 世纪 70 年代，德国人阿贝奠定了显微镜成像的古典理论基础。这些都促进了显微镜制造和显微观察技术的迅速发展，并为 19 世纪后半叶包括科赫、巴斯德等在内的生物学家和医学家发现细菌等微生物提供了有力的工具。

在显微镜本身结构发展的同时，显微观察技术也在不断创新：1850 年出现了偏光显微术；1893 年出现了干涉显微术；1935 年荷兰物理学家泽尔尼克（Frits F. Zernike，1888—1966）创造了相衬显微术，他因此在 1953 年获得了诺贝尔物理学奖。

古典的光学显微镜只是光学元件和精密机械元件的组合，它以人眼作为接收器来观察放大的像。后来在显微镜中加入了摄影装置，以感光胶片作为记录和存储信息的介质。现代又普遍采用光电元件、电子摄像管和电感耦合器等作为显微镜的接收器，配以微型电子计算机后构成完整的图像信息采集和处理系统。

近代光学显微镜通常采用两级放大，分别由物镜和目镜完成。被观察物体位于物镜的前方，被物镜第一级放大后成一倒立的实像，然后此实像再被目镜第二级放大，成一虚像，人眼看到的就是虚像。而显微镜的总放大倍数就是物镜放大倍数和目镜放大倍数的乘积。例如，观察细菌等微小生物时需要使用油镜，油镜的放大倍数是 100 倍，如果使用的是 10 倍的目镜，那么可获得 1000 倍的总放大倍数，这就意味着光学显微镜使人眼的分辨率提高了上千倍。

第二节　显微镜的构造

显微镜由光学系统和机械装置两部分组成。显微镜的光学系统主要包括反光镜（或无）、聚光器、物镜和目镜等部件，广义上也包括照明光源、滤光器、盖玻片和载玻片等。显微镜的机械装置主要有镜座、镜臂、载物台、镜筒、物镜转换器、调焦装置（粗准焦螺旋和细准焦螺旋）等（图 1-1、图 1-2）。

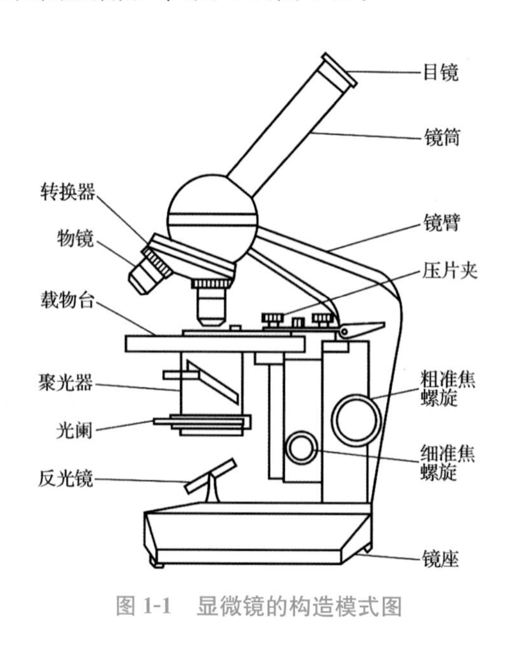

图 1-1　显微镜的构造模式图

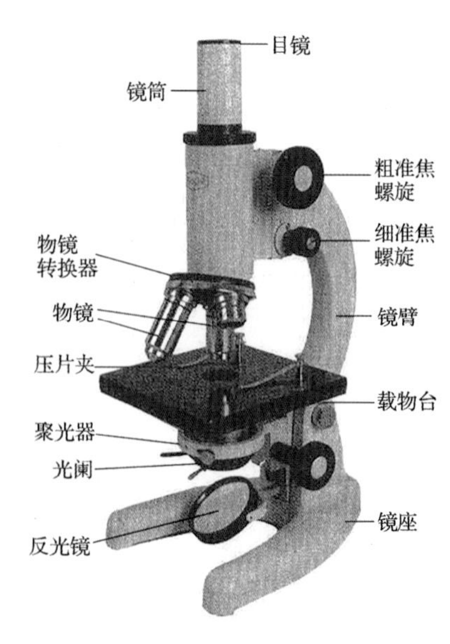

图 1-2　显微镜实物图

一、光学系统

（一）物镜

物镜是决定显微镜性能最重要的部件之一，其安装在物镜转换器上，接近被观察的物体，故又称接物镜（图 1-3）。物镜的放大倍数与其长度成正比，物镜放大倍数越大，物镜越长。

图 1-3　显微镜的物镜

1. 物镜的分类

物镜根据使用条件的不同可分为干燥物镜和浸液物镜，其中，浸液物镜又可分为水浸物镜和油浸物镜（常用放大倍数为 100×）。物镜根据放大倍数的不同可分为低倍物镜（10×及以下）、中倍物镜（20×）和高倍物镜（40×及以上）。

2. 物镜的主要参数

物镜的主要参数包括放大倍数、数值孔径和工作距离。

（1）放大倍数是指眼睛看到像的大小与对应标本大小的比值，它是长度的比值而不是面积的比值。例如，放大倍数为 100×，指的是长度是 1μm 的标本，放大后像的长度是 100μm，要是以面积计算，则放大了 10000 倍。

显微镜的总放大倍数等于物镜和目镜两者放大倍数的乘积。

（2）数值孔径也称镜口率，简写为 NA 或 A，它是物镜和聚光器的主要参数，与显微镜的分辨力成正比。干燥物镜的数值孔径为 0.05～0.95，油浸物镜（香柏油）的数值孔径为 1.25。

（3）工作距离是指当所观察的标本最清楚时，物镜的前端透镜下面到标本的盖玻片上面的距离。物镜的工作距离与物镜的焦距有关，物镜的焦距越长，放大倍数越低，其工作距离就越长。例如，10 倍物镜上标有 10×/0.25 和 160/0.17，其中 10×为物镜的放大倍数，0.25 为数值孔径，160 为镜筒长度（单位：mm），0.17 为盖玻片的标准厚度（单位：

mm)。10 倍物镜的工作距离为 6.5mm,40 倍物镜的工作距离为 0.48mm。

3. 物镜的作用

物镜的作用是将标本作第一级放大,它是决定显微镜性能(分辨力)最重要的部件。分辨力也称分辨率或分辨本领。分辨力的大小是用分辨距离(所能分辨开的两个物点间的最小距离)的数值来表示的。在明视距离(25cm)之处,正常人眼能看清相距 0.073mm 的两个物点,这个 0.073mm 的数值即为正常人眼的分辨距离。显微镜的分辨距离越小,即表示它的分辨力越高,也就是表示它的性能越好。

显微镜分辨力的大小是由物镜的分辨力来决定的,而物镜的分辨力又是由它的数值孔径和照明光线的波长决定的。

(二)目镜

目镜安装在镜筒的上端,因为它靠近观察者的眼睛,所以也称接目镜。

1. 目镜的结构

通常目镜由上、下两组透镜组成,上面的透镜称为接目透镜,下面的透镜称为会聚透镜或场镜。上、下透镜之间或场镜下面装有一个光阑(它的大小决定了视场的大小),因为标本正好在光阑面上成像,可在这个光阑上粘一小段毛发作为指针,用来指示具有某个特点的目标,也可在其上面放置目镜测微尺,用来测量所观察标本的大小。目镜的长度越短,放大倍数就越大(因目镜的放大倍数与目镜的焦距成反比)。

2. 目镜的作用

目镜的作用是将已被物镜放大的、分辨清晰的实像进一步放大,达到人眼容易分辨清楚的程度。常用目镜的放大倍数为 5～20 倍,有 5×、10×、16×等规格型号(图 1-4)。

图 1-4　显微镜的目镜

3. 目镜与物镜的关系

物镜已经分辨清楚的细微结构,假如没有经过目镜的再放大,达不到人眼所能分辨的大小，那就看不清楚；但物镜所不能分辨的细微结构，虽然经过高倍目镜的再放大，也还是看不清楚，所以目镜只能起放大作用，不会提高显微镜的分辨力。有时虽然物镜能分辨两个靠得很近的物点，但由于这两个物点的像的距离小于眼睛的分辨距离，还是无法看清，所以目镜和物镜既相互联系，又彼此制约。

(三)聚光器

聚光器也称集光器，位于标本下方的聚光器支架上。聚光器主要由聚光镜和可变光阑组成(图 1-1)，其中，聚光镜可分为明视场聚光镜(普通显微镜配置)和暗视场聚光镜。

1. 聚光镜的主要参数

数值孔径(NA)是聚光镜的主要参数，最大数值孔径一般是 1.2～1.4。数值孔径有一定的可变范围，通常刻在上方透镜边框上的数字是代表最大的数值孔径，通过调节下部可变光阑的开放程度，可得到此数字以下各种不同的数值孔径，以适应不同物镜的需要。有的聚光镜由几组透镜组成，最上面的一组透镜可以卸掉或移出光路，使聚光镜的数值孔径变小，以适应低倍物镜观察时的照明。

2. 聚光镜的作用

聚光镜相当于凸透镜，起会聚光线的作用，以增强标本的照明。一般把聚光镜的聚光焦点设计在它上端透镜平面上方约 1.25mm 处。

3. 可变光阑

可变光阑也称光圈，位于聚光镜的下方，由十几张金属薄片组成，中心部分形成圆孔。其作用是调节光强度和使聚光镜的数值孔径与物镜的数值孔径相适应。可变光阑开得越大，数值孔径就越大(观察完毕，应将可变光阑调至最大)。

不是所有的显微镜都配有聚光器，有的显微镜配的是旋转光栏。旋转光栏是紧贴在载物台下能做圆周运动的圆盘，也称遮光器。光栏上有大小不等的圆孔，称为光阑，直径分别为 2mm、3mm、6mm、12mm、16mm。转动旋转光栏，光栏上每个光阑都可以正对通光孔，通过大小不等的光阑来调节光线的强弱。

(四)反光镜

反光镜是一个可以随意转动的双面镜，直径为 50mm，其作用是将从任何方向射来的光线经通光孔反射上来。反光镜通常一面是平面镜，另一面是凹面镜，装在聚光器下面，可以在水平与垂直两个方向上任意旋转。平面镜反射光线的能力较弱，可在光线较强时使用；凹面镜反射光线的能力较强，可在光线较弱时使用。反光镜的作用是使由光源发出的光线或天然光射向聚光器。用聚光器时一般用平面镜，不用聚光器时用凹面镜。观察完毕，应将反光镜竖直放置。

(五)照明光源

显微镜的照明可以用天然光源或人工光源。

1. 天然光源

光线来自天空,最好是由白云反射来的。不可利用直接照来的太阳光。

2. 人工光源

常用的人工光源是显微镜灯和日光灯等。对人工光源的基本要求是,要有足够的发光强度且光源发热不能过强。

现代光学显微镜一般自带照明灯(显微镜灯),采用的是人工光源,故显微镜中不再配置反光镜(图 1-5)。

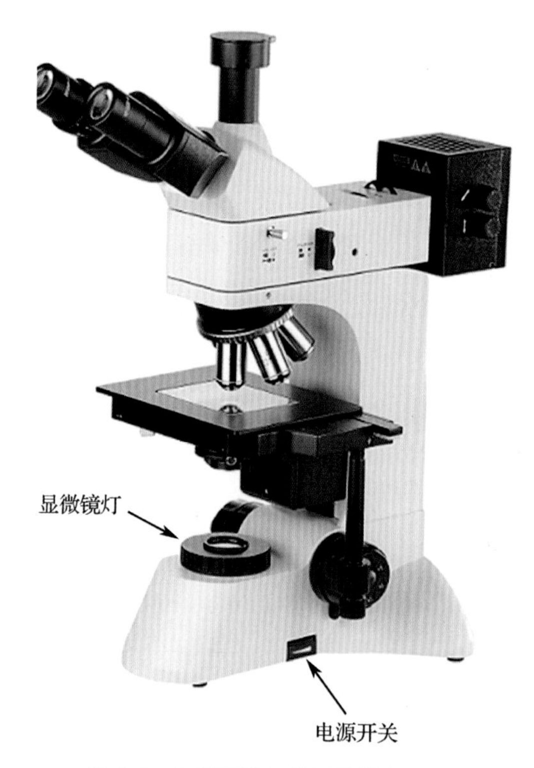

图 1-5　自带照明灯的显微镜实物图

(六)滤光器

滤光器安装在光源和聚光器之间,其作用是让所选择的某一波段的光线通过,而吸收掉其他波段的光线,即改变光线的光谱成分或削弱光的强度。滤光器分为两类,即滤光片和液体滤光器。

(七)盖玻片和载玻片

盖玻片和载玻片的表面应相当平坦,无气泡,无划痕,最好选用无色且透明度好的玻璃,使用前应洗净。盖玻片的标准厚度是(0.17±0.02)mm。不用盖玻片或盖玻片厚度不合适,都会影响成像质量。载玻片的标准厚度是(1.1±0.04)mm,一般可用范围是 1.0～1.2mm,太厚会影响聚光器效能,太薄则容易破裂。

二、机械装置

机械装置是显微镜的重要组成部分,主要由镜座、镜臂、载物台、镜筒、物镜转换器、调焦装置(粗准焦螺旋和细准焦螺旋)组成。其作用是固定与调节光学镜头,以及固定与移动标本等。

(一)镜座和镜臂

镜座的作用是支撑整个显微镜,装有反光镜,有的还装有照明光源。镜臂分固定和可倾斜两种,作用是支撑镜筒和载物台。

(二)载物台(又称工作台、镜台)

载物台的作用是安放载玻片,形状有圆形和方形两种,其中,方形的尺寸为 120mm×110mm。载物台的中心有一个通光孔,通光孔后方左右两侧各有一个安装压片夹用的小孔。载物台分为固定式与移动式两种。有的载物台的纵、横坐标上装有游标尺,游标尺可用来测定标本的大小,也可用来对被检部分做标记。

(三)镜筒

镜筒上端装目镜,下端连接物镜转换器。机械筒长(从目镜管上缘到物镜转换器螺旋口下端的距离称为镜筒长度或机械筒长)不能变更的叫作固定式镜筒,能变更的叫作调节式镜筒。新式显微镜大多采用固定式镜筒,国产显微镜也大多采用固定式镜筒。国产显微镜的机械筒长通常是 160mm。

安装目镜的镜筒有单筒和双筒两种。单筒又可分为直立式和倾斜式两种,双筒则都是倾斜式的。双筒显微镜,两眼可同时观察以减轻眼睛的疲劳。双筒之间的距离可以调节,而且其中有一个目镜有屈光度调节(即视力调节)装置,便于两眼视力不同的观察者使用。

(四)物镜转换器

物镜转换器固定在镜筒下端,有 3～4 个物镜螺旋口,物镜应按放大倍数高低顺序排列。旋转物镜转换器时,应用手指捏住旋转碟旋转,不要用手指推动物镜,这是因为时间一长容易使光轴歪斜,导致成像质量变差。

(五)调焦装置

显微镜上装有粗准焦螺旋和细准焦螺旋。有的显微镜的粗准焦螺旋与细准焦螺旋装在同一轴上,大螺旋为粗准焦螺旋,小螺旋为细准焦螺旋。有的则分开安置,位于镜臂上端较大的一对螺旋为粗准焦螺旋,其转动一周,镜筒上升或下降 10mm;位于粗准焦螺旋下方较小的一对螺旋为细准焦螺旋,其转动一周,镜筒升降值为 0.1mm。细准焦螺旋调焦范围不小于 1.8mm。

第三节　显微镜的使用

一、显微镜的使用方法

1. 养成良好的观察习惯

使用单筒显微镜时，要养成用左眼观察的习惯（一般用右手画图），观察时要两眼同时睁开，不要睁一只眼闭一只眼，避免视觉疲劳。

2. 倾斜关节的使用

直筒显微镜的镜臂与镜座连接处是一个机械关节，叫倾斜关节，可用于调节镜筒的倾斜度，便于观察。镜臂不能过于后倾，一般不超过 40°。在观察临时装片时，禁止使用倾斜关节（当镜筒倾斜时，载物台也随之倾斜，载玻片上的液体易流出），尤其是当装片内含酸性试剂时严禁使用倾斜关节，以免污损镜体。

3. 目镜和物镜的使用

一般都是从一个放大倍数适中的目镜（10×）和最低倍的物镜开始观察，逐步改用倍数较高的物镜，从中找到符合实验要求的放大倍数。

转换物镜时，先用低倍物镜观察，调节到适当的工作距离（成像最清晰）。如果进一步使用高倍物镜观察，应在转换高倍物镜之前，把物像中需要放大观察的部分移至视野中央（将低倍物镜转换成高倍物镜观察时，视野中的物像范围缩小了很多）。通常认为，使用任何一个物镜时，有效放大倍数的上限是 1000 乘以它的数值孔径，下限是 250 乘以它的数值孔径。如 40 倍物镜的数值孔径是 0.65，则上、下限分别为 $1000\times0.65=650$ 倍和 $250\times0.65\approx163$ 倍。超过有效放大倍数上限的是无效放大，不能提高观察效果；低于有效放大倍数下限的人眼无法分辨，不利于观察。

4. 油浸物镜的使用

用油浸物镜时，只在标本片上滴香柏油。观察完毕，要及时进行清洁，如不及时清洁，香柏油粘上灰尘，擦拭时灰尘粒子可能会磨损透镜；若香柏油在空气中暴露时间长，还会变稠、变干，擦拭很困难，对仪器很不利。擦拭要细心，动作要轻。油浸物镜前端先用干的擦镜纸擦一两次，把大部分油去掉，然后用二甲苯滴湿的擦镜纸擦两次，最后用干的擦镜纸擦一次。

5. 聚光器的使用

视野的亮度与放大倍数的平方成反比，即放大倍数越高，被透镜吸收的光线也越多，则视野就越暗。为了得到足够的亮度，必须安装聚光器，把光线集中到所要观察的标本上。

(1)观察时聚光器应处的高度:观察时,要保证得到最好的观察效果,聚光器的聚光焦点应正好落在标本上。要实现这个条件,就必须调节聚光器的高度。当用平行光照明时,聚光器的聚光焦点是在它上端透镜平面中心上方约 1.25mm 处。因此,在观察时将聚光器上升到它上端透镜平面仅稍稍低于载物台平面的高度,这样聚光焦点就可能落在位于标准厚度载玻片上的标本上。当使用比标准厚度薄的载玻片来承放标本时,聚光器的位置要相应地降低一些;而当使用过厚载玻片时,聚光焦点只能落在标本下方,不利于精细观察。

(2)聚光器与物镜的配合:使聚光器和物镜的数值孔径一致,可以更好地进行精细观察。假如聚光器的数值孔径低于物镜的数值孔径,那么物镜的部分数值孔径就浪费了,从而达不到它的最高分辨力。假如聚光器的数值孔径大于物镜的数值孔径,则一方面不能提高物镜的标定分辨力,另一方面反而由于照明光束过宽,导致物像的清晰度下降。聚光器与物镜配合的操作方法是:在完成照明、调焦操作后,取下目镜直接向镜筒中看,把聚光器下的可变光阑调到最小,再慢慢地开大,开到它的口径与所见视野的直径恰好一样大,然后装上目镜,即可进行观察。每转换一次物镜,都要进行这样的配合操作。有的聚光器可变光阑的边框上刻有表示开启口径的尺度,可以根据刻度来进行配合。

二、显微镜的使用规程

(1)实验时要把显微镜放在桌面上稍偏左的位置,镜座应距桌沿 6～7cm。

(2)打开光源开关,调节光强到合适大小。

(3)转动物镜转换器,使低倍镜头正对载物台上的通光孔。先把镜头调节至距载物台 1～2cm 处,然后用左眼注视目镜内,接着调节聚光器的高度,把孔径光阑调至最大,使光线通过聚光器射入镜筒内,这时视野内呈明亮的状态。

(4)将所要观察的玻片放在载物台上,使玻片中被观察的部分位于通光孔的正中央,然后用标本夹夹好载玻片。

(5)先用低倍镜观察(物镜 10×、目镜 10×)。观察之前,先转动粗准焦螺旋,使载物台上升,物镜逐渐接近玻片。需要注意的是,不能使物镜触及玻片,以防镜头将玻片压碎。然后,左眼注视目镜内,同时右眼不要闭合,并转动粗准焦螺旋,使载物台慢慢下降,不久即可看到玻片中材料的放大物像。

(6)如果在视野内看到的物像不符合实验要求(物像偏离视野),可慢慢调节载物台移动手柄。调节时应注意玻片移动的方向与视野中看到的物像移动的方向相反。如果物像不甚清晰,可以调节细准焦螺旋,直至物像清晰为止。

(7)一般功能正常的显微镜,低倍物镜和高倍物镜基本齐焦。在用低倍物镜观察清晰时,换高倍物镜应可以见到物像,但物像不一定很清晰,可以转动细准焦螺旋进行调节。

(8)在转换高倍物镜并且看清物像之后,可以根据需要调节孔径光阑的大小或聚光器的高低,使光线符合要求(一般将低倍物镜换成高倍物镜观察时,视野要稍变暗一些,所以需要调节光线强弱)。

(9)观察完毕,应先将物镜镜头从通光孔处移开,然后将孔径光阑调至最大,再将载物台缓缓落下,并检查零件有无损伤(特别要注意检查物镜是否沾水沾油,如沾了水或油,要用镜头纸擦净),检查处理完毕即可收纳装箱。

第四节　显微镜与生物制片的关系

显微镜是人眼视觉的延伸,它帮助人们打开了微观世界的大门,其意义是无比巨大的。人眼要看清物体,除了有光和适当的工作距离,还需要有对比度。显微镜解决了“光”和“工作距离”的问题,即通过调节光学系统可获得“适合的光”,通过转动准焦螺旋可“调焦”(调整工作距离),从而获得“适合的工作距离”。但显微镜不能解决“对比度“问题”,这个问题需要通过制片来解决:在制片过程中,通过染色来获得对比度。通过染色,尽可能最大限度地获得材料不同部位之间的对比度,便于用显微镜观察。对比度越大,反差越大,图像越清晰。

绝大多数生物材料在自然状态下是不适合显微观察的。这是因为对于一般的材料光线不易透过,而且组织内的各个细胞之间以及细胞内的各个组分之间的折射率相差很小,即使光线可透过,也难以辨明。只有将材料制成薄片,让光线充分透过细胞间隙,再通过染色获得反差对比,才可以在显微镜下清楚显示细胞组织的形态结构。生物制片还可以显示细胞中某些化学成分及其含量的变化。即使是一些容易分散的细胞,如植物的花粉和人的血细胞,也需要制成装片或涂片,让光线充分地透过细胞间隙,才能在显微镜下观察。这说明生物制片是显微观察的前提和基础,没有生物制片,显微镜将无用武之地。

没有显微镜,生物制片也将因无法观察而失去意义,而且显微镜的改进也在不断推动生物制片技术的革新,例如,光学显微镜发展到电子显微镜,用电子束代替光束“照射”到标本上。由于电子束的穿透力很弱,用于透射电镜观察的标本须制成厚度约为 50nm 的超薄切片。这一需要极大地推动了包埋技术和切片技术的发展。

总之,显微镜与生物制片既相辅相成,又互为前提和基础。

第五节　透射电子显微镜的发明、构造和工作原理

大多数高等植物细胞的直径为 10～200μm,少数植物的细胞较大,如番茄果肉细胞、西瓜瓤细胞直径可达 1mm。高等动物细胞的直径一般为 10～100μm,多数为 20～30μm,但也有例外,如鸵鸟卵细胞的直径为 5cm,人卵细胞的直径为 200μm;有些神经细

胞的突起可长达1m，但细胞体的直径不会超过100μm；人的红细胞的直径为7μm。一般细菌直径都在1μm以上。典型细菌的大小可用大肠杆菌作代表，它的细胞平均长度为2μm，宽为0.5μm。而芬兰科学家发现了一种能引起尿结石的纳米细菌，是迄今所知的最小细菌，其细胞最小直径为50nm，甚至比最大的病毒还要小。

人眼能看到的最小颗粒是200μm。光学显微镜可以获得1000倍的放大倍率，使人眼能分辨0.2μm的微细颗粒。这就意味着，植物细胞、动物细胞和大多数细菌在光学显微镜下均可以看到。光学显微镜下无法看清的直径小于0.2μm的细微结构，称为亚显微结构或超微结构。要想看清这些结构，就必须选择波长更短的光源，以提高显微镜的分辨率，透射电子显微镜就是在这样的背景下产生的。

透射电子显微镜（transmission electron microscope，TEM）简称透射电镜。它的工作原理是：把经加速和聚集的电子束透射到非常薄的样品上，电子与样品中的原子碰撞而改变方向，从而产生立体角散射，散射角的大小与样品的密度、厚度等相关，因此可以形成明暗不同的影像，影像经放大、聚焦后在成像器件上显示出来。

一、透射电子显微镜的发明

肉眼看不到的病毒作为一个物种，很可能从地球生命诞生之初就已经存在，而人类从意识到有病毒存在至看到病毒的模样、弄清病毒的内部结构却经历了一个漫长的过程。“病毒”早在19世纪末就已被科学家们证明肯定存在，但用当时最先进的光学显微镜却始终找不到病毒的踪影。

1927年，德国的恩斯特·鲁斯卡（Ernst Ruska）还是个没毕业的学生，他加入了柏林高等工业学院马克斯·克诺尔（Max Knoll）教授的研究团队，他们当时的主要目标是研发高性能的阴极射线示波器。1929年，鲁斯卡在用磁透镜和静电透镜使电子束成像的实验研究中取得了可喜的初步进展，并与克诺尔开始着手研制透射电子显微镜。鲁斯卡与克诺尔仅仅用了两年时间就成功研制了具有两个磁透镜的透射电子显微镜，放大倍数虽然只有16～17倍，但证实了使用电子束和电子透镜可以形成与光学透镜相同的电子像。鲁斯卡再接再厉，他设法进一步缩小磁场范围，减小焦距。1933年，他用改进后的磁透镜终于获得了放大12000倍的电子显微像——这可以说是现代电子显微镜真正的鼻祖。至1938年，鲁斯卡等人制作的透射电子显微镜不但有聚光镜、高性能物镜、投影镜，还配备了更换样品、底片的装置，可获得3万倍放大率的图像。1939年，鲁斯卡与德国的古斯塔夫·考什（Gustav Kausche）、埃德加·潘库奇（Edgar Pfannkuch）一起在透射电子显微镜下观察到了烟草花叶病毒（tobacco mosaic virus，TMV）微小的杆状颗粒（直径18nm、长300nm），这是人类有史以来第一次看到病毒的“真身”。此时，距1898年贝杰林克首次证实有烟草花叶病毒存在已过去40多年。鲁斯卡对电子显微镜技术的发展做出了杰出贡献，但直到50多年后的1986年，鲁斯卡才与后来的扫描隧道显微镜发明者分享了诺贝尔物理学奖。

二、透射电子显微镜的构造和工作原理

(一)透射电子显微镜的构造

透射电子显微镜的总体结构包括镜体和辅助系统两大部分(图 1-6)。为加深读者对透射电镜工作原理的理解,本书对镜体各部分的功能逐一加以介绍。

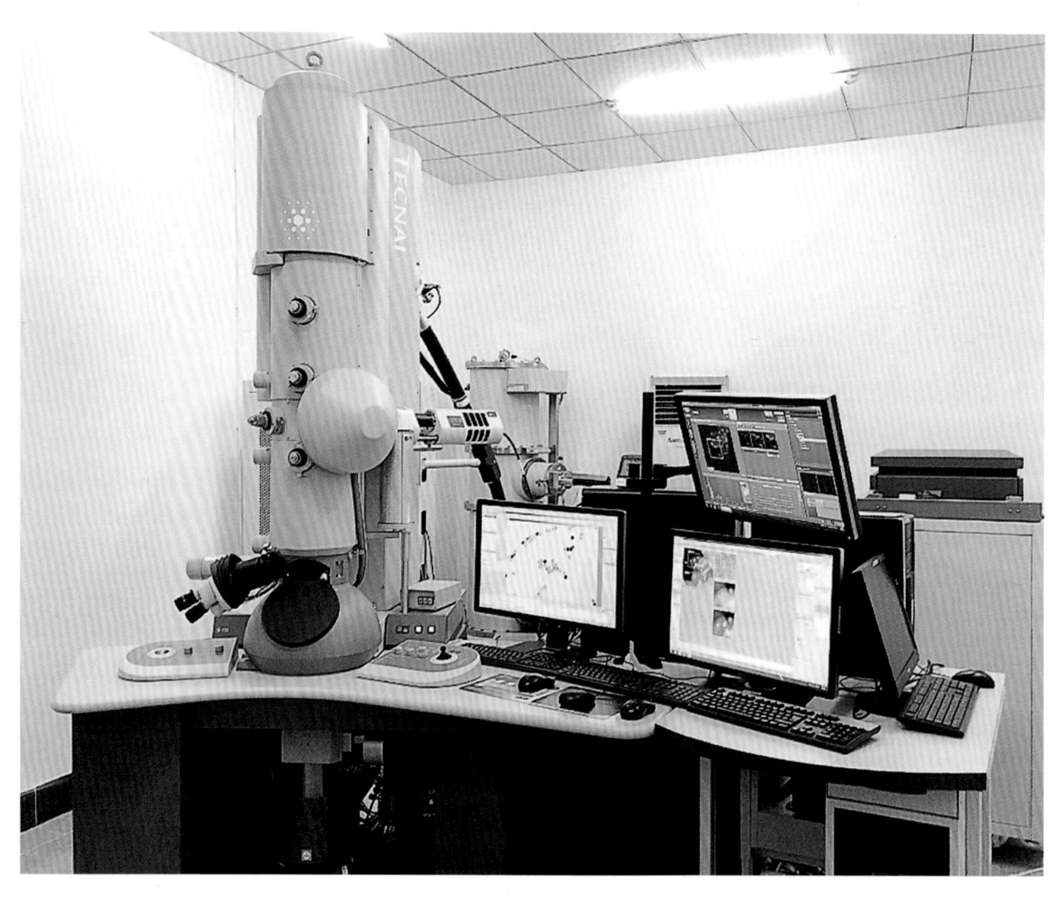

图 1-6 透射电子显微镜

1.镜体

(1)照明系统(电子枪、第 1 聚光镜和第 2 聚光镜)。电子枪的作用是发射电子,由阴极、栅极和阳极组成。阴极管发射的电子通过栅极上的小孔形成射线束,经阳极电压加速后射向聚光镜。聚光镜的作用是将电子束聚集得到平行光源。

(2)成像系统(样品室、物镜、中间镜和投影镜)。样品室是放置样品杆的地方,样品杆承载需要观察的样品。物镜的作用是聚焦成像和第一级放大;中间镜的作用是第二级

放大并控制成像模式;投影镜的作用是第三级放大。

(3)观察记录系统(观察室、照相室)。该系统的作用是将电子信号转换为可视影像,供使用者观察和拍照记录。

(4)调校系统(消像散器、束取向调整器、光阑)。光阑的作用是限制电子束的散射,更有效地利用近轴光线,提高成像质量和反差。电镜光学通道上多处加有光阑,以遮挡旁轴光线及散射光。

2. 辅助系统

(1)真空系统(机械泵、扩散泵、真空阀、真空规)。

(2)电路系统(电源变换、调整控制)。

(3)水冷系统。

(二)透射电子显微镜的工作原理

透射电子显微镜的工作原理:由电子枪发射出来的电子束,在真空通道中沿着镜体光轴穿越聚光镜,通过聚光镜将之会聚成一束尖细、明亮而又均匀的光斑,照射在样品室内的样品上。样品内致密处透过的电子量少,稀疏处透过的电子量多。穿过样品的那部分入射电子被称为透射电子,它携带了样品的特征信息。由于样品在各个微区的厚度、原子序数、晶体结构以及位向等并不相同,所以穿过样品的透射电子的散射角也不同,从而形成了反映样品信息的明暗不同的图像。经过物镜的会聚调焦和初级放大后,电子束进入下一级的中间镜和第1、第2投影镜进行综合放大成像。被放大了的电子影像最终投射在观察室内的荧光屏上。荧光屏将电子影像转换为可见光影像供使用者观察。

如图1-7和图1-8所示,电子枪内的灯丝被加热后产生电子束,通过两级聚光镜聚焦后形成极细的电子束,然后进一步被加速,穿透样品室内的薄样品。此时,透射的电子束携带了样品的特征信息,再依次经过物镜、中间镜和投影镜的三级放大,最终将表征样品的信息投射到下游的荧光屏上,并通过照相室成像,获取实验结果。

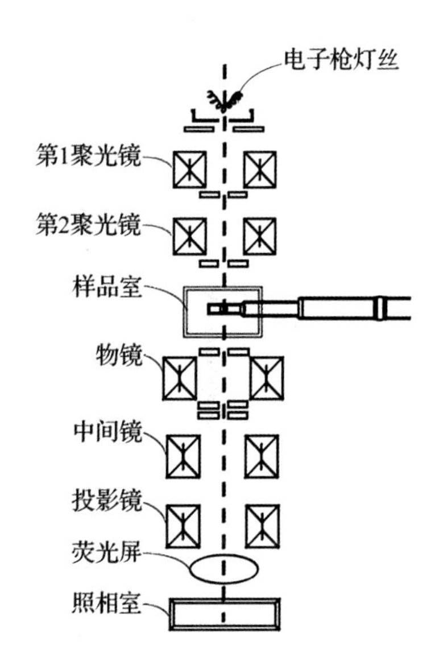

图1-7 典型透射电子显微镜的电子光学系统构成及成像原理示意图,其中只包含了电镜镜体内的照明系统和成像系统两部分

电子显微镜与光学显微镜的成像原理基本一样,所不同的是前者用电子束作光源,用电磁场作透镜。透射电子显微镜是把经加速和聚集的电子束投射到非常薄的样品上。电子束穿出样品时,除了构成图像背景的主要成分以外,还产生不同散射角度

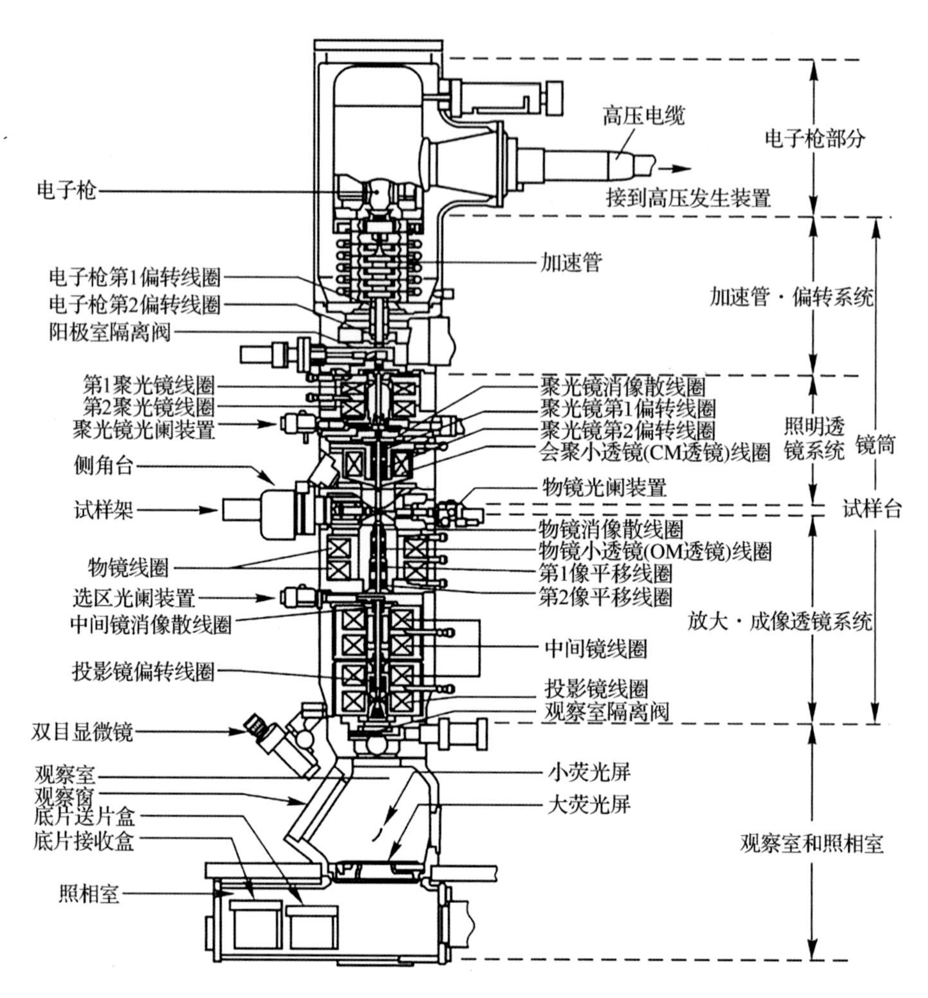

图 1-8　透射电子显微镜(JEM-2010F)的主体断面图

的弹性散射电子。样品质量密度高的区域，产生较多大角度散射电子，它们被物镜光阑遮挡，仅有少量小角度散射电子通过光阑孔，以致这部分电流密度小，在荧光屏上呈现出电子致密的暗区；相反，在样品质量密度低的区域，产生的大角度散射电子少，而小角度散射电子多，它们大量通过光阑孔后就会形成一个电子透明的亮区，这样，一个具有明暗反差对比、容易辨认的电镜图像就出现了。影像经过放大、聚焦后，在成像器件(如荧光屏、胶片或感光耦合组件)上显示出来。因此，电镜图像的对比度或反差是由样品不同部位电子散射力的差异所决定的，也反映了样品不同部位电子密度的差异。

电子束的波长要比可见光和紫外线短得多，并且电子束的波长与发射电子束的电压平方根成反比，也就是说，电压越高，波长就越短。因此，透射电子显微镜的分辨率比光学显微镜高很多，其实际分辨率达到 0.2nm。透射电子显微镜可以用于观察样品的精细结构，甚至可以用于观察仅仅一列原子的结构，比光学显微镜所能够观察到的最小颗粒小数万倍。透射电子显微镜在物理学和生物学相关的许多科学领域都是重要的分析仪器，如肿瘤学、病毒学、材料科学，以及纳米技术、半导体研究等。在放大倍数较低的时候，透射电子显微镜成像的对比度主要是由不同厚度或(和)不同成分的材料对电子的吸收不同造成的，而当放大倍数较高的时候，复杂的波动作用会造成成像的亮度不同，因此需要专业知识来对所得到的图像进行分析。

第二章

主要设备

一、显微镜

显微镜是制片时最常用的仪器。显微镜的构造及其使用在上一章已有详细的描述。制片室内不需要高级显微镜，但应备有下列显微镜：1台较旧而镜头尚好的显微镜，用于检查切片刀和切片染色情况；1台普通显微镜，用于观察切片的显微结构；1台体视显微镜，用于观察所取材料的好坏和取材的精确部位，以及检查玻片标本的半成品。

二、石蜡包埋工具

（一）恒温箱

恒温箱用于浸蜡、烤片及染色加温等，温度调节范围为37～65℃。市售的各式电热恒温箱（图2-1）均可。电热恒温箱用于浸蜡包埋，控制温度使蜡杯内的石蜡保持在上部熔化、下部凝结的状态，这时的温度是浸蜡的最适温度。

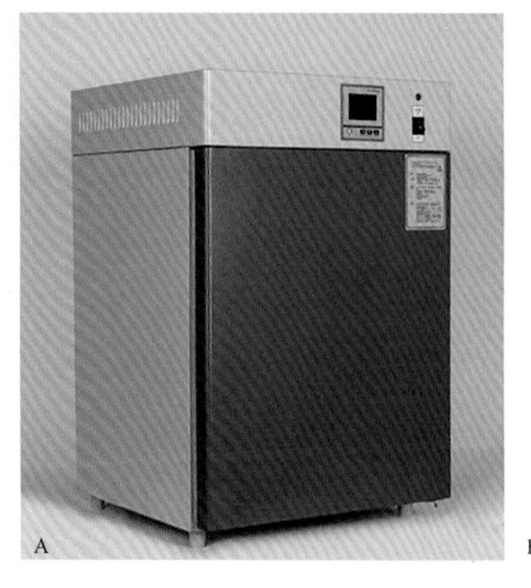

图2-1　电热恒温箱

A. 隔水式恒温培养箱；B. 新型智能多用途恒温箱

（二）包埋模

包埋模有多种形状、规格和材质。例如，PVC 材质的一次性包埋模（图 2-2A）可用于冰冻切片包埋和石蜡切片包埋。国产硅胶 21 孔包埋板（图 2-2B）适用于 Epon812，Spurr 等树脂的包埋。Histoform S 型包埋模适用于 Technovit 7100 的包埋。

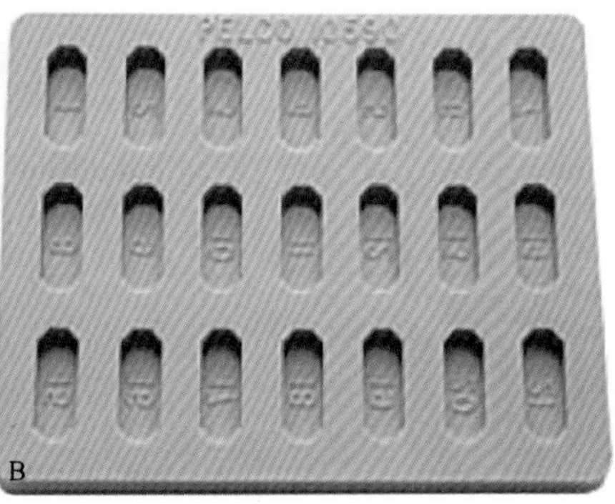

图 2-2　包埋工具

A. PVC 材质的一次性包埋模；B. 国产硅胶 21 孔包埋板（规格 72mm×66mm×6mm，孔大小 14mm×5mm×3mm）

三、切片工具

切片机是制作各种切片必不可少的精密仪器。切片机的种类很多，最常用的是旋转切片机（rotary microtome），又称为石蜡切片机（图 2-3A），适用于石蜡包埋的组织切片；冷冻切片机（freezing microtome），又称冰冻切片机（图 2-3B），适用于临床手术时的快速诊断；超薄切片机（ultratome），可进行半薄和超薄切片，为光学显微镜和透射电子显微镜提供表面平整的切片（图 2-4）。

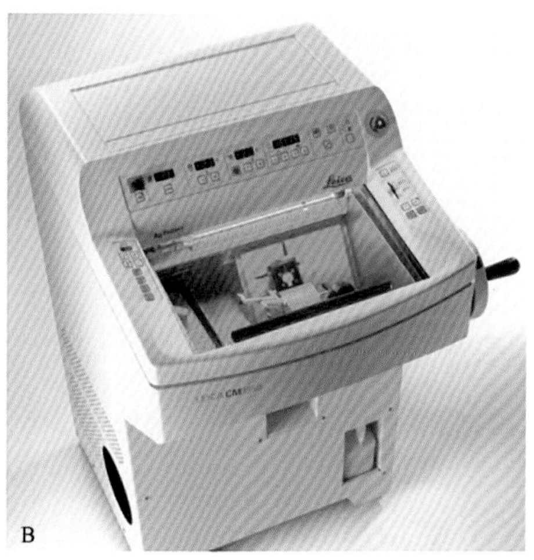

图 2-3　切片机

A. 旋转（石蜡）切片机；B. 冷冻切片机

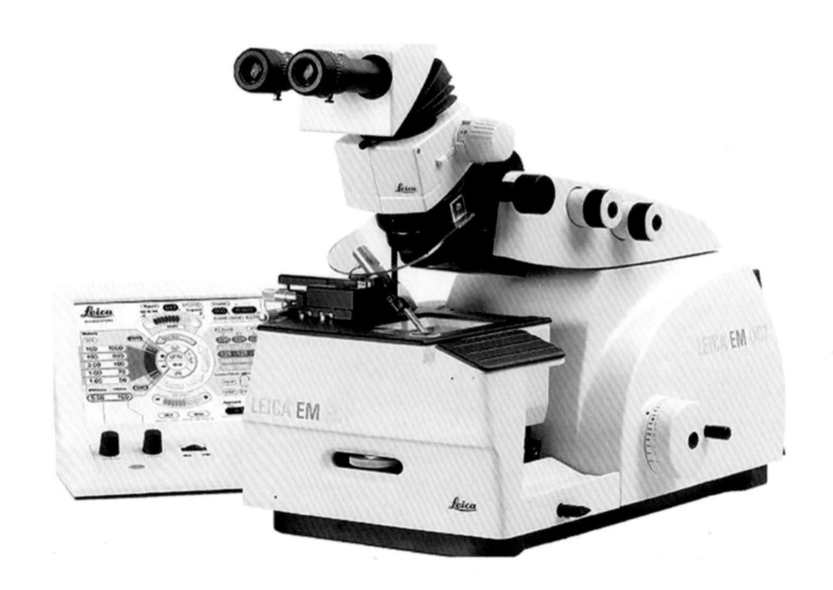

图 2-4　Leica EM UC7 型超薄切片机

石蜡切片机是切制薄而均匀的组织片的一种机械装置。组织用凝固的石蜡支持，每切一次借切片厚度器自动向前（向刀的方向）推进所需距离（这个距离就是切片厚度）。厚度器的最小单位为 1μm。切石蜡包埋的组织时，切片可与前一张切片的蜡边黏着，从而制成连续切片（蜡带）。

冷冻切片机是利用低温使组织达到一定硬度后快速制作组织切片的仪器。冷冻切片机由切片装置和制冷系统两部分组成，通常由主机（冷冻箱体、样本头、速冻台等装置）、刀架及刀片构成完整的冷冻切片系统。有的冷冻切片机还有抽真空装置，用来吸取机器内部的废屑及行使辅助拉平切片的功能。德国生产的冷冻切片机的切片范围为 1～500μm。

超薄切片机是制作供透射电子显微镜观察用的超薄切片的切片机。它可将各种包埋剂包埋的样品用玻璃刀或钻石刀切成 100nm 以下的超薄切片，也可以制作 1μm 厚度的半薄切片，供光学显微镜观察用。

四、染色工具

（一）染色缸

染色缸有两种类型。卧式染色缸可横插 10 片载玻片（图 2-5A）；立式染色缸可直插 5 片载玻片（图 2-5B）。两种染色缸每种需准备 30 只左右。

（二）染色架

染色架是用塑料制作的可盛放载玻片的小篮（图 2-6A），也有铜制镀镍的小篮（图 2-6B），分别与不同的染色缸配套使用。若制大批量切片,用染色架染色既节约药品又节省时间。

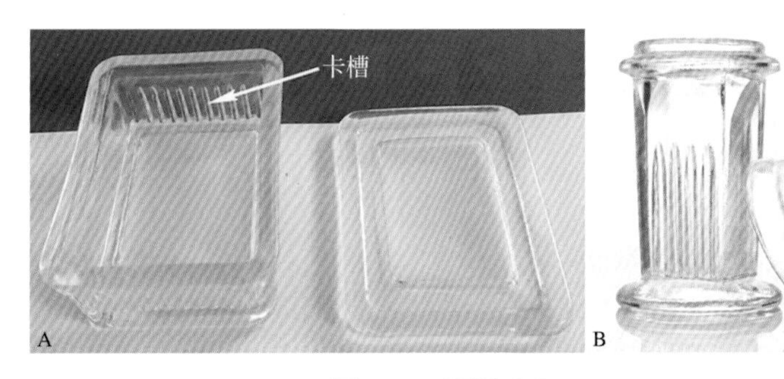

图 2-5　玻璃染色缸
A. 卧式染色缸;B. 立式染色缸

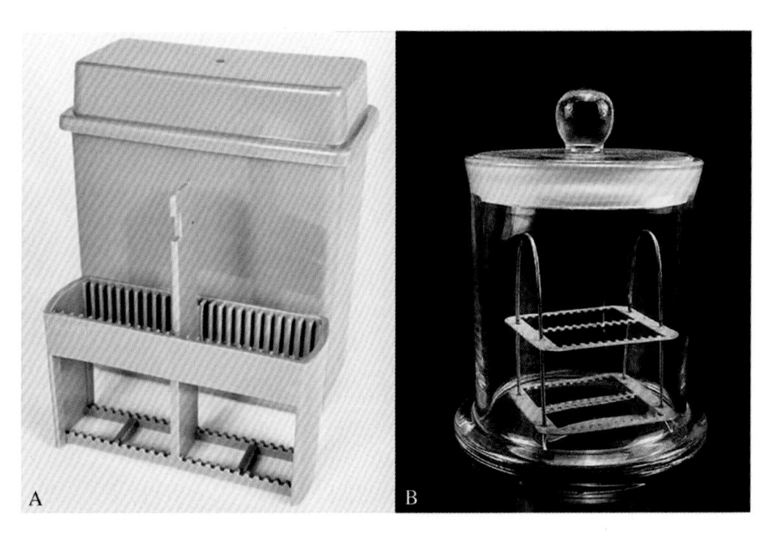

图 2-6　两种规格的染色架
A. 塑料制作的染色架;B. 铜制镀镍的染色架

五、一般常用仪器和用具

1. 冰箱

冰箱用于冷藏标本、药品试剂。一般有一台家用冰箱即可。

2. 分析天平

1 台。

3. 解剖器械

解剖剪、解剖针、手术刀片和刀架、镊子(弯头、直头)各 1 把;双面刀片若干,以吉列双面刀片效果为佳(图 2-7)。解剖盘,大、小各数只。用于盛放蜡带的自制木托盘。

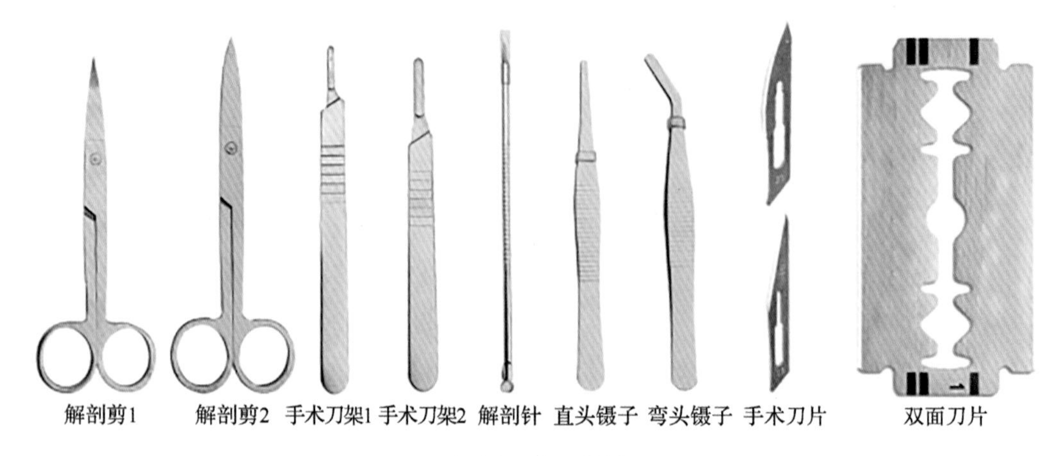

图 2-7　解剖器械

4. 烤片盒

烤片盒是一种自制木盘,用于烘干插放贴片后的玻片。盒的大小以刚好插放玻片为宜,需备数十只。

5. 切片托盘和切片盒

切片托盘用于盛放封固后的玻片标本,可用三合板或木板制成,有 20 片装或 30 片装等。切片盒用于存放制成的玻片标本,有各种规格,有木制和塑料制的,有 100 片装、50 片装和 25 片装的。需各备数十只。

6. 烫片台

烫片台用于树脂切片的伸展,市场上有现成的出售(图 2-8)。有些烫片台可兼作加热器,用于树脂包埋块的软化和修块(trimming)(图 2-9),需备 1～2 台。

图 2-8　烫片台
(作者于 2011 年 9 月摄于日本京都大学植物胚胎学研究室)

7. 定时钟

定时钟用于脱水、透明、浸蜡及染色的计时,有机械定时钟和电动定时钟,需备 1～2 只。

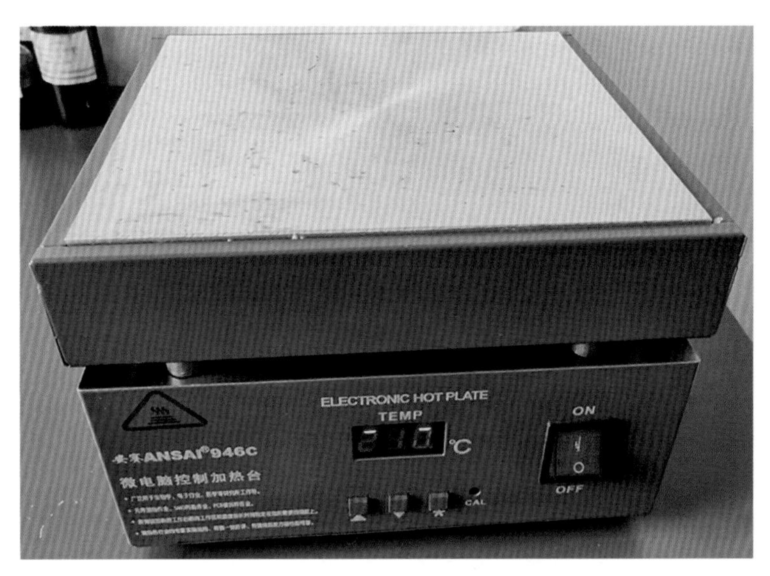

图 2-9　兼作加热器的烫片台
（作者于 2021 年摄于温州大学植物胚胎学研究室）

8. 其他用品

温度计、三脚铁架、漏斗架、试管架、石棉网、研钵、橡皮管或塑料管、玻璃管、玻璃棒、玻璃板、药匙、瓶刷、绘图纸、标签纸、记录本、铅笔、毛笔、毛刷、纱布、脱脂棉、细布、手帕、火柴等各若干。

六、一般常用的玻璃器材

（一）玻璃器皿

1. 玻璃器皿的种类

大口瓶（广口瓶）：30、60ml 大口瓶可用于固定材料、脱水及透明等，需要量较多，可各备数十只。250ml、500ml、1000ml 大口瓶可用于贮存材料或配制药剂，各备若干只。

小口瓶（细口瓶）：50ml、125ml、250ml 小口瓶用于盛装各种药剂，以棕色为宜。500ml、1000ml 小口瓶用于盛装各级酒精，各备十余只。5000ml、10000ml 小口瓶用于盛装工业用酒精，各 1～2 只。

蒸馏水瓶：5000ml、10000ml 的 1～2 只。

量筒或量杯：各种规格（10～1000ml）的各 1～2 只。

烧杯和烧瓶：各种规格（50～1000ml）的各若干只。

培养皿：各种规格的各若干副。

注射器：各种规格的各若干副。

漏斗：各种规格的玻璃漏斗各 1～2 只。

树胶瓶:要附有玻璃滴棒,1只至数只。

酒精灯:1只至数只。

吸管(移液管):1～5ml的各若干支。

滴瓶:白色和棕色滴瓶各备数十具。

2.玻璃器皿的清洗

玻璃器皿的清洁与否,可影响到切片染色的质量。因此,所用的器皿在使用前务必清洗干净。盛放高浓度酒精和二甲苯等的玻璃器皿,洗净后还必须烘干方可使用。清洗方法:先用瓶刷沾洗衣粉或去污粉将器皿内外充分擦拭,再用自来水冲净晾干。

(二)玻片

1.玻片的种类与规格

玻片有载玻片和盖玻片两种。在载玻片上将细胞制作涂片,或将组织切片放在载玻片上,用盖玻片放置其上,用作观察。载玻片是用显微镜观察时用来放置实验材料的玻璃片或石英片,呈长方形,大小为76mm×26mm,较厚,透光性较好。盖玻片是盖在载玻片上的薄片,可以避免液体与物镜相接触而污染物镜,并且可以使被观察的细胞最上方处于同一平面。盖玻片有各种规格,如18mm×18mm、20mm×26mm、22mm×22mm、24mm×5cm,厚度常为0.13～0.16mm。

载玻片和各种规格的盖玻片均准备数盒。

2.玻片的清洗

制片时,必须将载玻片及盖玻片清洗干净,如果玻片上有尘埃,会影响观察。如果载玻片带有油脂,则切片在载玻片上粘贴不牢,会脱落或造成染色上的困难。若玻片上有酸、碱物质,则会影响染色,切片染上的颜色也不能保存长久,且容易褪色。

刚买来的新载玻片及盖玻片,不管如何清洁,使用前仍须经过清洗工序。清洗方法很多,现介绍1种盖玻片清洗方法。

(1)将盖玻片放入浓盐酸中浸泡5min。注意:要一片一片地放。刚买来的盖玻片往往会粘在一起,需要分开后放入浓盐酸,除去污渍。

(2)倒掉浓盐酸,将盖玻片在流水下冲洗5min,尽量把酸冲洗干净。

(3)将冲洗好的盖玻片放入烧杯中,倒入清洁液浸泡20min。清洁液配制方法很多,一般市售的洗衣液和洗碗用的洗洁剂均可。

(4)自来水冲洗。其间用玻璃棒轻轻搅动,以保证盖玻片分散。

(5)将盖玻片一片一片从水中捞出,放在预先铺设的卷纸上,风干。

(6)在盖玻片即将风干的时候,用餐巾纸逐一擦干,放入玻片盒备用。注意:不能等到完全干,否则会造成擦拭困难。

载玻片的清洗可参照盖玻片的清洗方法。

第三章

常用试剂

第一节　固定剂

组织制片技术中使用的固定剂种类繁多，性能各有不同，有的为氧化剂，有的为还原剂；有的呈酸性，有的呈碱性；有的渗透力强，有的渗透力弱；有些易使组织收缩，有些则使组织发生轻微膨胀。由一种化学物质加水溶解后用以固定标本的固定液叫单一固定液。常用的单一固定液有福尔马林、酒精和乙酸等。含有两种以上固定剂的固定液称为混合固定液。常用的混合固定液有 AF 液、FAA 液等。一般来说，使用单一固定液将组织固定后达到某种特殊染色要求常常是比较困难的。因此，在标本固定中经常使用混合固定液。

一、单一固定液

（一）甲醛

甲醛（HCHO）是一种气体。甲醛浓度为 35％～40％的水溶液叫福尔马林（formalin）。在其中加入 8％～15％甲醇，可防止甲醛的聚合。

甲醛是最常用的固定剂，也是一种良好的标本保存液。固定组织和保存标本常用 10％甲醛溶液，即取市售的甲醛溶液（福尔马林）10ml，加蒸馏水 90ml 配成，所以 10％甲醛溶液实际上仅含 3.5％～4.0％甲醛。

甲醛的渗透性较强，固定均匀，能增加组织的韧性，但组织收缩轻微。固定后的组织最初很少收缩，但经酒精脱水及石蜡包埋后可发生强烈收缩。固定后的组织一般不需水洗，可直接投入酒精中脱水；但经长期固定的标本，须经流水冲洗 1～2d，否则会影响染色。

用甲醛固定的标本，可适应一些特殊染色。福尔马林能较好地保存脂类和类脂，对染色体、线粒体、高尔基复合体具有良好的固定作用。福尔马林对肝糖原也有固定作用，但必须及时固定和处理，以免发生水解。

福尔马林是一种强还原剂，易挥发，易被氧化为甲酸，从而使溶液变为酸性（pH 3.1～4.1）。酸性的福尔马林可影响细胞核的嗜碱性染色，因此宜配制成中性福尔马林备用。配制方法如下：在 500ml 原液中加入约 2cm 厚的碳酸镁，摇动后待其下沉，其上清液即为中性的，pH 为 7.6，但久存后仍会恢复酸性失去中和作用。用磷酸缓冲液配制甲醛，可以使溶液长期保持中性，这样的溶液称为中性福尔马林。

由于福尔马林是强还原剂，故不可和铬酸、重铬酸钾和锇酸等氧化剂混合。有些含氧化剂的固定液，需加入少量福尔马林时，须在临用前加入。

（二）酒精

酒精（C_2H_5OH）即乙醇，在常温常压下是一种易挥发的无色透明液体，低毒性。酒精易燃，其蒸汽能与空气形成爆炸性混合物。酒精能与水以任意比互溶，能与氯仿、乙醚、甲醇、丙酮和其他有机溶剂混溶。酒精有固定兼脱水作用，偏酸性，渗透力弱，易使组织变脆。酒精是一种还原剂，不能与强氧化剂如铬酸、重铬酸钾和锇酸等混合。酒精常用于混合固定液，单独作为固定液使用时常用于细胞学固定。

酒精用作固定液时，浓度为 80%～95%。常先用 80%酒精固定数小时，再换 95%酒精继续固定。酒精对纤维蛋白和弹性纤维等固定效果较好，能沉淀白蛋白、球蛋白和核蛋白。核蛋白经酒精沉淀后，能溶于水，不利于染色体的固定。如需要证明尿酸结晶和保存糖类，则须用无水酒精固定。用无水酒精固定时，其穿透速度快，但取材宜薄。用高浓度酒精固定的组织硬化显著，时间过长组织变脆，收缩明显。

酒精为常用的有机溶剂，能溶解多种有机物，可溶解脂肪和类脂以及血红蛋白，对其他色素也有破坏作用，因此不能用于上述物质的固定。酒精易挥发和吸收空气中的水分，在使用时应盖好容器。

（三）乙酸

乙酸（CH_3COOH）又叫醋酸。纯乙酸是一种无色具有强烈刺激性的酸性液体，温度低于 15℃时叫冰醋酸。乙酸能使胶原纤维肿胀，一般不单独用作固定剂。在混合固定液中可以抵抗其他试剂（如酒精）引起的细胞收缩作用。因此，乙酸常与酒精一起配制成为混合固定液，以抵消固定引起的组织收缩和硬化。乙酸可使核蛋白沉淀，是染色质良好的固定液。乙酸的渗透性很强，一般较小的组织块只需 1h 即可。乙酸对蛋白质具有保存作用，对脂类、糖类不产生影响，但高浓度乙酸有溶解脂肪及类脂的作用，并使线粒体和高尔基复合体被破坏或变形。

乙酸可以各种比例与水和酒精相混合。固定组织常用的是 5%水溶液，此种溶液可停止细菌和酶的活动，因而避免组织的腐败和自溶。此外，乙酸也是许多混合固定液的成分之一。

乙酸虽不能沉淀白蛋白、球蛋白，但能沉淀核蛋白，对染色质或染色体的固定与染色效果均很好。因此，所有固定染色体的固定液中几乎都有乙酸。乙酸不能保存糖类，也不能固定脂类。因乙酸不能沉淀细胞质中的蛋白质，所以用它固定组织不会硬化，且可防止经酒精固定时所引起的高度收缩和硬化。

乙酸的缺点是能使组织膨胀，尤其是使胶原纤维肿胀，故不宜单独使用，一般都是和酒精、福尔马林、铬酸等容易引起变硬和收缩的试剂配成混合固定液，以达到取长补短、互相平衡的作用。

经乙酸固定后的组织不必水洗，可直接投入50%或70%酒精中。

（四）苦味酸

苦味酸（picric acid）的分子式为$C_6H_2(NO_2)_3OH$，化学名为三硝基苯酚，是一种黄色针状晶体。本品使用方便，制片室内总是将苦味酸配成饱和水溶液贮存。苦味酸可溶于酒精、醚、苯、二甲苯及氯仿等。

苦味酸能沉淀一切蛋白质。该沉淀是苦味酸与蛋白质结合形成的化合物，不溶于水。苦味酸对脂肪和类脂无作用，也不能固定糖类。

苦味酸穿透速度中等。固定后，使组织收缩明显，经酒精脱水和浸蜡包埋后，其收缩程度可达50%以上，故一般不单独使用。

苦味酸并不使组织硬化。用苦味酸固定，时间不宜过久，否则影响苏木精等碱性染色剂的染色。

经含有苦味酸的固定液固定后，材料被染成黄色，可直接用70%酒精洗去黄色。一般情况下，组织中留有少许黄色不妨碍染色，且在酒精脱水过程中也可逐步洗去颜色。如欲将组织块上的黄色洗净，可在70%酒精中加入少许碳酸锂饱和水溶液或氨水即可。

（五）铬酸

铬酸（chromic acid）的分子式为H_2CrO_4，为红褐色晶体，极易潮解，故必须密封干燥保存。铬酸易溶于水和醚等。

铬酸是一种强氧化剂，故不可与酒精、福尔马林等还原剂混合，否则会失去其固定作用。若与福尔马林混合，必须在临用时加入。

铬酸常用于细胞学研究材料的固定。铬酸能沉淀一切蛋白质，所产生的沉淀都不溶于水，尤其适合于核蛋白的固定，增强核的染色能力。铬酸对脂肪无作用，对类脂作用未定，能固定高尔基复合体及线粒体。只有铬酸能真正固定肝糖原，使之不溶于水。

铬酸穿透速度较慢，对植物组织的穿透速度比动物组织慢。因此，一般大小的组织块需固定 12～24h。硬化程度中等，能使组织发生收缩，经酒精脱水时能继续收缩，但硬化程度不增加。

铬酸常配成 2%或 10%的水溶液作为贮存液。一般固定用的铬酸浓度为 0.5%～1.0%。固定组织时宜置于暗处，以免蛋白质溶解。

铬酸的沉淀作用强烈，故很少单独使用。用铬酸固定的组织，与用重铬酸钾固定的一样，必须用流水冲洗 24h。用大量静水浸洗也可，但须时常更换，直到组织中不含铬酸为止。如冲洗不干净，或直接投入酒精中，则将被还原为绿色的氧化铬，并发生沉淀，使染色困难。

（六）重铬酸钾

重铬酸钾（potassium dichromate）的分子式为 $K_2Cr_2O_7$，为橙红色晶体，有毒，溶于水但不溶于酒精。重铬酸钾是强氧化剂，故不能与酒精、福尔马林等溶液混合贮存。

重铬酸钾的固定情况随固定液的 pH 值不同而异。重铬酸钾本身不能沉淀蛋白质，但酸化的重铬酸钾（即在溶液中加入乙酸）在 pH 值小于 4.2 时可固定染色体，能使细胞质和染色质沉淀如网状，但使线粒体溶解。未酸化的重铬酸钾（即溶液中未加入乙酸）在 pH 值大于 5.2 时虽不能沉淀蛋白质，但可使蛋白质变为不溶性，从而保持与生活时相仿的形态，故对细胞质有很好的固定作用。重铬酸钾能溶解染色质，因此不能固定染色体，且对核的染色也不良。重铬酸钾能固定类脂，使其不溶于脂溶剂，所以能固定高尔基复合体和线粒体等。由于酸化和未酸化的重铬酸钾的固定作用很不相同，因此在应用时须加以注意。

此液的穿透速度中等，能硬化组织。固定后组织收缩很少，但经酒精脱水和石蜡包埋后，其收缩显著。

经重铬酸钾固定的组织，对酸性染色剂染色很好，但对碱性染色剂染色较差。固定后和铬酸一样，须经流水冲洗 12～24h 或用亚硫酸溶液洗涤。

（七）氯化汞

氯化汞（mercury bichloride）的分子式为 $HgCl_2$，又称升汞，是一种剧毒的白色粉末或晶体，以针状晶体为最纯。氯化汞能溶于水、醇、醚及吡啶中，对金属有腐蚀作用。

升汞能沉淀一切蛋白质（包括核蛋白），所沉淀的蛋白质不溶于水；对类脂及糖类没有固定作用，也无破坏作用。升汞的穿透速度比乙酸慢，但比苦味酸、铬酸等快。升汞的穿透速度开始时快，透入几毫米后就急骤降低，通常适于固定小型材料，材料越小越有利于固定。若组织块超过 5mm，升汞常使外围组织过度固定致坚硬，而中心组织固定不足仍柔软，加之升汞能使组织收缩剧烈，故很少单独使用。但与拮抗这些缺点的试剂，如乙酸、福尔马林、重铬酸钾等混合使用时，升汞仍是很多优良固定液的一种成分。用含升汞的固定液固定的组织，经酒精脱水和浸蜡时能继续收缩，故应尽快脱水、包埋。升汞对组织的硬化程度中等，仅次于酒精和福尔马林。

经升汞固定的组织，对酸性染色剂和碱性染色剂的染色效果都很好。

用含升汞固定液固定的组织，须用流水充分冲洗 12～24h，冲洗后还需进行脱汞，这是因为用升汞固定的组织会产生棕黑色的针状或无定形晶体，在切片时，这些结晶物可能损伤切片刀，也可影响染色和妨碍观察。脱汞的方法是，组织块在脱水时，在 70%酒精中逐滴加入 0.5%碘酒，加入后酒精呈茶色。数小时后，由于碘和汞结合，茶色会消失，这时再加入碘酒，直至茶色不再消失，表明沉淀物已除去；然后用 0.5%硫代硫酸钠水溶液洗去碘，至不呈茶色即可。也可在切片染色前脱汞，方法是，将切片脱蜡加水至 80%酒精，然后加入 0.5%碘酒(70%酒精配制)3min，水洗，再将切片移入 0.5%硫代硫酸钠水溶液中 3min，用蒸馏水浸洗后即可染色。

(八)四氧化锇

四氧化锇(osmium tetraoxide)即锇酸(osmic acid)，分子式为 OsO_4，为微黄色晶体，强氧化剂。锇酸其实不是酸，其水溶液呈中性，挥发性强。锇酸对饱和脂肪酸不起反应，但未饱和脂类可还原 OsO_4，易氧化为黑色氢氧化物。在操作四氧化锇时应小心，因其气体有刺激性，会引起结膜炎。锇酸遇热和光时易被还原，故应贮存于冷暗处，平时溶液应密闭在有色瓶中，并置于冰箱内。四氧化锇用以显示脂类，是脂肪和类脂的固定液。锇酸能使单个细胞或小组织的微细构造得以极好地保存，特别适合于高尔基复合体和线粒体的固定，是电子显微术的最佳固定剂。四氧化锇的渗透力弱，所以组织块一般不宜太厚。经四氧化锇固定后的组织需经流水冲洗，否则在脱水酒精中易被还原产生沉淀，不利于核着色。

锇酸能使蛋白质成均匀的胶状固体而不发生沉淀，更可防止经酒精时蛋白质所发生的沉淀，但它可使核蛋白发生过于强烈的沉淀。因此，用锇酸固定的细胞能保持生活时的均匀性，不使细胞收缩，对细胞质固定很好，而对核的固定效果不好。

锇酸是脂类唯一的固定剂，特别适用于高尔基复合体和线粒体的固定。锇酸可将脂类固定成黑色沉淀，不溶于酒精及苯，但仍稍溶于二甲苯。故制片时，以苯代替二甲苯可获良好效果。

锇酸穿透速度很慢，组织固定不均匀是锇酸的最大缺点，常常表面固定过度而里面又未得到固定，以致染色困难，故被固定的材料切得越小越好。固定的材料出现棕黑色即表示固定已完成。用锇酸固定能保持组织的柔软，且能防止组织经酒精时继续硬化。固定后的材料须经流水冲洗 12～24h，到完全洗净为止。

若切片后发现内部仍显黑色，可在等量的 3%过氧化氢和蒸馏水混合液中漂白，否则在脱水时遇酒精即被还原而发生沉淀。由于锇酸是强氧化剂，其水溶液极易被有机物质还原成黑色而失去效用。光和热可以促成还原作用，因此，锇酸溶液的配制和贮存都要十分小心，常配制成 1%～2%的水溶液。

锇酸毒性很大，挥发的气体能损伤眼睛及黏膜，故配制和使用时瓶口不要对着面部。由于锇酸价格昂贵，一般制片不常应用，但它适用于细胞学和组织化学方面的材料固定，制作电子显微镜的超薄切片时常用它作为固定剂或电子染色。

二、混合固定液

简单固定液只能固定细胞某一成分，且各有优缺点，因此要获得优良的固定效果，必须使用混合固定液。配制混合固定液时必须先了解各种药剂的理化性质和作用，注意混合固定液中各种药剂对组织的作用平衡，如能使组织发生收缩的药剂须与能使组织发生膨胀的试剂混合应用，使两者的优缺点互相弥补、作用平衡。如几种试剂对某种作用都不显著时，则不能采用。易于氧化的试剂，一般不与还原剂混合应用，但有的必须混合应用时，必须在临用前加入，混合过久即失去固定效果。

常用的混合固定液介绍如下。

(一)酒精-福尔马林混合液(简称 AF 液)

AF 液适用于植物材料的固定。

AF 液配方：

70%酒精　100ml

福尔马林　4～10ml

材料在此液中固定 24h，固定后可直接放入 70%酒精中，然后继续脱水。此外，材料也可在此液中长期保存。

(二)福尔马林-醋酸-酒精混合固定液(简称 FAA 液)

这种混合固定液通常简称 FAA 液，是植物制片技术中良好的固定液和保存液，用途极广。植物组织除单细胞及丝状藻类外，其他材料均可用此液固定。此外，FAA 液也适用于昆虫和甲壳类的固定，但不适用于细胞学研究材料的固定。

FAA 液配方：

福尔马林　5ml

冰醋酸　5ml

50%或 70%酒精　90ml

配制此液时，视材料的性质可适当改变所用的试剂和比例。固定柔弱的材料，如苔藓植物和被子植物的花药和子房，以用 50%酒精为好；固定坚硬的材料，如木材，则以 70%酒精为好。固定木材可略减冰醋酸，略增福尔马林，易于收缩的材料可增加冰醋酸的用量。增减的用量可根据研究者的经验而定。如固定植物幼小花药，配方可改为：

福尔马林　5ml

冰醋酸　6ml

50%酒精　89ml

(三)福尔马林-丙酸-酒精液(简称 FPA 液)

FPA 液可固定一般植物组织,通常固定 1d,也可将材料长期保存于此液中。

FPA 液配方:

福尔马林　5ml

丙酸　5ml

50%酒精　90ml

(四)铬酸-醋酸液

铬酸-醋酸液用于藻类、菌类、地衣、苔藓和蕨类的固定,有弱液和中液两种配方(表 3-1)。

表 3-1　铬酸-醋酸液配方

试剂	弱液	中液
10%铬酸水溶液	2.5ml	7ml
10%醋酸水溶液	5ml	10ml
蒸馏水	92.5ml	83ml

弱液常用于固定较幼嫩的材料,如藻类、真菌和苔藓等;中液用于固定根尖、子房和胚珠等。固定时间为 12～24h。此液不能作为保存液,固定后需用自来水浸洗 12～24h。

(五)铬酸-醋酸-福尔马林液(Licent 液)

Licent 液常用来固定水绵等藻类和某些真菌类。由于此液中既有氧化剂又有还原剂,故须在临用时配制。

Licent 液配方:

1%铬酸　80ml

冰醋酸　5ml

福尔马林　15ml

固定时间为 12～24h。固定后可用蒸馏水或 50%酒精浸洗。

(六)Navaschin 氏液

Navaschin 氏液在植物制片中应用很广,尤其对于植物细胞学的研究是一种优良的固定液,如固定高等植物细胞有丝分裂等。此液改良配方较多,下面只介绍常用配方。

Navaschin 氏液配方:

1%铬酸溶液　20ml

10%醋酸水溶液　10ml

福尔马林　5ml

蒸馏水　65ml

此液中含有氧化剂和还原剂，故须在临用时配制。固定时间为12～24h。固定后可用自来水、50%或70%酒精浸洗。

（七）Bouin氏液

Bouin氏液是常用的良好固定液，适用于裸子植物的雌配子体和被子植物的胚囊的固定。

Bouin氏液配方：

苦味酸饱和水溶液　75份

福尔马林　25份

冰醋酸　5份

苦味酸饱和水溶液配方：将1.5g苦味酸固体溶解于100ml蒸馏水中。

此液穿透迅速而均匀，使组织收缩少，不使组织变硬变脆，着色良好。固定后直接放入70%酒精中洗去黄色，也可在酒精中滴加几滴氨水或加入少量碳酸锂饱和水溶液，以彻底洗去黄色。若留有一点黄色，对染色并无妨碍。植物材料的固定时间为12～48h。

Bouin氏液有许多改良配方，经改良的Bouin氏液更适用于植物材料，特别是芽和花药等的固定，也适用于植物胚胎的固定。

Sass氏改良液配方：

苦味酸饱和水溶液　35ml

福尔马林　10ml

冰醋酸　5ml

临用前加1%铬酸水溶液50ml。

（八）Carnoy氏液

Carnoy氏液可保存糖原，也可用于细胞质和糖类的固定。应用于染色体、中心体、脱氧核糖核酸（DNA）和核糖核酸（RNA）的固定，故多用于细胞学研究材料的制片。

Carnoy氏液配方：

无水酒精　6份

冰醋酸　1份

氯仿　3份

此液中的无水酒精固定细胞质，冰醋酸固定染色质，并防止组织由酒精所引起的高度硬化和收缩作用。此液穿透速度快，属快速固定剂，有时可用于紧急诊断的固定。小块组织如根尖固定15min，花药固定1h。固定不宜太久，如固定过久，则对组织不仅产生膨胀作用，且会出现硬化现象。经 Carnoy 氏液固定后的材料无须水洗，直接用无水酒精浸洗两次，即可渗透包埋。若固定后不能尽快脱水包埋，则可用 95%酒精复水，保存于 70%酒精中。

（九）Regaud 氏液

Regaud 氏液适用于固定植物细胞的线粒体，也可作常规固定液。

Regaud 氏液配方：

3%重铬酸钾水溶液　80ml

中性福尔马林　20ml

3%重铬酸钾可多配些备用，但中性福尔马林必须临用时加入且混合后不能贮存。此液穿透速度较快且均匀，但能使组织硬化。一般组织固定 24h 即可。若要固定线粒体，则须固定 4d，固定后再用 3%重铬酸钾水溶液铬化 4～8d（每天更换新液），这样对线粒体固定效果特别优良。取出后流水冲洗 24h，用铁矾-苏木精法染色甚佳。

（十）Schaudinn 氏液

Schaudinn 氏液适用于固定具有鞭毛的单细胞藻类（如衣藻）、植物的精子和游动孢子等。

Schaudinn 氏液配方：

升汞饱和水溶液　66ml

95%酒精　33ml

冰醋酸（临用时加入）　1ml

若为涂片，可在 40℃下固定 10～20min，亦可将此液加热至 70℃，这样即可将材料固定在载玻片上。一般的材料固定时间为 6～16h。固定后，用 50%或 70%酒精浸洗几次，并加碘酒脱汞。

第二节　脱水剂

一、酒精

酒精（alcohol）是制片最常用的脱水剂，可与水任意混合。酒精的脱水能力强，对组织的穿透速度快，并且能硬化组织。因此，在以酒精作为脱水剂时，应该先从浓度较低的酒精开始，然后递增其浓度，这样可以避免组织过度收缩。经无水酒精固定后的组织只需再换一次无水酒精脱水即可。

脱水的基本原则是：从低浓度酒精开始逐渐升到高浓度酒精，以保证组织中的水分完全脱净。一般10mm×10mm×2mm大小的组织，脱水全过程仅需数小时即可达到完全脱水。在各级浓度酒精内处理的最短时间分别减少到2～4h也能获得满意的结果。如果组织脱水不尽，随后的透明、浸蜡都会受到影响，致使切片很难完成。切片室内应常备30%、50%、70%、80%、85%等各种浓度的酒精。配制时应以95%酒精作为基液加水稀释，尽量不要用无水酒精去配制，因为无水酒精的价格较高，不经济。

二、丙酮

丙酮(acetone)又名二甲基酮，为最简单的饱和酮。丙酮是一种无色透明液体，有微香气味，易溶于水和甲醇、乙醇、乙醚、氯仿、吡啶等有机溶剂。丙酮易燃、易挥发，化学性质较活泼。在工业上丙酮主要作为溶剂，用于炸药、塑料、橡胶、纤维、制革、油脂、喷漆等产品的生产中，也可作为合成烯酮、醋酐、碘仿、聚异戊二烯橡胶、甲基丙烯酸甲酯、氯仿、环氧树脂等物质的重要生产原料。

丙酮的脱水作用与酒精相似，也可用作固定剂。其脱水能力强、速度快，可配制不同浓度进行脱水。丙酮脱水时间比酒精快，但容易使组织过度硬化，所以应适当掌握脱水时间。

三、正丁醇

正丁醇(n-butanol)为无色透明液体，燃烧时发强光火焰。正丁醇有类似杂醇油的气味，其蒸汽有刺激性，能引起咳嗽。沸点117～118℃，相对密度为0.810，能与乙醇、乙醚及许多其他有机溶剂混溶。正丁醇由糖类经发酵，或由正丁醛或丁烯醛催化加氢而得，用作脂肪、石蜡、树脂等的溶剂。

正丁醇脱水能力较酒精弱，但可与水、酒精和石蜡相混合，因此正丁醇不仅可以代替酒精使组织脱水，还可以代替二甲苯使组织透明。平常在稀释时都与酒精按照一定比例配制使用，或将组织脱水至90%酒精后移入正丁醇，经正丁醇脱水后可直接投入石蜡。用正丁醇脱水，组织较少引起收缩和硬化等不良结果。

四、叔丁醇

叔丁醇(t-butyl alcohol)无毒，可与水、酒精混合，也可与石蜡互溶，是常用的一种脱水剂。与正丁醇相比，叔丁醇的优点是不易使组织收缩或变硬，与正丁醇相同的是脱水后可不经透明直接浸蜡。我们在实验中，将经叔丁醇脱水的材料放置在叔丁醇和石蜡1∶1混合液中，揭开容器的盖子，让叔丁醇逐渐挥发以逐步增加石蜡的浓度，最后转入一级纯石蜡渗透包埋。

第三节　透明剂

一、二甲苯

二甲苯(xylene)是最为常用的一种透明剂，为透明无色液体，挥发性强，打开盖子后即可闻到气味。其折射指数为1.50。二甲苯能与酒精、丙酮相混合，又是石蜡的溶剂。对组织的收缩性强，易使组织变硬变脆，因此组织在二甲苯中时间不宜过长，一般以达到组织透明为度。组织块可先经过无水酒精-二甲苯混合液处理，一般设置2～3级混合液，即无水酒精∶二甲苯＝1∶2混合液、无水酒精∶二甲苯＝1∶1混合液和无水酒精∶二甲苯＝2∶1混合液，再浸入二甲苯，以防组织因剧烈收缩而变脆。加拿大树胶也用二甲苯作溶剂，但二甲苯不能溶解火棉胶，也不与水混溶。材料脱水后，如进入二甲苯时出现浑浊，呈现云雾状，则说明脱水不充分。

二、氯仿

氯仿(chloroform)也是一种很好的透明剂，相对于苯、甲苯和二甲苯，它的作用较缓和。组织在氯仿中过夜也不至于过硬变脆。氯仿折射率较小，不能改变组织的折射率。组织在氯仿中不易呈现像二甲苯那样的透明现象，所以要浸渍较长时间来充分置换出组织中的酒精。

火棉胶法及石蜡法用的组织材料，多用氯仿作为透明剂。虽然其透明能力不如二甲苯强，但优点是不易使组织收缩、变脆及变硬。氯仿价格比二甲苯贵3倍，而且容易挥发。我们难以察知材料在氯仿中的透明程度，只有从实践中去摸索和掌握时间。一般地，氯仿的透明时间要比二甲苯长数倍，但时间稍长也是可以接受的。

三、冬青油(水杨酸甲酯)

冬青油(wintergreen oil)即水杨酸甲酯(methyl salicylate)，分子式为$C_8H_8O_3$，是一种无色或淡黄色液体，具有特有的冬青叶香味。折射率为1.535～1.538。

冬青油多用作整体装片的透明剂，它不会使材料变脆变硬，但透明较慢，故透明时间应长一些，在冬青油中浸数天也无妨碍。冬青油对脱水的要求不像二甲苯那样严格。脱水后的材料，即使仍带有少量水分，浸入冬青油后仍能透明。

在石蜡包埋大组织块时，也可用冬青油透明；但由于冬青油不溶解石蜡，故透蜡之前仍需换一两次二甲苯将冬青油除去。

四、TO型生物制片透明剂

TO型生物制片透明剂是以松节油为主要原料，经过一系列处理后加入一定的添加剂配制而成。该透明剂为无色透明液体，无毒性，折射率为1.4580～1.4700，常温下能与95%的酒精互溶，能溶解石蜡和封闭树胶。

该产品是广西岑溪市松香厂研制的一种新型透明剂，对组织的收缩和硬化程度小，在常用透明剂中对组织的损害最小。组织在其中长时间放置也无明显影响，特别适合作为细柔组织的透明剂。但这种透明剂渗透力弱，需要较长的透明时间。

第四节　包埋剂

一、石蜡

石蜡(paraffin)是一种碳氢化合物，由矿物油分裂产生，熔点为45～62℃。熔点高的为硬蜡，硬度较高，适合于夏天切片用蜡，一般用于木材切片；熔点低(54℃以下)的为软蜡，适合于冬天切片用蜡和组织化学的切片用蜡，一般用于植物幼小胚胎的切片。

二、火棉胶

火棉胶(collodium)是一种硝化纤维，易着火，但不爆炸。火棉胶主要用作火棉胶切片包埋剂，还能固定微型标本形态，使封固后不变化。市场上有固体与液体两种出售，在配制各级试剂时，可用等量的乙醚与无水酒精混合液稀释。进行特殊操作时，亦可用乙酸异戊酯稀释。

三、明胶

进行冰冻切片时，明胶(gelatin)用作包埋剂，提高切削效果。明胶是水溶性物质，故包埋简便，通常可以将新鲜材料直接包埋。配制血管注射液与甘油胶也使用明胶。使用时，宜用白色无杂质纯品。

四、环氧树脂

环氧树脂(epoxy resin)是一种高分子聚合物，分子式为$(C_{11}H_{12}O_3)_n$，是指分子中含有两个以上环氧基团的一类聚合物的总称。由于环氧基的化学活性，可用多种含有活泼氢的化合物使其开环，固化交联生成网状结构，因此它是一种热固性树脂。

五、Technovit 包埋剂

Technovit 包埋试剂盒由德国制造。Technovit 7100 树脂包埋试剂盒基质是乙二醇甲基丙烯酸树脂，常用在光学显微镜下组织块的包埋。可以用旋转切片机来加工包埋的组织块，厚度可达 1μm。切片机的刀片可以用一次性硬质金属刀片。

第五节　粘贴剂

粘贴剂是将由石蜡切片法切出的蜡片粘贴在载玻片上所用的药剂。

一、郝布特(Haupt)氏粘贴剂

郝布特(Haupt)氏粘贴剂配方如下：

明胶　1g

蒸馏水　100ml

石炭酸　2g

甘油　15ml

先将明胶与蒸馏水加温溶解，再加石炭酸与甘油，搅匀后过滤备用。此种粘贴剂既可用于贴附切片，也可用于粘贴单细胞藻类。

二、韦佛(Weaver)氏粘贴剂

韦佛(Weaver)氏粘贴剂配方如下：

甲液：

明胶　1g

丙酸钙(calcium propionate)　1g

1%氯化烃基二甲基代苯甲胺(benzalkonium chloride)　1ml

蒸馏水　100ml

乙液：

铬矾(chromium potassium sulfate)　1g

蒸馏水　90ml

甲醛　10ml

使用时，将甲液 1 份与乙液 9 份混合，滴于玻片上，粘片后再置入恒温箱加温展平，随后用吸水纸吸去蜡片四周余液。

三、欧立奇(Ulrich)粘贴剂

欧立奇粘贴剂配方如下：

蒸馏水　100ml

标准水玻璃溶液(standard water-glass solution)　1ml

氨水　1ml

待贴附的切片粘贴剂干后，用二甲苯脱蜡，下行各级酒精至30％酒精时，可加入一滴盐酸，中和所含氨水。

四、梅(Mayer)氏蛋白甘油粘贴剂

取一新鲜鸡蛋，将蛋白取出(不要混入蛋黄)倒入量杯内，以竹筷搅拌打成液体状态，过滤，取过滤后的蛋白加等量甘油搅拌均匀，再加少许麝香草酚或石炭酸防腐即成。使用时一般用原液，不再稀释。有人使用时用蒸馏水稀释为1∶1的水与蛋白甘油，这样可使切片染色时更为干净，不至于使蛋白甘油着色。当切片厚度小于10μm时，可以不需粘贴剂，待蜡带展平粘贴后，延长烤片时间即可。

五、明胶甘油粘贴剂

植物制片多用明胶甘油为粘贴剂，它的黏性较大，且不易着色。

明胶甘油配方如下：

明胶　1g

蒸馏水　100ml

甘油　15ml

石炭酸　0.5～1.0g

先将明胶浸入蒸馏水中，隔水加温使之融化，加入少量防腐剂石炭酸，混合均匀后过滤即成。

第六节　染色剂

一、染色剂的分类

1.根据来源分

(1)天然染色剂：此类染色剂是从动、植物体中提取的，为天然产物，产量少。目前常用的有苏木精、洋红、地衣红和靛蓝等。

(2)合成染色剂:由芳香环或具有芳香性的杂环化合物所构成。最早是由煤焦油蒸馏产物合成而得的,所以又称为煤焦油染料。

除上述两类外,在生物染色中还使用一些无机化合物,如硝酸银、氯化金、锇酸等。

2.根据用途分

(1)细胞核染色剂:用于细胞核的染色剂有天然染色剂的苏木精、洋红,以及合成染色剂中的番红、结晶紫、甲苯胺蓝、甲基绿、亚甲蓝、孔雀绿和焦油紫等。

(2)细胞质染色剂:用于细胞质的染色剂有合成染色剂中的曙红、亮绿、橘黄G、酸性品红、苦味酸和水溶性苯胺蓝等。

(3)脂质染色剂:用于显示脂质的染色剂有合成染色剂中的苏丹Ⅲ、苏丹Ⅳ、硫酸尼罗蓝及油红等。

3.根据染色剂的化学性质分

根据染色剂的化学性质不同,可分为碱性染色剂、酸性染色剂和中性染色剂。

人们对碱性染色剂和酸性染色剂的含义常常发生误解,认为碱性、酸性是就染色液的氢离子浓度而言,即碱性染色剂的溶液呈碱性,酸性染色剂的溶液呈酸性。事实上,有些碱性染色剂,如结晶紫,其溶液是呈酸性反应;而有些酸性染色剂,如曙红,其溶液却呈碱性反应。因此,酸性或碱性染色剂跟染色液的酸碱性不是一个概念。

碱性、酸性和中性染色剂都是由一种酸和一种碱所构成的盐类。碱性染色剂和酸性染色剂的主要区别,就在于染色剂的主要有色部分是阳离子还是阴离子,若染色剂电离后,其分子的主要部分成阳离子即为碱性染色剂,若染色剂电离后,其分子的主要部分成阴离子即为酸性染色剂。

(1)碱性染色剂:这种染色剂是有色的碱性成分与一个无色的酸性成分结合成的盐类,也就是一种色碱的盐,通常是氯化物,也有硫酸盐或醋酸盐。这类染色剂含有碱性的助色团,如氨基或二甲氨基等,在水中电离后,能产生 OH^- 或其他负离子(如 Cl^-),而使染色剂的有色部分带有正电荷成为阳离子。碱性染色剂常作为细胞核的染色剂,如甲苯胺蓝、亚甲蓝、碱性品红、甲基紫、结晶紫、甲基绿、番红、中性红等。

(2)酸性染色剂:这种染色剂是有色的酸性成分与一个无色的碱性成分结合成的盐类,也就是一种色酸的盐,通常是钠盐,也可为钾盐、钙盐或铵盐。这类染色剂含有酸性的助色团,如羟基(—OH)、羧基(—COOH)和磺酸基($—SO_3H$)等。在水中电离后,能产生氢离子(H^+)或其他阳离子(如 Na^+),而使染色剂的有色部分带有负电荷成为阴离子。酸性染色剂常作为细胞质的染色剂,如酸性品红、苦味酸、橘黄G、刚果红、水溶性苯胺蓝、亮绿、曙红等。

(3)中性染色剂:此类染色剂是由碱性染色剂和酸性染色剂混合配制而成,也称复合染色剂。由于其中染色剂的分子很大,故在水中的溶解度很低,常需用酒精作溶剂。这类染色剂有染血涂片用的瑞特(Wright)染色剂及吉姆萨(Giemsa)染色剂等。

二、染色剂和染色液的配制

1. 苏木精(苏木素、苏木紫)(hematoxylin)

苏木精是一种最常用的染色剂,由南美洲产的一种豆科植物——苏木的干枝中提取的。我国市售的均为进口分装,多为浅黄色或浅褐色粉末状晶体,易溶于酒精,加热溶于水。

苏木精本身没有染色能力,必须经过氧化,成为苏木红(氧化苏木素)后才能染色。这个氧化的过程称为成熟。氧化的方法有两种:一种是在配制的苏木精液中不加氧化剂,而将配好的溶液暴露于日光中,使其自然氧化成熟,但需要时间较长。此液配就的时间愈久染色力愈强。另一种是在配制时加入强氧化剂,如氧化汞、高锰酸钾或碘酸钠等,使其急速氧化。此种溶液须随配随用,不能多配,配久后染色效果减弱。

苏木红为弱酸性,对组织亲和力很小,不能单独使用,故必须加入媒染剂,使其形成沉淀色素而与组织结合,从而产生优良的染色效果。媒染剂是一些金属盐类,常用的媒染剂有铁明矾、钾明矾及铵明矾等。媒染剂可在染色之前单独使用或混合于染色液内使用。

下面介绍几种常用苏木精的配制方法。

(1)Delafield 氏苏木精

Delafield 氏苏木精配方如下:

苏木精　4g

无水酒精　25ml

10%铵明矾(硫酸铝铵)水溶液　400ml

配制时先将苏木精溶于无水酒精,待完全溶解后加入 10%铵明矾水溶液,充分搅动混合后,注入细口瓶内,瓶口用纱布封住。将瓶置于温暖有光处,3～4d 后过滤。过滤后再加入 100ml 甘油和 100ml 甲醇。混合均匀后,瓶口仍用纱布封住,再置于光线充足处1～2个月使之成熟。待颜色变成紫褐色时即为成熟。成熟后过滤,塞紧瓶口置于阴凉处贮存,可长期保存,多年不坏。此液着色力较强,染数分钟即可。也可用染液 1 份加蒸馏水 3～5 份稀释后使用,染色时间需延长 1h 至数小时。

用此液染细胞核及嗜碱颗粒效果良好,染植物细胞的纤维壁比用其他任何染液着色都好。

(2)Harris 氏苏木精

Harris 氏苏木精配方如下:

苏木精　1g

无水酒精　10ml

钾明矾(硫酸铝钾)或铵明矾　20g

蒸馏水　200ml

氧化汞　0.5g

冰醋酸(临用时加入)　几滴

配制时分别将苏木精溶于无水酒精中，将钾明矾加温溶于蒸馏水中，待全部溶解后，将两液混合于一只较大的烧杯中。然后加热，煮沸后将烧杯离开火焰，缓缓加入氧化汞(加入氧化汞时，溶液会沸腾，为防止溶液溅出，需用较大的烧杯)，并用玻璃棒搅匀，此时溶液变为深紫色。隔日过滤，临用时加入冰醋酸几滴，可增强核的染色。

此液可现配现用，不需较长的成熟期，配制后可保存1～2个月。但每次使用前均需过滤，因为液面上会出现一层金黄色膜，若该膜不过滤掉，染色时玻片标本上就会有染液的沉淀物出现。

此液适用于动、植物组织染色，特别适用于小型材料的整体染色。经Zenker氏液固定的组织用此法染色最为理想。

(3)Ehrlich氏苏木精

Ehrlich氏苏木精配方如下：

苏木精　2g

无水酒精(或95%酒精)　100ml

蒸馏水　100ml

甘油　100ml

冰醋酸　10ml

钾明矾　过量(约5g)

配制时，先将苏木精溶于酒精内，然后依次加入蒸馏水、甘油和冰醋酸，最后加入研细的钾明矾，边加边搅拌，直到瓶底出现明矾晶体为止。混合后溶液呈淡红色。瓶口用纱布封住，2～4周后(甚至更久)，颜色变为深红色时即为成熟，就可应用。此液染色力可保持数年。此液较干净，每次用时无须过滤，但用久后仍需过滤。

染液中的甘油能使着色均匀，染色细致，能抵抗过度氧化而使染液稳定，并具防止迅速挥发的作用。冰醋酸有防止组织过染的作用，且使染液易于保存。

此液稳定而染色均匀，染细胞核效果良好。对脊椎动物胚胎、无脊椎动物的幼虫、藻类、菌类，以及小型苔藓植物的整体染色，效果均佳。

(4)Mayer氏苏木精

此种染色液有多种配方，下列配方效果很好。

Mayer氏苏木精配方如下：

苏木精　25mg

蒸馏水　75ml

钾明矾　1.25g

碘酸钠　5mg

配制时，碘酸钠的量切勿多加，因为它是强氧化剂，加多后反而失效。配好后可立即使用，也可置冰箱内保存使用多时，且使用时无须过滤。此液另一优点是大大节约了苏木精的用量。

此液能使细胞核染得非常细致，尤其是对菌类、藻类的细胞核的染色特别有效。此液应用于动物组织的整块染色，效果良好。

(5)Heidenhain 氏铁矾苏木精

Heidenhain 氏铁矾苏木精配方如下：

A 液(媒染剂)
- 铁明矾(即硫酸铁铵)　2～4g
- 蒸馏水　100ml

B 液(染液)
- 苏木精　0.5g
- 95%酒精或无水酒精　5ml
- 蒸馏水　100ml

A 液必须保持新鲜，故应在临用前配制，配好后须贮藏于阴凉处。所用的铁明矾应为紫色结晶，若为黄色即不能用。

B 液须在使用前 6 周配制。先将苏木精溶于 95%或无水酒精中，配成 10%苏木精酒精溶液。使用时量取 5ml 10%苏木精酒精溶液，再加入 100ml 蒸馏水。

A 液、B 液不能混合，须分别使用。

此液可显示染色体、染色质、核仁、线粒体、中心体和肌纤维横纹等，使其呈深蓝色乃至黑色。

2. 曙红(eosin)

曙红，又称伊红，是细胞质、胶原纤维、肌纤维和嗜酸性颗粒等的常用染色剂，是一种钠或溴盐的酸性染色剂，种类很多，名称也不统一，常用的有下列三种。

(1)曙红 Y：是四溴荧光素的钠盐($C_{20}H_6O_5Br_4Na_2$)，但其中常含有一溴及二溴衍生物，含溴愈多，颜色愈红。市售品为这类化合物的混合物，为红色粉末。易溶于水，在 19～25℃溶解度达 44%，较不溶于酒精，在 95%酒精中溶解度为 2%，不溶于二甲苯。其溶液有黄绿色荧光，在酒精溶液中最为显著。

(2)曙红 B：是四碘荧光素的钠盐($C_{20}H_6O_5I_4Na_2$)或钾盐($C_{20}H_6O_5I_4K_2$)，在水中的溶解度为 11.1%，在 95%酒精中的溶解度为 1.87%。

曙红 B 的别名很多，如藻红、真曙红 B、蓝色真曙红等。

①0.5%～1.0%曙红水溶液
- 曙红　0.5～1.0g
- 蒸馏水　100ml

②0.5%～1.0%曙红酒精溶液
- 曙红　0.5～1.0g
- 95%酒精　100ml

(3)复制曙红：先将 0.5g 曙红溶于 5ml 蒸馏水中，溶解后一滴一滴地加入冰醋酸，边滴边搅动，可见有沉淀生成，至呈糨糊状时，再加数毫升蒸馏水，继续滴加冰醋酸至沉淀不再增加时过滤。将沉淀物连同滤纸一起置于50～60℃恒温箱中烘干。将烘干物溶于100ml的95%酒精中即成。用复制曙红染色很易染上，尤其用于动物组织块的整块染色，效果很好。

曙红是一种很好的细胞质染色剂，常用于组织切片与病理组织切片的染色，常与苏木精进行对比染色(即简写的H. E.染色)，用途极广。用0.5%～1.0%曙红水溶液或酒精溶液染色不易染上时，可在100ml曙红溶液中加入1～2滴冰醋酸。

3. 番红(safranin)

番红又称碱性藏红花红或沙黄，是一种碱性染色剂，为红色粉末，能溶于水和酒精。番红O及番红T均可使用。

番红是植物组织切片常用的染色剂，能染细胞核及染色体，并能显示维管植物的木质化、木栓化及角质化的组织，尤其对细胞壁及其次生增厚部分(如导管壁上的环纹、螺纹、网纹等)显色明显。植物切片染色时，番红常与固绿作对比染色，组织的木质部易被番红染色，而韧皮部易被固绿染色，红绿对比，反差鲜明。此外，番红还是一种植物蛋白质的染色剂。

植物组织进行染色时，常配成苯胺番红染色液。

苯胺番红染色液配方如下：

番红　1g

70%酒精　100ml

苯胺油　4ml

先将番红溶于酒精中，过滤后再加入苯胺油。

4. 固绿(fast green)

固绿又称坚牢绿，是一种酸性染色剂，为绿色粉末，能溶于水及酒精。因其染色后不易褪色而得名。固绿在植物组织及细胞上应用很广，是一种细胞质及纤维素的染色剂。

经此液染色的切片，虽置于日光下数周仍保持鲜明的绿色，比亮绿能保持长久，故又称不褪色绿。

固绿染色剂配方如下：

固绿　1g

无水酒精　100ml

苯胺油　4ml

此液现配现用效果更好。

5. 亮绿(light green)

亮绿又称淡绿，是一种酸性染色剂，为绿色粉末，是用途较广的细胞质染色剂，也常用于植物组织与番红作对比染色，其缺点是褪色较快。

亮绿配方如下：

亮绿　0.5～1.0g

蒸馏水　100ml

6.亚甲蓝(methylene blue)

亚甲蓝又称美蓝或次甲基蓝，是一种碱性染色剂，为蓝色粉末，易溶于水，溶于氯仿，不溶于醚、苯。亚甲蓝易氧化，故不易得到纯品。实际上，纯的亚甲蓝染色力极弱。市售的亚甲蓝是一种复盐，为亚甲蓝和锌的氯化物。

亚甲蓝是一种重要的细胞核染色剂，其优点是不会过染。亚甲蓝溶液久置或加入少量碱即易变成多色性。

亚甲蓝对酵母菌的生活状态有鉴别作用，即它可对酵母菌的死细胞和活细胞进行鉴别。亚甲蓝是一种无毒性的染料，它的氧化型呈蓝色，还原型呈无色。用亚甲蓝对酵母菌的活细胞染色时，由于细胞的新陈代谢作用，细胞内具有较强的还原能力，从而使亚甲蓝由蓝色的氧化型变为无色的还原型。因此，具有还原能力的酵母菌活细胞经亚甲蓝染色后显示无色，而死细胞或代谢作用微弱的衰老细胞则呈蓝色或淡蓝色。亚甲蓝常与伊红 Y 酸性染色剂组成瑞氏染料(Wright's stain)。

Unna 氏碱性多色性亚甲蓝配方如下：

亚甲蓝　1g

碳酸钾　1g

蒸馏水　100ml

95%酒精　20ml

混合后徐徐加热溶解，室温下经数日成熟。染色时稀释 5～10 倍。

用亚甲蓝染色液染色的玻片标本容易褪色，不能长久保存。

7.结晶紫(crystal violet)

结晶紫是一种碱性染色剂，是细胞核的重要染色剂。凡用番红、苏木精及其他染色剂染细胞核不能成功时，用结晶紫却可得良好结果。结晶紫能显示染色体和中心体，也可染淀粉、纤维蛋白。结晶紫不但广泛用于细胞和组织的染色，也是细菌常用的染色剂，可用来区别革兰氏阴、阳性细菌。此外，结晶紫对纤毛的染色也有效。结晶紫也是显示细胞分裂的优良染色剂，如用番红和结晶紫作二重染色，染色体染成红色，纺锤丝染成紫色。其缺点是所染的玻片标本不能长久保存。

结晶紫易溶于水和酒精，通常将其配成 1%水溶液使用。

8.龙胆紫(gentian violet)

有人将结晶紫称为龙胆紫，以为它们具有同样的性质，实际上它们是有区别的。

龙胆紫是一种混合的碱性染色剂，主要是结晶紫和甲基紫的混合物。在某些场合龙胆紫和结晶紫可以互相代替，且用法也完全相同。有些细菌的制片，传统认为只能应用结晶紫才能获得良好的结果，但在实践中发现也能用龙胆紫替代，而且效果良好。

9. 苯胺蓝(aniline blue)

苯胺蓝是一种混合性的酸性染色剂，为深蓝色粉末，是一类染色剂的混合物，而不是一个简单的染色剂。由于市售品的成分不一，染色效果不易掌握。苯胺蓝有水溶性和醇溶性两种。

水溶性苯胺蓝常配成 1％水溶液；醇溶性苯胺蓝用 95％酒精配制成 1％酒精溶液使用。

苯胺蓝可单独使用，染雌蕊组织，在荧光显微镜下显示花粉管在雌蕊中的生长情况。也常用醇溶性苯胺蓝溶液与番红作对比染色，显示植物细胞壁，还可以显示鞭毛及非木质化组织。苯胺蓝也是藻类、菌类常用的染色剂。

10. 甲基绿(methyl green)

甲基绿是一种碱性染色剂，为绿色粉末。市售的甲基绿往往不纯，常含有甲基紫和结晶紫。欲得纯的甲基绿，可按下法制取：将甲基绿加入分液漏斗内，再加入足量的氯仿，用力振荡，使其溶于氯仿中(甲基绿不溶于氯仿)，静置片刻，将下面的紫色氯仿溶液去除。如此反复数次，直至氯仿不现紫色为止。最后，用真空抽气法抽干，干燥后备用。

甲基绿是较好的细胞核染色剂。在细胞制片中，甲基绿常用来染染色质，常可与酸性的洋红作对比染色。植物制片中，常配成 1％水溶液，与酸性品红合用作木质部染色，但所染切片不能久存。

在组织化学制片中，常配成甲基绿-吡啰红溶液，以鉴别脱氧核糖核酸和核糖核酸。

11. 橘黄 G(orange G)

橘黄 G 又称橘红 G，是一种强酸性染色剂，为橘黄色粉末，能溶于水、酒精和丁香油。橘黄 G 可作为细胞质的染色剂，常用作二重及三重染色，如可与铁矾苏木精作对比染色，也可与水溶性苯胺蓝及酸性品红作 Mallory 氏结缔组织染色。在植物制片中，橘黄 G 也常与苏木精、番红或龙胆紫一起应用。

有下列常用配方：

水溶液
- 橘黄 G　1g
- 蒸馏水　100ml

酒精溶液
- 橘黄 G　1g
- 95％酒精　100ml

丁香油溶液
- 橘黄 G　1g
- 无水酒精　50ml
- 丁香油　100ml

配制丁香油溶液时，先将橘黄 G 溶于酒精中，再加入丁香油，然后开启瓶口暴露于空气中，或放在 30℃恒温箱中，使酒精挥发完为止。在植物制片中，一般都是用丁香油溶液,因它既可染色又可分色。

12. 苏丹Ⅲ(Sudan Ⅲ)

苏丹Ⅲ是一种弱酸性的脂溶性染色剂,为红色粉末,不溶于水,能溶于乙醇,易溶于脂质。在脂质中的溶解度比在乙醇中的溶解度大,所以脂质得以显色,是著名的脂肪染色剂,也可染蜡质、角质等。

常用的染液为苏丹Ⅲ饱和溶解于70%酒精中。

13. 水溶性黑(色)素(nigrosin W. S.)

水溶性黑(色)素又称青黑精或苯胺黑,不是一种纯染色剂,而是混合物,通常是由一种蓝黑色或紫色的染色剂和一种黄色染色剂混合而成的,混合后呈黑色。它可用于细菌底色的染色、细菌芽孢的对比染色和藻类、真菌的染色。

作细菌底色染色时,常配成2%~3%黑色素水溶液。

14. 洋红(carmine)

洋红又称胭脂红或卡红,是从一种雌性的胭脂虫中提取的天然染色剂。将虫体干燥磨碎后,提炼出粗制品(虫红),再用明矾除去杂质即成洋红。

单纯的洋红和苏木精一样不能染色,因它对组织无直接的亲和力,因此常要和铁、铝或某些金属盐类的媒染剂一起应用。洋红溶于钾明矾或铵明矾时带有正电荷,因此成为碱性染色剂,是细胞核的优良染色剂,且能长久保存。

洋红在中性溶液里溶解度很小,所以必须溶入碱性或酸性溶液中。若溶于碱性溶液(氨、镁、锂、硼砂等)中,如硼砂洋红,染色时,细胞核和细胞质同时着色,但核的染色较浓。若溶于酸性溶液(苦味酸或冰醋酸)中,如醋酸洋红,对染色质有高度亲和力,而对细胞质则着色很浅。

洋红染液的配制方法有很多,常用的有下列几种。

(1)明矾洋红(Grenacher 氏明矾洋红)

明矾洋红配方如下:

洋红　1g

铵明矾(或钾明矾)　10g

蒸馏水　100ml

配制时,先将铵明矾加热溶解于蒸馏水中,再将洋红加入铵明矾水溶液中,加热使之溶解,冷却后过滤,加入少许防腐剂(如麝香草酚、石炭酸等)以防生霉。

此液可长期保存,且不会染色过深,又适用于各种固定液的染色,故应用很广,可染高等植物的表皮及蕨类的原叶体。但因染色力较低,不适用于染大块材料。

(2)醋酸洋红(Schnieder 氏醋酸洋红)

醋酸洋红配方如下:

洋红　4~5g

冰醋酸　45ml

蒸馏水　55ml

先将冰醋酸加入蒸馏水中煮沸，然后将火移去，立刻加入洋红，用玻璃棒搅匀溶解，冷却后过滤即成。

此液穿透作用极快，故兼有固定作用。此液对新鲜组织的细胞核染色最佳，故适用于植物新鲜细胞材料的急速观察。植物的根尖、花药等也可用此液染色。

(3)酒精洋红

酒精洋红配方如下：

洋红　2g

50%酒精　100ml

氯化钙　0.5g

氯化铝　0.5g

将以上混合液慢慢加热煮沸，再加入冰醋酸 10ml 及硝酸 8 滴。染色时，用 50%酒精稀释 1 倍后使用。

(4)硼砂洋红(Grenacher 氏硼砂洋红)

硼砂洋红配方如下：

洋红　1g

4%硼砂水溶液　100ml

70%酒精　100ml

先将洋红加入 4%硼砂水溶液内，煮沸使洋红充分溶解，冷却后过滤，再在滤液中加入 70%酒精 100ml 即成。

此液是一种常用的染液，适用于细胞核染色和一般植物的整体染色。

(5)锂洋红(Orth 氏锂洋红)

锂洋红配方如下：

洋红　2.5g

碳酸锂　1.5g

蒸馏水　100ml

将洋红加入碳酸锂水溶液内，煮沸 20min，使洋红充分溶解，冷却后过滤即可使用。

此液适用于组织切片的染色，细胞核呈深红色，细胞质呈淡红色。

15. 酸性品红(acid fuchsin)

酸性品红又称酸性复红，是一种酸性染色剂，为红色粉末，通常是较为复杂的混合物。酸性品红能溶于水和 70%酒精。

酸性品红是很好的细胞质染色剂，应用很广。在植物制片中，可用于皮层、髓部等薄壁细胞及纤维质壁的染色。在植物病理解剖制片中，对于菌类侵入后的维管组织的染色效果很好。在细菌制片中，它常用作指示剂。

酸性品红很容易与碱发生中和反应，所以切片染色后，宜在自来水中脱色。切片先浸入带酸性水中后再染色，可增强染色力。此染色剂的缺点是色泽不能长久保存。

酸性品红溶液配方如下：

酸性品红　1g

蒸馏水（或 70％酒精）　100ml

16. 碱性品红（basic fuchsin）

碱性品红又称碱性复红，是一种碱性染色剂，为暗红色粉末或结晶，也是一种混合物。碱性品红能溶于水和 95％酒精。

碱性品红是一种较强的细胞核染色剂，用途很广。在植物制片中，它能显示维管植物的木质化壁，也是小球藻、轮藻的优良染色剂。在细菌制片中，碱性品红常用于鉴别结核分枝杆菌。在组织化学制片中，碱性品红是希夫（Schiff）氏试剂的主要成分，用以鉴别细胞中的醛基。

碱性品红溶液配方如下：

碱性品红　1～2g

蒸馏水　100ml

此染色剂易于褪色，很少用于永久制片。

需要注意的是，酸性品红和碱性品红性质完全不同，有些书中仅写品红（fuchsin）者，往往指碱性品红。

17. 曲利本蓝（trypan blue）

曲利本蓝又称台盼蓝，是一种对机体毒性极小的染色剂，一般配制成 0.5％～1.0％的生理盐水溶液，过滤后消毒，可做活体染色。但此液在室温下只能用两周，久置后毒性会增强。

第七节　封固剂

封固剂可分为两类：一类是无水封固剂（树脂性封固剂），另一类是含水封固剂（水溶性封固剂）。无水封固剂如树胶、香柏油等，标本必须经过彻底脱水透明后才能封固，这样封固的玻片标本可保存数十年。含水封固剂如甘油、阿拉伯胶等，标本无须脱水即可封固，但一般只能作为临时玻片标本，不能长期保存。

一、无水封固剂（树胶）

无水封固剂是使用最广泛的封固剂，种类很多。过去我国多用进口的加拿大树胶，现在多使用国产树胶，如中性树胶及国产冷杉胶，质量都很好，完全可代替进口的加拿大树胶。我们实验室采用国产树胶封固的切片已存放20年，仍未褪色。

1. 冷杉树胶(Canada balsam)

冷杉树胶的折射率 $n=1.524$，这是从冷杉中取得的油树脂。加拿大出产较多，现在我国江苏、四川亦能生产，且有固体与液体两种。固体树胶用二甲苯、正丁醇和叔丁醇均可稀释。冷杉树胶是生物制片中最主要的封固剂之一。

树胶溶于二甲苯后往往带有酸性。用酸性树胶封固玻片标本，可能会使碱性染料褪色，所以最好采用中性树胶。

2. 中性树胶(neutral balsam)

配制中性树胶的简单方法是在树胶瓶内加少量大理石(碳酸钙)使之中和。大理石要洗净烘干后才能使用。

中性树胶是最常用的封固剂之一。中性树胶透明度高，几乎和光学玻璃一样清晰。它不腐蚀玻璃，因为它是中性的。中性树胶不容易长霉，因为中性树胶的溶剂二甲苯有杀霉菌作用。不过，中性树胶也有缺点，它是以二甲苯为溶剂的，封合后挥发很慢，制作的玻片起码在通风处晾一两个月才没有二甲苯的气味。封片方法很简单，在载玻片中央滴2～3滴树胶液(注意要滴在一起，否则容易有气泡)，然后把盖玻片慢慢放上去，轻轻挤压，树胶液会向外侧扩散至整个盖玻片。通风晾几个小时后，用棉球蘸上二甲苯或松节油，把盖玻片边缘多余的树胶擦洗干净，然后再放在通风处晾2个月。

3. 达马树胶(Dammar balsam)

达马树胶与冷杉树胶相似，折射率 $n=1.520$。如生胶中含杂质较多，可先用二甲苯稀释，再加四五层桑皮纸或擦镜纸过滤。

4. 油派胶(euparal)

油派胶为山达克胶(Sandarac，一种非洲产的白色透明树脂)、三聚乙醛(paraldehyde)和桉叶油醇(eucalyptol)等混合而成。其折射率 $n=1.535$，比冷杉树胶高。标本在95%酒精时可以封固于油派胶；但在无水酒精时，封冷杉树胶效果更好。

二、含水封固剂

含水封固剂有甘油胶、阿拉伯树胶和明胶等。配制阿拉伯树胶时加入甘油，所以又称阿拉伯树胶-甘油封固剂。

1. 阿拉伯树胶(Arabic gum)

阿拉伯树胶-甘油封固剂配方如下：

阿拉伯树胶　40g

蒸馏水　40ml

甘油　20ml

先将阿拉伯树胶放入水中溶化，然后加入甘油，再加少许石炭酸以防腐。对有些经脱水透明后往往产生收缩的标本材料，如藻类等，在封固时多采用此类封固剂。

2. 甘油胶(glycerol)

甘油又名丙三醇，无色、无臭、透明黏稠液体，能从空气中吸收潮气，也能吸收硫化氢、氰化氢和二氧化硫，与水、醇类、胺类、酚类以任何比例混溶，不溶于苯、氯仿、四氯化碳、二硫化碳、石油醚和油类，主要用作有机化工原料。

甘油常用于藻类植物和被子植物花粉的封藏。不过，为防止蒸发，盖玻片四周要用漆或柏油封边，将甘油封住，不与空气接触，同时还可使盖玻片和载玻片粘贴得更牢固。

甘油折射率 $n=1.4776$，其50%甘油折射率 $n=1.4000$。在石蜡切片中，甘油与等量蛋白质加少许防腐剂可配制成粘贴剂。

3. 聚乙烯吡咯烷酮(polyvinyl pyrrolidone, PVP)

聚乙烯吡咯烷酮为水溶性封固剂，标本不需脱水、透明即可直接封片。其通用配制方法是，用 PVP 50g 和蒸馏水 50ml 混合后一边加热，一边搅拌，直至完全溶解，冷却后备用。此液折射率 $n=1.43$。该封固剂可用于藻类、菌类、苔藓的叶状体和蕨类的原叶体的整体封片，也可用于被子植物花粉装片。封片后，玻片标本置于通风处避光保存。

PVP 作为一种合成水溶性高分子化合物，具有水溶性高分子化合物的一般性质，即胶体保护作用、成膜性、黏结性、吸湿性、增溶或凝聚作用，但其最具特色、受到人们重视的是其优异的溶解性能及生理相容性。在合成高分子化合物中像 PVP 这样既溶于水又溶于大部分有机溶剂、毒性很低、生物相容性好的并不多见。

PVP 有优良的生理惰性，不参与人体新陈代谢，又具有优良的生物相容性，对皮肤、黏膜、眼等不形成任何刺激。用 PVP 做封固剂有良好的应用前景。

第四章

生物制片技术原理

第一节 生物制片技术原理概述

生物制片技术分为非切片法和切片法两种。非切片法分为整体封片、涂片、压片、装片等。切片法分为徒手切片、冰冻切片、石蜡切片、火棉胶切片、树脂切片等。

整体封片是将整个植株(如蕨的原叶体)于载玻片上展平,加上盖玻片;涂片是将新鲜材料或经过固定的材料(如被子植物的花粉)置于载玻片上,涂成均匀一层,盖上盖玻片或不加盖玻片;压片是将处理后的材料(如洋葱根尖)置于载玻片上,分散后加上盖玻片,用拇指或镊子轻轻按压盖玻片,使组织分散成一薄层;装片是将整个组织(如蚕豆叶表皮)于载玻片上展平,加上盖玻片。

徒手切片是徒手用刀片把新鲜的植物材料切成薄片的制片方法,是一种没有经过包埋的切片方法。此法适用于组织病理学的快速诊断,而且材料不经任何处理,保留着真实的生活状态。但即使是经验丰富的实验者也难以把握厚薄。此法的主要缺点是切片较厚、厚薄不匀或不完整。

最早的包埋切片方法是冷冻切片,系采用专门的机器——冷冻切片机,在控制厚度的情况下制作切片的方法。冷冻切片机是指低温处理使组织达到一定硬度、可以快速制作用于观察的组织切片的仪器,由切片装置和制冷系统两部分组成。德国生产的冷冻切片机的切片范围为 1～500μm。细胞和组织里的水分被冷冻后,材料可以被夹持和切片。整个过程相当于用水渗透、用冰包埋,用冰将细胞和组织支撑起来进行切片。由于冰本身的质地脆、硬,切片极易破碎,质量较差。

用熔化的石蜡作为包埋介质,待其在常温下冷凝后形成包埋块。由于石蜡自身特有的弹性,切片效果好。由于石蜡本身具有黏性,可以制作连续切片并形成蜡带。这对于需要连续切片才能反映胚囊完整信息的胚胎学研究特别适合。缺点是，材料一般需要经过透明这一步，常采用二甲苯作透明剂。材料在二甲苯里很难掌握“度”：二甲苯需要彻底取代脱水剂，时间短了不行，但若时间稍长，二甲苯对材料伤害大。材料在石蜡中渗透时，需要在55～60℃恒温箱中进行，高温对材料的伤害也很大。

在这种技术基础上发展起来的正丁醇(或叔丁醇)切片法，利用正丁醇(或叔丁醇)可以和石蜡互溶的特点，让其行使脱水和透明的双重功能。这不但简化了实验程序，而且由于正丁醇(或叔丁醇)对材料的伤害远小于二甲苯，所以总体切片效果优于传统的石蜡法。

近年来，广西岑溪市松香厂研制的TO型生物制片透明剂可代替二甲苯进行透明。该产品无毒性，常温下能与95%酒精互溶，能溶解石蜡和封闭树胶。从劳动保护角度来说，该透明剂有一定的应用前景，但其透明速度极慢，用于动物组织切片尚可，但不适合广泛用于植物组织切片。在植物组织胚胎学实验中，我们采用二甲苯透明，但后续的除蜡等步骤用该透明剂较为合适。

在石蜡切片基础上发展起来的树脂切片技术，固定和脱水仍按常规步骤进行。有的经过环氧丙烷过渡(有的则不需要)，用环氧树脂渗透和包埋，利用环氧树脂渗入组织内部取代脱水剂(或过渡剂)。其在单体状态时(聚合前)为液体，能够渗入组织内，当加入某些催化剂并加温后能聚合成固体。为了改善包埋块的切割性能，某些环氧树脂包埋剂配方中还加有增塑剂，使包埋块具有适当的韧性。常用的增塑剂为邻苯二甲酸二丁酯。将组织块包埋在多孔橡胶包埋模板中，然后在恒温箱内聚合硬化，形成包埋块。

用环氧树脂渗透和包埋，巧妙地避开了二甲苯。虽聚合过程仍在60℃恒温箱中进行，但这种“后高温”模式对材料的伤害不大。树脂切片的优点是，可制作超薄切片，放在透射电子显微镜下观察，能清楚看到细胞壁、初生纹孔场、细胞核、核仁和质体等。其缺点：一是不可连续切片；二是即使用光学显微镜观察，对切片机和刀的要求也很高，切片机是专用的半薄切片机(超薄切片机也可制作半薄切片)，刀是钻石刀，价格昂贵。虽然也可用专门的制刀机自制玻璃刀，但切不了几片就得更换，特别烦琐。

近几年发展起来的液体塑料(Technovit)包埋的切片，本质上还属于树脂切片，其制片原理、方法和制片效果均类似于树脂切片。其主要优点是对切片机和切片刀没有特别的要求，Technovit包埋的材料用旋转切片机(石蜡切片机)和普通切片刀或一次性刀片即可切片，切片的厚度可以达到1μm，而且刀片几乎跟石蜡法一样经久耐用(Chen et al.，2021)。其缺点跟树脂切片一样，是不可制作连续切片(表4-1)。

Technovit切片技术相对于传统的石蜡切片技术有较大优势：其制片质量高，可与树脂切片相媲美，甚至优于树脂切片，但相对于后者不但简化了程序，而且对设备要求不高，特别适合于装备条件较差的实验室。该项技术集石蜡切片和树脂切片技术的优点于一身，既有石蜡切片的方便快捷与实用，又有树脂切片的质量，是一种很有应用前景的切片技术。

表 4-1　几种切片技术的比较(Chen et al. ,2021)

切片技术	脱水	过渡	渗透包埋	温度条件	切片机	切片刀	连续切片
石蜡切片	酒精	二甲苯	石蜡	55～65℃	石蜡切片机	普通切片刀或一次性刀片	是
树脂切片	丙酮或酒精	环氧丙烷	Epon 812，Spurr 等	室温	半(超)薄切片机	钻石刀或玻璃刀	否
Technovit 切片	酒精	—	Technovit	室温	石蜡切片机	普通切片刀或一次性刀片	否

除了临时制片、非切片法，以及切片法中的徒手切片和冰冻切片之外，一般的生物制片都要经过固定、脱水、渗透、包埋、切片、染色和封固等一系列步骤，每个步骤都影响着下一步的成败，多个环节环环相扣。每个步骤的原理在下文的制片方法中都有具体描述。考虑到固定和染色几乎是所有制片方法中不可或缺的步骤，本章重点介绍固定和染色的原理。

第二节　固定原理

一、固定的意义

固定(immobilization)是将组织浸入某些化学试剂中，尽快杀死组织细胞，使细胞内的物质尽量接近其生活状态时的形态和结构，便于病理学诊断。在制作切片过程中，固定是最为重要的步骤之一。一张优秀的组织学切片是建立在适当的固定基础之上的。固定不良在以后制片的过程中将无法补救。采集一份组织材料后应尽快进行固定，如果不迅速固定，会造成固定不良，从而导致染色不良。组织的良好固定，应该是一次完成的。固定不良的组织，即使进行补充固定也起不到改善染色的效果。

二、固定的作用

固定的作用如下：

(1)保持细胞生活时的形态，防止自溶与腐败。

(2)保持细胞内的特殊成分与生活状态时相似。经过固定，细胞内的一些蛋白质等可沉淀或凝固，使其定位在细胞内的原有部位，有利于其后物质的定位。对于不同的物质应选用不同的固定剂和固定方法。

(3)便于区别不同组织成分。这是因为组织细胞内的不同物质经固定后产生折光上的差异，对染料产生不同的亲和力，经染色后容易区别。

(4)有利于切片。固定剂本身有硬化作用,能使组织的硬度增加,便于制片。同时,固定能使细胞正常的半液体状(胶体状态)变为半固体状(凝胶状态),有固化作用,使其可经受随后的组织处理过程。

影响固定的因素很多,如组织未及时放入固定液、组织块过大、固定液不足、固定时间不够等。固定时的温度也对固定效果有一定的影响。

三、固定的方法及注意事项

固定的方法分为以下几类:

(1)小块组织固定。从人体或动物取出组织,切成小块投入固定液中固定。

(2)局部注射固定。某些组织和器官固定液不易渗透或渗透较慢或渗透不均匀,还有些器官为保持外形或蜷缩,可采取局部注射固定方法,固定 4~6h 后,再将组织切成小块继续投入固定液中固定。

(3)整体注射固定。此法主要用于科研和大体解剖,亦可用于组织学教学制片。

固定组织时,固定的容器宜相对大些,防止组织与容器粘连产生固定不良。标本瓶应选择瓶口较大的,有利于标本的放入和取出,避免造成人为挤压组织导致形态变化。瓶底常垫以棉花,使固定剂能均匀渗入组织块。固定期间轻轻搅动固定液或摇动容器,有利于固定液的渗入。在恒温箱内将固定液稍加温,可使固定作用加快而缩短固定时间。对一些浮在固定液上的材料(如叶片),要先用真空泵抽气,然后在摇床上不停地摇晃,直到材料沉入固定液为止。

固定组织时,应在组织取下后立即或尽快放入适当固定液中。应该使用足量的固定液,一般应为组织体积的 20 倍以上,尽可能多一些。标本最好悬浮于固定液之中,漂浮于固定液之上或沉于固定容器底部都不利于固定液渗入标本。如果标本块较多,固定时应注意各标本块不应重叠。一般固定液在 24h 内不能穿透厚度大于 2~3mm 的实体组织,所以组织块的厚度以 3mm 左右为宜。不同类型的组织块厚度可有所不同,但组织要得到良好的固定,原则上厚度不应超过 4mm。固定时间与所用固定液的种类、组织大小以及温度等有关。不同的固定液有不同的固定时间。组织固定的时间要足够。根据组织体积大小不同,固定时间应有所不同,组织越大越厚,固定时间应越长。一般固定时间为 4~24h 或更长,大多数组织应固定 24h 左右。

一般情况下在室温下固定。酶组织化学染色组织的固定应置于冰箱低温固定,固定时间应相应延长。固定的温度升高时可适当减少固定时间,但温度过高可加速组织的自溶。若固定时需要保存特殊的结构,则应采用相应的特殊固定方法,如要制备 1μm 厚的半薄切片,可以先用戊二醛固定,然后再用锇酸进行二次固定。

四、固定剂的选择

理想的固定剂应具备下列几种性能:

首先是渗透性强。固定剂必须能迅速渗入组织，这样组织内各种成分才能尽快地被固定在原位置。

其次，组织在固定液的作用下，不应发生显著的收缩或膨胀现象。固定过程中由于蛋白质发生凝固或沉淀，必然导致组织出现不同程度的收缩或膨胀。良好的固定剂应尽量减少组织发生这类变化。

最后，固定剂应该有利于组织切片和染色。这含有两种意义，一是固定剂应有利于染色剂对固定后的组织进行染色。例如，重铬酸钾对类脂具有一定的媒染作用；中性福尔马林比一般福尔马林所固定的组织更有利于核的染色。二是固定剂能将组织或细胞中某些必须观察的成分予以充分固定而保存下来，以便染色。例如，酸可以渗入脂类物质使其固定下来而不至于在制片过程中为酒精和二甲苯溶解，并可用石蜡包埋进行切片。

固定液应该同时也是一种较好的保存液。实际上，不管是单一固定液还是混合固定液，都不能够完全达到上述要求。不同固定液的功能和作用不尽相同。工作中选择固定剂时，应根据制片要求和各种固定剂的特点合理选用。固定液选择恰当，才能获得满意的制片结果。在使用混合固定剂时，尤其应注意各种固定液之间的合理搭配，比如要考虑固定剂的渗透性、组织收缩性等。原则上，氧化剂与还原剂应避免同时使用，确需同时使用时，应在使用前将其临时混合。混合固定剂内不宜同时使用两种以上的盐类，以免产生复盐影响对组织的固定，如氧化钠和氯化钠同时使用时，常用硫酸钠代替氯化钠。

第三节　染色原理

人的眼睛在观察物体的时候，首先要有适合的光，光太弱了或太强了都看不清物体；其次要有适当的工作距离，距离太远或太近了同样都看不清物体。“适合的光”和“适合的工作距离”是人眼看清物体的必要条件。那么，是不是满足了这两个条件就一定能看清物体了呢？

在一张白纸上用白色的颜料写下“祖国万岁”四个字，什么也看不见，但在白纸上用黑墨水写上同样的四个字，就可以清楚地看到了。这是为什么呢？前者，字是白色的，背景（白纸）也是白色的，没有对比度，反差为零，所以什么也看不见。后者，字是黑色的，背景（白纸）是白色的，黑与白形成了强烈对比，从而造成了人眼的视觉效果。可见，人眼要看清物体，除了要有适合的光和适合的工作距离，还需要有对比度。

一、染色的目的

观察下列两幅图片。为什么黑白画面（图 4-1A）比现在的彩色画面（图 4-1B）看上去似乎更加清晰？这是因为整个黑白画面中只使用两种颜色，黑和白，它们是自然界反差最大、对比最强烈的两种颜色。

图 4-1　黑白画面和彩色画面的清晰度比较
A. 电影《冰山上的来客》画面截图；B. 电视剧《掩不住的阳光》画面截图。

图 4-1B 中，黄土、绿树、绿水、青山和新四军蓝灰色的军服分别有着波长接近的几种颜色（黄、绿、青、蓝），它们混在了一起，对比度小，才造成了视觉的不清晰。

由此可见，一个好的对比度或较大的反差是在显微镜下看清标本的前提和保证。未染色（图 4-2A）与染而不褪（图 4-2B）都没有形成对比。染了再褪，将一部分颜色褪去，另一部分颜色保留，颜色褪去的那部分颜色浅，颜色保留的那部分颜色深，一“浅”、一“深”就形成了对比（图 4-2C）。

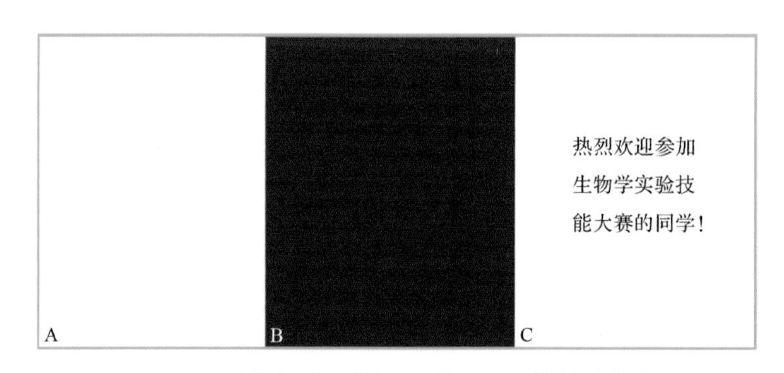

图 4-2　未染色、染而不褪和染了再褪的效果比较
A. 未染色，没有对比；B. 染而不褪，没有对比；C. 染了再褪，背景颜色褪去，字的颜色保留。背景颜色浅，字的颜色深，一“浅”、一“深”形成对比。

染色的目的就是最大限度地获得对比度或反差。在有 2 种及以上染料的情况下，可以通过颜色对比来获得反差。在只有 1 种染料的情况下，只能通过染色和褪色这个过程来实现。“染色—褪色”是一个看似矛盾的过程，但它不是“彻底的染”或“彻底的褪”。“彻底的染”并非染色的目的，因为它不能获得对比度；“彻底的褪”跟没有染色效果是一样的。只有协调好“染色—褪色”的辩证关系，才能获得颜色深浅的对比关系，从而达到染色的目的。这里，掌握好染色和褪色的“度”或“火候”是一个关键问题。学习染色的原理，实际上也是培养辩证思维的过程。

二、染色的物质基础

染料一般分为两类：一类是供纺织物等染色用的染料(dye)；一类是供生物学研究用的染色剂(stain)或称生物染色剂(biological stain,BS)。这两类染料基本上没什么区别，只不过生物染色剂应用于显微玻片标本的染色，制造要求较严，质地较纯。

染料必须具备两个条件：一是要具有颜色；二是和被染物体之间具有亲和力。如果只有颜色而与被染物体之间无亲和力，那只能是颜料或有色物质，而不是染料。染料的颜色和亲和力都是由分子结构决定的，即由产生颜色的发色团和与组织产生亲和力的助色团所决定的。

1. 发色团

能使染料分子产生颜色的原子团称为发色团(chromophore)，也就是能吸收一定波长的光线并因之而呈现颜色的化学结构。

在同一化合物中所含的发色团愈多，颜色愈深。例如，当苯环(C_6H_6)中两个氢原子被氧置换，则双键重新排列构成一种新化合物醌($C_6H_4O_2$)，醌环中就含有 4 个发色团，即两个羰基和两个乙烯基，所以含有这个环的化合物都呈现很深的颜色。

2. 助色团

含有发色团的芳香族化合物称为色原(chromogen)。色原虽然有色，但仍不都是染料，因为有些色原对纺织物纤维或组织成分没有亲和力，虽然可以使织物纤维或组织涂上颜色，但经机械作用后又易被除去。有些色原之所以能成为染料，除了有发色团，还需要有一个使组织着色的成分——助色团。

能使染料对纺织物纤维或组织成分产生亲和力的原子团称为助色团(auxochrome)，也就是使化合物具有成盐性质的原子团。助色团能使染料色泽的强度有所改变，但并不是产生色彩的原因。

下面以苦味酸(三硝基苯酚)为例，说明发色团和助色团的作用。

三硝基苯是一种黄色化合物。因为硝基是一种发色团，而三硝基苯含有三个硝基，所以有颜色；但它仅是一个含有发色团的苯的衍生物——色原，而不是染料，这是因为三硝基苯没有助色团，所以没有染色能力。但是，如果三硝基苯分子中的一个氢原子被一个羟基置换，成为三硝基苯酚，它就成为常用的黄色染料苦味酸了，这是因为羟基是一种助色团，在它的协助下，三硝基苯获得了染色能力，成为有染色能力的三硝基苯酚(苦味酸)。

三、染色的物理作用和化学作用

有关染色的理论至今还是一个并未完全被研究清楚的很复杂的问题，目前一般还是从物理和化学作用来解释各种组织或细胞的染色现象。

1. 染色的物理作用

此理论认为组织细胞的染色都是以物理作用为基础的，主要是依靠下列三种物理作用的一种或全部，使染色剂进入组织或细胞内。

(1)毛细管作用及渗透作用。由于组织细胞有许多小孔，因此染色剂可借毛细管作用或渗透作用进入组织细胞内部。但是，染色剂与组织细胞没有牢固地结合，所以仅是单纯的物理作用，不能称为染色，因为染色必须是染色剂留贮于组织细胞内，并与之结合得较为稳固。

(2)吸收作用。吸收作用又称溶解学说。这种学说认为组织细胞之所以能被染色，主要是吸收作用所致。组织细胞吸收染色剂，牢固地结合，组织细胞的着色与溶液的颜色相同，但不一定和干燥染色剂的颜色相同。例如，品红溶液为红色，所染组织也为红色，而干燥的品红则为绿色。苏丹类染色剂使脂质着色，是一种溶解现象。因为苏丹类染色剂在脂质中的溶解度大于在酒精等溶剂中的溶解度，当苏丹类染色剂的酒精溶液与组织细胞中的脂质接触时，染色剂就从酒精中溶解到脂质中，从而使其着色。

(3)吸附作用。吸附作用是固体物质的特性，即较大的物体能从周围溶液(染液)中吸附一些小颗粒(化合物或离子)到自身的特性。细胞中各种蛋白质或胶体有不同的吸附面，因此能选择性地吸附不同的离子，即某种蛋白质对某种染色剂有吸附作用，而对另一种染色剂无吸附作用，这就可以解释鉴别染色现象。

2. 染色的化学作用

染色的化学作用理论的主要依据是染色剂可分为酸性、碱性和中性染色剂，而植物细胞内一般也可区分为酸性(阴离子)和碱性(阳离子)部分。当碱性染色剂溶液中的有色部分成为阳离子时，就能与细胞的阴离子(酸性部分)较牢固地结合；当酸性染色剂溶液中的有色部分成为阴离子时，就能与细胞的阳离子(碱性部分)较牢固地结合。例如，细胞核，尤其是核内的染色质，主要由核酸组成，是酸性的组成成分，故与碱性染色剂(苏木精)的亲和力很强，易于着色；细胞质含碱性物质，所以与酸性染色剂(曙红)的亲和力很大，易于着色。所以，在苏木精-曙红(H. E.)染色中，细胞核被碱性染色剂苏木精所染，细胞质被酸性染色剂曙红所染。这也就是细胞核是嗜碱性的，细胞质是嗜酸性的。除染色质外，黏液和软骨的基质等都是嗜碱性的，细胞质内含的某些颗粒也为嗜酸性的。需注意的是，嗜碱性和嗜酸性是相对而不是绝对的，若细胞在碱性染色剂溶液中停留过久，则细胞质也可染上碱性染色剂的颜色。某些细胞(如血细胞)具有特殊性质，能与中性染色剂发生亲和而结合。

由此可见，细胞各成分的染色强弱与细胞成分及染色剂的性质有密切关系：两者之间的亲和力强，染色就深；亲和力弱或无，染色也就浅或无。

但是，染色的实际情况是极为复杂的。组织细胞的染色作用还随所用溶液的 pH 值而变动，这是因为细胞的主要成分是蛋白质，蛋白质由氨基酸组成，氨基酸含—NH_2 和—COOH，是呈酸、碱两性物质，在等电点时氨基酸为内盐，但在酸性溶液中，即溶液的 pH 值小于该氨基酸的等电点时，氨基酸带有阳离子，呈碱性；而在碱性溶液中，即溶液的 pH 值大于该氨基酸的等电点时，氨基酸带有阴离子，呈酸性。因此，当染液的 pH 值大于氨基酸的等电点时，则氨基酸带负电荷，细胞偏酸性，容易被碱性染色剂所着色；反之，若染液的 pH 值小于氨基酸的等电点，则氨基酸带正电荷，细胞偏碱性，容易被酸性染色剂所着色。在近中性染液中，细胞核内的染色质被碱性染色剂着色，细胞质被酸性染色剂着色。长期保存于福尔马林中的组织往往染色不良，尤其是核的染色欠佳，其原因是甲醛氧化成甲酸，溶液呈酸性。这样，组织中的氨基酸就呈碱性，即渐变为嗜酸性了，因而不易被碱性染色剂着色。

在实际染色过程中，有时当苏木精或曙红不易染色时，往往苏木精或曙红溶液中各加几滴冰醋酸，以增加其染色力，可能是下面的原因：通常所使用的苏木精是氧化苏木素，染色时需加媒染剂。媒染剂是指能与染料或组织发生结合，促进染色和生成沉淀色素的金属离子的盐。如铁矾，又叫铁明矾或硫酸铁铵（ammonium iron（Ⅲ）sulfate），分子式为 $NH_4Fe(SO_4)_2 \cdot 12H_2O$。媒染剂都含有 Fe^{3+}、Al^{3+} 等金属离子，它们与氧化苏木素螯合后才显色。在蛋白质分子中往往含有某些基团，它们也能与金属离子（Fe^{3+}）络合，或者说它们能与染料分子争夺 Fe^{3+}，这样减少了氧化苏木素与 Fe^{3+} 形成螯合物的机会，从而影响氧化苏木素的显色。在染液中加入少量冰醋酸，能与这些基团结合或部分结合为阳离子。这些基团一旦成为阳离子，即不能与 Fe^{3+} 络合，也就不会与染料分子争夺 Fe^{3+} 了，从而使氧化苏木素能顺利地和 Fe^{3+} 螯合后显色。

曙红是染细胞质的酸性染色剂，它是四溴荧光素钠盐，在分子结构中含有—ONa 和—COONa 基团。加入少量冰醋酸（CH_3COOH）时，$—COO^- Na^+ + CH_3COOH \rightleftharpoons —COOH + CH_3COO^- Na^+$ 反应处于一平衡体系，但仍有部分为—$COO^- Na^+$，故染料仍为酸性染色剂。加之细胞质是碱性蛋白质，即分子内的—NH_2 多于—COOH。因此，在染液中加入适量冰醋酸时，可使蛋白质分子中较多的—NH_2 转变成为—NH_3^+。这样，—NH_3^+ 与曙红分子中的—COO^- 牢固结合而染色。

上述两种理论虽然对某些染色现象给予了解释，但是生物组织染色的复杂性是很难用某一种理论来解释的，组织细胞的染色既是一个化学过程，又是一个物理过程。

四、染色的分类

1. 单染

使用单一染色剂来给动植物材料染色的方法称作单染。

在只有 1 种染料（如番红）的情况下，只能通过染色-褪色的方式来获得对比度，先染色，后褪色，但是褪色绝非“彻底的褪色”，因为彻底的褪色跟没有染色的效果是一样的。因此，褪色时要把握好“度”，深染重褪，浅染轻褪。让材料的一部分（如细胞质）颜色褪去，让另一部分（如细胞壁）颜色保留，这样，颜色褪去的那部分颜色浅，颜色保留的那部分颜色深，一“浅”、一“深”形成了对比。例如，番红对细胞壁及其次生增厚部分（如导管壁上的环纹、螺纹、网纹等）显色明显。经番红染色的材料，再经脱水剂（如酒精）脱水封片时，因脱水剂有褪色作用，细胞质等部分的颜色褪去，与细胞壁形成对比（图 4-3）。

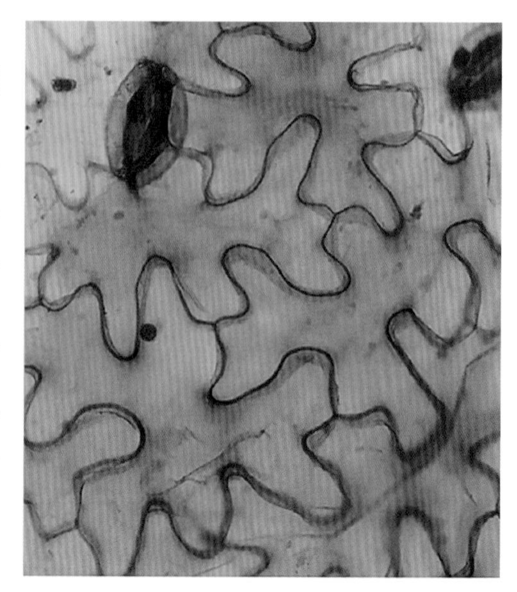

图 4-3　单染效果（蚕豆叶表皮装片）

番红染色、酒精褪色。可见细胞壁、细胞核均被番红染色，而细胞质的颜色褪去。细胞壁、细胞核和细胞质形成了鲜明的对比

2. 对染

使用两种或以上复合染色剂来给材料染色的方法称作对染。

常用的是番红-固绿对染（图 4-4）、番红-苏木精对染（图 4-5）等。假设黑色和白色的对比度是 100，那么上述两组染色剂的对比度均可达到 70 左右。

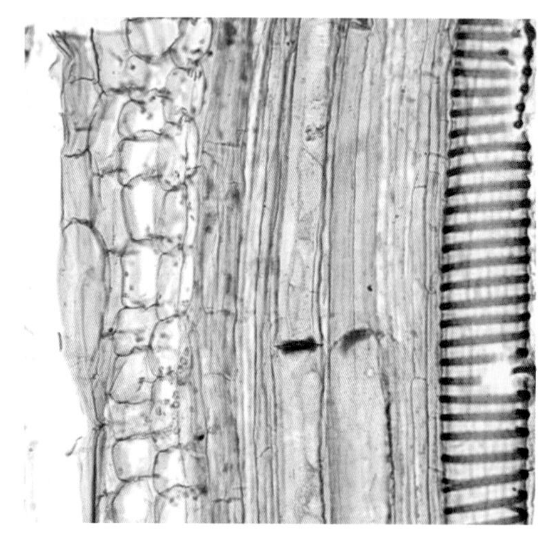

图 4-4　番红-固绿对染效果（南瓜茎纵切片）

木质部的环纹导管被番红染色，韧皮部的筛管、伴胞和皮层均被固绿染色。木质部（红色）和韧皮部（绿色）形成了鲜明的对比

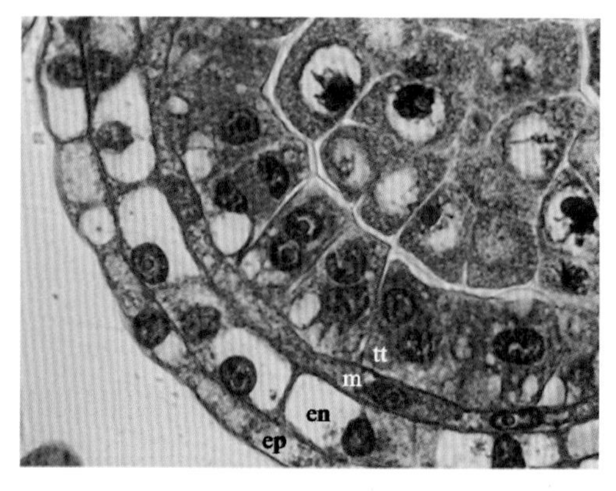

图 4-5　番红-苏木精对染效果（青荚叶幼小花药横切片）

花药壁各层的细胞壁被番红染色，呈红色；细胞核被苏木精染色，呈黑色。细胞壁（红色）和细胞核（黑色）形成了鲜明的对比。这张照片清楚地展示了绒毡层的双核细胞。ep：epidermis，表皮；en：endothecium，药室内壁；m：middle layer，中层；tt：tapetum，绒毡层

第五章

生物制片技术

第一节　非切片法

一、整体封片

整体封片用于封固微小的生物体或部分组织器官，通常有取材、固定、浸洗、染色、脱水、透明、封片等七个步骤。但在实际工作中，必须根据不同标本具体处理。

（一）甘油与甘油胶封固法

此法较为简便，不但节省时间，而且标本不易收缩。各种藻类植物常用5%或7%甲醛固定12～24h，经水洗，即用50%甘油（稍加麝香草酚）封片，但盖玻片四周需用磁漆封边，避免甘油挥发。

可用上述方法封固藻类和真菌类植物。常用的封固剂还有下列几种：

1. 甘油胶封固剂

明胶（优质无色）　1份

甘油　7份

蒸馏水　6份

先将明胶与蒸馏水加热，充分溶化，然后加入甘油，用玻璃棒搅拌均匀，最后每100ml加0.5g麝香草酚防腐。

2. 甘油、乳酸、苯酚封固剂

苯酚（加温溶解）　20ml

甘油　40ml

乳酸　20ml

蒸馏水　20ml

3. 甘油、苯酚封固剂

苯酚(加温溶解)　20ml

甘油　40ml

(二)正丁醇树胶封固法

很多寄生虫用冷杉树胶二甲苯稀释液封固后极易收缩,改用此法可以得到良好的效果。常用方法如下:将日本血吸虫、蛲虫、钩虫一类寄生虫先用7%甲醛或Bouin氏液固定,经蒸馏水或50%酒精洗涤,洋红染液染色,依次经70%、80%、90%酒精,再依次经4级正丁醇(用95%酒精配制),每级2～4h,最后用固体树胶10g与正丁醇100ml的混合液封片。

(三)甘油、二甲苯、树胶封固法

此法原用于容易收缩的藻类植物,但由于手续繁多,尤其从无水酒精逐级到纯二甲苯时,如不小心,依然会发生收缩。由此原因,应用者不多。以藻类植物为例,此法有下列步骤:

(1)将标本入5%甲醛固定24h以上。

(2)用蒸馏水洗2～3次,共30min。

(3)媒染4%硫酸铁铵水溶液1h。

(4)用蒸馏水洗4次,共15min。

(5)入海氏苏木精染液。

(6)用蒸馏水洗3次,除去余色。

(7)用2%硫酸铁铵分色适宜。细胞核、细胞壁呈蓝色。

(8)用蒸馏水洗2次,共5min。

(9)用自来水漂洗5次,共45min。

(10)再用蒸馏水洗2次,共10min。

(11)入10%甘油,置于30～40℃恒温箱内渐渐蒸发至纯甘油。

(12)用95%酒精洗4次,每次10min,以清除甘油。

(13)入无水酒精(换2次),并依次经6级或8级无水酒精与二甲苯混合液,每级2h。

(14)由纯二甲苯透明后,移入0.5%冷杉树胶二甲苯稀释液,置于30℃恒温箱内蒸发到合适浓度即可封片。

(四)二甲苯树胶封固法(常规封片法)

这是装片中最常用的封固法,通常按6～8级酒精或6～8级二甲苯脱水透明,最后可用0.5%中性树胶封片。药液由低浓度缓慢至高浓度的原因在于防止标本收缩。

1.用具与药品

(1)树胶瓶(盛有液体冷杉树胶)、酒精灯。

(2)载玻片与各种规格盖玻片。

(3)弯头镊子、取片匙、挖耳、滴管、火柴、毛笔、干净抹布。

2.封片方法

(1)将干净载玻片平放于工作台,滴加冷杉树胶于玻片中央。

(2)用镊子或滴管、解剖针(根据标本大小等特点选择一种工具)将透明的标本移入树胶内。

(3)用另一把镊子将盖玻片往酒精灯上迅速烘一下,除去湿气,随即盖在具有树胶的标本上封片。

3.封固注意事项

(1)整体装片用的树胶浓度要稍厚,使树胶于盖玻片内随标本达到一定高度而不致倒塌漏失。

(2)用二甲苯稀释树胶,在搅拌均匀的过程中容易产生大量气泡,因此不能临用时稀释。

(3)不少小型标本封片时,常随树胶扩散甚至流到盖玻片边沿,此时只要用玻璃棒将滴入的树胶先铺展成盖玻片大小的形状,再移入标本于中央,这样加盖玻片时可控制标本随树胶的扩散。

(4)加盖玻片时,先下左半部分,再顺着方向下右半部分。如果仍有气泡,只要不在标本中,数日后气泡能自行消失。如果急于要将气泡逸出,可用酒精灯适当加温。由于气泡比树胶比重小,受热膨胀后(近似煮沸),气泡很快向高处一侧逸出。

(5)如盖玻片内树胶不足,可添入树胶,用酒精灯加温,使扩展至缺胶处,同时也可借助细解剖针的疏通,使树胶达到缺胶处。以后干固后,用刀刮去残留树胶,再用布蘸些二甲苯或50%酒精擦净。

二、涂布法

此种方法主要用于液体标本,微型标本如各种细菌以及单细胞藻类大都可以应用此法。细菌标本经涂片、染色、水洗后,常不加盖玻片封固,只要晾干就可以镜检。衣藻、小球藻等单细胞藻类滴入载玻片,稍晾干即可入Schaudinn氏固定液固定12h。标本贴附于载玻片上,以后用海氏苏木精染色法制片。

下面以革兰(Gram)氏染色法为例,介绍细菌涂片的制作。

(1)取样:细菌常生存于腐烂的有机质中。可以向医学院校取得医学上的重要病菌菌种。

(2)涂片:将用清洁液处理过的洁净载玻片用酒精灯稍烤,于玻片中央加一小滴蒸馏水或无菌水(若是液体培养,可不加水),将接种环在火焰上烧红灭菌,冷却后用它挑起少量细菌,混匀于小滴无菌水(或蒸馏水),涂布一薄层。

(3)干燥:将涂片在室温下静置干燥或30℃恒温箱中烘干。

(4)固定:常用加热干燥法固定。将涂面向上,徐徐在酒精灯上反复加热3～4次,但不能过快,这是因为过快了可能固定不充分,受热过度可能会灼焦菌体,玻片容易破裂。

(5)滴加石炭酸龙胆紫溶液1min。石炭酸龙胆紫溶液配法如下:

7%龙胆紫(用无水酒精配制) 10ml

5%石炭酸水溶液 90ml

混合后,过滤备用。

(6)用水速洗。

(7)滴加路(Lugol)氏碘液媒染1～2min。路(Logol)氏碘液配法如下:

碘 1g

碘化钾 2g

蒸馏水 300ml

盛入棕色玻璃瓶,贮存于暗处。

(8)用水速洗。

(9)滴加2%番红(Safranin O)水溶液或用浦飞弗尔(Pferiffer)氏石炭酸复红稀释液复染2～3min。

(10)用水速洗。

(11)干燥后观察。

结果:革兰氏阳性细菌呈深紫色,革兰氏阴性细菌呈红色。

阳性细菌有结核分枝杆菌、白喉杆菌、肺炎球菌、葡萄球菌、链球菌、破伤风菌、炭疽杆菌等。

阴性细菌有赤痢杆菌、大肠杆菌、霍乱弧菌。

三、装片

此法用于封固植物的部分组织或细胞,通常经过取材、固定、浸洗、染色、脱水、透明、封片等几个步骤。有时候制作临时装片。取材后,滴上1滴蒸馏水或甘油,或经过番红、I-IK染色后直接封片,效果也很好。下面以叶表皮和花粉的永久装片为例,介绍装片的制作过程。

(一)叶表皮永久装片

植物叶表皮形态特征,包括表皮细胞形状、垂周壁式样、气孔器类型、表皮毛、角质层和纹饰等在大多数高等植物种间具有明显的区别，被植物分类学工作者用作探讨植物种间系统进化关系的一项重要而可信的解剖学资料。

（1）取材：剪取植物叶（新鲜材料或腊叶标本均可）中部主脉两侧约 1cm×1cm 小块。

（2）离析：有些叶片，如蚕豆和景天科植物（如长寿花）的叶片可不经处理直接撕取叶表皮。一般腊叶标本及硬厚革质的叶需先用开水煮沸 0.5～2h，以软化材料，然后再将其放入氢氧化钠（NaOH）或次氯酸钠（NaClO）溶液中，移入 60℃恒温箱中离析 24～48h。有些革质化程度高的叶片（如山茶属植物）宜放入铬酸溶液中离析。离析时间因材而异，应恰到好处，太短则叶肉与表皮仍紧密结合难以分离，太长则表皮易破碎。可以每隔 1h 取部分离析材料镜检，以叶肉与叶表皮之间充分解离但又不破坏叶表皮为最佳。

（3）撕皮与染色：将离析好的叶片材料小心转移至一盛蒸馏水的培养皿中，在水中用镊子轻轻撕下叶表皮。若撕下的小块表皮上有叶肉附着，可用较钝的刀片轻轻刮去。将撕下的叶表皮置于载玻片上，滴 1 滴 1%番红染液。染色时间比较灵活，本着深染重褪的原则，也就是说，如果染色时间长，着色深，在接下来的脱水环节中可在各级酒精中停留较长的时间（酒精兼有脱水和褪色双重功效）。

（4）脱水：采取梯度酒精脱水法，先用吸管取几滴 50%酒精滴于载玻片的材料上，3～5min 后用滤纸吸干材料周围的水分，然后滴加 70%酒精，3min 后用滤纸吸干，依次重复操作 85%及 95%酒精，当滴入无水酒精时，动作要快，以免材料变脆破裂或卷起。1min 后重复一次纯酒精，使材料彻底脱水。

（5）透明及封片：在完全脱水后的材料上先滴入 1 滴（1/2 无水酒精＋1/2 二甲苯）混合液，过渡到纯二甲苯中进行透明，紧接着滴 1 滴加拿大树胶或中性树胶，迅速盖上盖玻片，让树胶均匀溢出少许在盖玻片四周，最后将制片水平置于阴凉处晾干。

（二）花粉永久装片

1.常规花粉永久装片

（1）花粉的采集：生活植株或腊叶标本上均可直接采集花粉。

尽量选择含苞待放的花。花苞过小，里面的花粉未发育成熟。已开放的花中花粉可能已大半散失。若想检查花药中是否有花粉，可取小块花药放在载玻片上，加 1 滴 95%酒精，盖上盖玻片，放在显微镜下检查。较大而雄蕊又很多的花，如荷花、山茶花等，可用镊子直接将雄蕊取下，放入小指管中。如花很小，雄蕊不易识别，如菊科植物的花，可将其小花取下几朵放入小指管内。

若是从生活植株上采集花粉，采集后的花粉材料（花药、雄蕊或小花）应立即固定于 95%酒精或冰醋酸中。

（2）花粉的分解：在装有花粉材料的小指管内加入少量冰醋酸，浸软后用玻璃棒将花药捣碎。将捣碎的标本用铜纱过滤到贴有同号标签的离心管内，加冰醋酸至 5ml，然后放到离心机上离心，让花粉沉淀，倒掉其上清液。加入醋酸酐和硫酸的混合液（9∶1）5ml 放于水浴锅中加热。在分解过程中可用玻璃棒轻轻地搅动一两次，使其均匀。分解好后再将离心管放进离心机内，离心后将分解溶液倒掉，加 10ml 蒸馏水清洗两次。加 50％甘油，将处理好的花粉和甘油一起倒回原来装标本的小指管内保存起来，再加 1％石炭酸溶液 3～4 滴保存。

（3）制片：将保存在指管内的花粉用玻璃棒或吸管取出少量，放在载玻片上，放入一小块甘油胶，稍加热，使其融化，将盖玻片在酒精灯上稍烤热，迅速盖上。待甘油胶完全凝固，再用加拿大树胶（或中性树胶）将盖玻片周围的边封好，即成永久制片，放入标本盒内保存起来。

2.花粉永久装片的改进

传统的制备供光学显微镜观察的花粉样品的方法不但程序复杂，而且不同种类的花粉容易混杂。我们在进行山茶属 *Camellia* 花粉形态的系统研究中总结出一种制备供光学显微镜观察的花粉材料的简单方法，其操作步骤如下：

（1）从标本或新鲜植株上取下花药，用冰醋酸浸软后置洁净的凹玻片（单凹玻片）上，于解剖镜下将花药打开，滴上 95％酒精将花粉洗出。

（2）滴上预先配制好的分解液（醋酸酐 9 份和浓硫酸 1 份），于室温下或 50℃恒温箱里放置 5min（具体温度和时间因花粉种类而异），反复镜检。

（3）对一些较难分解的花粉，可重复步骤（2）。

（4）花粉分解好后，滴上梯度酒精清洗，每次清洗后，将凹玻片静置 5min，用吸管吸去上清液，最后用中性树胶封片。我们将用此法制备的花粉样品同用传统方法制备的样品进行比较，发现花粉无论是整个形态还是外壁都很清晰，能收到同传统方法一样的效果。此法除了操作简便、节省时间、省去部分仪器之外，还具有以下优点：

（1）观察目标明确，避免了传统方法的盲目性。

（2）从根本上避免了不同种类花粉的混杂。

（3）花粉损失少或无损失，特别适合于一些花粉难以获得的种类，如花少的植株、花药裂开导致花粉大量散失的植株（敖成齐和刘小坤，2001）。

四、压片法

压片法是将植物组织置于载玻片上分散后加上盖玻片，用拇指或镊子轻轻挤压盖玻片，使之分散成薄薄的一层，然后镜检的一种制片方法。现以植物细胞染色体计数和核型分析为例，介绍这一过程。

（1）取材：于细胞分裂旺盛时期取样，一般植物在上午 9—12 时，下午 2—5 时，一般取根尖、茎尖。

(2)预处理(前处理):预处理的目的是防止纺锤体的形成,使细胞分裂停止在中期阶段,从而获得较多的中期分裂相。另外,预处理还可以使染色体收缩变短,便于观察统计。常用的预处理药剂有0.05%～0.20%秋水仙碱溶液、0.002～0.004mol/L 8-羟基喹啉、对二氯苯饱和水溶液。预处理时间一般为 2～12h。

(3)固定:固定的目的是把细胞迅速杀死,使蛋白质变性沉淀,尽量保持材料结构的原有状态。常用的固定液为卡诺固定液,即纯酒精∶冰醋酸=3∶1 溶液。固定时间一般为 1～4h,时间不宜太久,以免引起细胞、组织膨胀。固定后转入 70%酒精保存。

(4)解离:用盐酸处理固定后的材料,使细胞分离,便于压片。一般可用 1mol/L HCl 溶液于 60℃下 15～20min。

(5)染色:用卡宝品红或醋酸洋红等核染色剂进行染色。

(6)压片:将材料移至载玻片上,盖上盖玻片,然后轻轻挤压盖玻片,使材料成一薄层。

(7)镜检:将制好的片子于显微镜下进行染色体观察。

(8)封片:临时封片可用石蜡封边即可。好的片子可用回形针夹住玻片,通过一个细线牵挂,放在液氮罐中进行冷冻干燥,取出后用光学树胶封固保存。

五、离析法

离析法是将植物组织经过药剂处理,使细胞分离,以便观察细胞立体结构的一种制片方法。离析法也是分离木材等组织的主要方法。

(一)铬酸-硝酸离析法

(1)先将小木块用水反复煮沸,除去空气,再将木材劈成粗细如半片火柴梗,置于试管中。

(2)加入等量 10%铬酸与 10%硝酸混合液,置于 30～40℃恒温箱离析 24～48h。取出,倒去离析液,用自来水冲洗,再用玻璃棒搅拌,使细胞分离。如果仍未分离,可继续投入分离液,直至分离为止。

(3)离心:用水浸洗 3 次,总时长约 30min,用 50%酒精洗 1 次,用 2%番红酒精液染 30min。如果染色较深,可用 0.5%盐酸酒精分色至合适程度后,再入 50%酒精洗 3 次,总时长约 5min。

(4)离心:依次经 90%酒精、无水酒精、2 级二甲苯,每级 5～15min。

(5)封片。

下面以导管离析装片的制作为例,介绍这一方法。

导管存在于被子植物的木质部,成熟后是一种管状的死细胞。因此,取材后制作导管分离装片时,不必经过固定这个步骤。其操作步骤如下:

(1)取材:乔木、灌木和藤本植物的茎都适合做导管分离装片的材料。取材时,将稍老的枝条切成1cm左右的小段，再将其木质部纵切成薄片或切成火柴梗样的小条。

(2)离析：采用铬酸-硝酸离析液(Jeffrey氏液)，溶液用量为材料的20倍。材料浸入离析液后将容器盖好，置于30～40℃恒温箱内离析1～2d。草本植物只需在室温下离析，且其时间较木本植物短。

铬酸-硝酸离析液的配方为：

10%铬酸 1份

10%硝酸 1份

(3)镜检：取出少许材料，放清水中浸洗片刻，置于载玻片中央，盖上盖玻片，以解剖针末端轻轻敲打盖玻片使材料离散。用低倍显微镜检查，若材料尚未离散，需换新溶液再浸一些时间；如材料已经离散，则表明离析时间已够，即可进行下一步骤。

(4)浸洗：材料用清水浸洗1d，其间多换几次清水洗净离析液，然后保存在50%酒精中备用。

(5)染色：采用1%番红水溶液染色2～6h。

(6)浸洗：蒸馏水内浸洗5min，洗去材料上多余的染液。

(7)精选：在显微镜下检查，用小镊子或解剖针剔去材料中的杂细胞。

(8)脱水、透明、装片、封固按常规进行。

结果：可见导管呈亮浅红色或红色，管壁、穿孔和壁上的纹饰均清晰可见。

(二)硝酸-氯酸钾离析法

(1)取材与铬酸-硝酸离析法步骤(1)相同。

(2)将标本置于试管中，加入50%硝酸(由硝酸缓慢地加到蒸馏水内，防止沸溅危险)浸没标本，然后加入少许氯酸钾。若置于室温下浸泡，需要数天方能离析；若放在60℃恒温箱里，数十分钟即可。以后用水洗涤2～3次，再用玻璃棒搅拌标本。如不能散开，也必须继续加入离析液，达到离析为止。

后续步骤同上文所述。

(三)盐酸-氢氧化钾离析法

(1)取材与铬酸-硝酸离析法步骤(1)相同。

(2)将标本放入盐酸∶95%酒精=1∶3(体积比)的混合液1～2d。

(3)将标本用水冲洗1d。

(4)将标本放入10%氢氧化钾溶液1～2d(置于50℃恒温箱中可缩短时间)。

(5)将标本用水冲洗1d。

后续步骤同上文所述。

第二节　徒手切片

徒手切片是用刀片或剃刀由手工方法将新鲜标本切成薄片。此法简便省时，且能保持组织的原来形态，其结构亦不致发生很大变化。但操作要娴熟，否则容易造成切片破裂或厚薄不匀。如果只要求观察部分结构，稍破碎亦无多大关系。

本法常用于植物根、茎、叶的切片，如果是嫩根或嫩叶，应夹在胡萝卜、马铃薯、地瓜块根或块茎中切削。

一、标本的选择

徒手切片能否成功，选取标本至关重要。理想的标本既不能太粗也不能太大，还要求有一定的坚韧性，太软者受刀片切割时会变形弯曲，太硬者用刀片无法截断。

二、用具与药品

(1)双面刀片、单面刀片、剃刀。

供徒手切片用，可选择一种刀具。根据我们使用的情况比较，吉列牌双面刀片切削嫩根、嫩茎较理想。

(2)培养皿、小烧杯：作盛放切片容器。

(3)中式毛笔、镊子、火柴。

(4)滴管：吸取各种药液用。

(5)载玻片、盖玻片、酒精灯、树胶瓶。

(6)各级酒精(30%、50%、70%、80%、90%酒精与无水酒精)。

(7)3 级二甲苯。

(8)染液：番红酒精染液或番红-固绿双重染色液。

三、切削方法(以植物根茎为例)

(1)先将根或茎用刀片截取 3～5cm 长的小段。

(2)用左手拇指和食指夹住标本，材料上端伸出食指高度 3～5mm(拇指比食指稍低，避免从食指上方切来的刀片割破拇指)。

右手拇指与食指执刀片或剃刀，刀口向内，依靠右手腕的水平面活动(手臂尽量不动)，自左方向右方斜切。切削时，如果是幼嫩组织，动作要求快，每次需一气呵成切出 4～5 枚薄片；如果是较硬组织，可以每次切 1 枚，动作不要求太快。每次切削，刀背可以自然地靠在左手食指上方，这样既能防止食指被刀片割破，又能起到调整厚度的作用。

(3)将刀片上方的切片移入盛水的培养皿中,选择薄匀又不破碎的切片供染色用。

四、染色方法

(1)切片于50%酒精固定10min。

(2)入2%番红染液10~20min。

(3)用50%酒精洗3次,每次1~2min。如果着色较深,可用0.5%盐酸酒精分色,随后再用50%酒精洗3次,每次1~2min。

(4)依次经70%、80%酒精,每级30s。

(5)将切片置于载玻片中央,滴加微量固绿染液3~10s。

(6)依次经95%酒精、无水酒精、3级二甲苯,每级3s。

(7)封片,与石蜡切片法基本相同。

五、徒手切片的特点

徒手切片的主要优点是:①能及时观察植物生活组织的结构和天然色彩;②方法及用具简单,不需切片机等机械设备,短时间即可完成,这是其他方法所不及的。主要缺点是:①对于微小、柔软、水分过多以及坚硬的材料,难以用徒手切成薄片;②厚薄难以把握,对于操作不熟练者,往往切成厚薄不匀或不完整的切片。

六、徒手切片的注意事项

切片时,将欲切材料断面和刀片上滴上清水以保持材料湿润。以左手拇指、食指、中指捏住材料,材料高出指尖,拇指应低于食指,以免切伤手指。右手执刀,将刀平放在食指上,刀口朝内,刀面与材料断面平行,然后以均匀快捷的动作自左前方向右后方以臂力带动刀片水平切割移动,不要用腕力。切片时还要注意,动作要迅速,材料一次切下,切忌停顿或拉锯式切割。连续切数片后,将切下的薄片轻轻移入盛水的培养皿中备用。然后挑选薄而透明的切片,放在载玻片上的水滴中,加上盖玻片制成临时装片进行观察。

徒手切片最主要的工具是刀片。要获得良好的切片效果,要保持刀口的锋利,且持久耐用。在实验教学中,常用吉列牌双面刀片,效果良好。切片前,先准备好一个培养皿盛好清水,同时准备好显微镜、载玻片、盖玻片等用具,然后取材料进行切片。材料可以是新鲜的材料,也可以是经过固定后用清水反复清洗过的材料。

用徒手切片的材料不宜过大,一般以表面积5~8mm^{2}为宜。对于过于柔软或微小的材料(如叶片、细小的根尖等)需要借助一些夹持物方可进行切片。常用的夹持物是马铃薯和萝卜。

第三节　冰冻切片

冰冻切片实际上是以水为包埋剂，先将组织块进行冰冻，待坚硬后再用切片机切片。由于此法不经脱水、透明或浸蜡等步骤，不受有机溶剂和高温的影响，而能很好地保留脂肪和酶等，所以适合于脂肪、神经组织和不少组织化学的制片。另外，冰冻切片省去不少操作步骤，在时间上也极为节约，特别适合于临床手术时的快速诊断。

冰冻切片容易发生散乱，因而常预先在组织中渗入25％明胶水溶液（加温溶解）或用糨糊作支持填充物，以提高切削效果。

长期以来，冰冻切片主要利用液体二氧化碳吸热原理进行。随着半导体冰冻切片机的问世，冰冻切片又增加了一个新方法。前者不必在水源和电源条件下操作，后者携带方便，两者各具优点，可根据条件选择应用。

一、取材与固定

（1）除了特殊的标本要求完整的切面外，通常应先将新鲜组织修成10mm×10mm×4mm左右的组织块。

（2）取材后，有两种方式可选择。一种与石蜡切片和火棉胶切片相同，将组织块投入FAA改良固定液或10％甲醛固定液1～4h，经3级酒精复水至蒸馏水，每级15min左右，再行冰冻切削操作。

FAA改良固定液配方如下：

95％酒精　85ml

冰醋酸　5ml

福尔马林　10ml

另一种方法是将新鲜组织块立即冰冻切削，到染色前再行固定。用这种方法时，取材与切削之间的时间越短，切片质量越好；反之，组织块离体过久，组织块会发生自溶。

二、冰冻与切削

1.二氧化碳冰冻切片

液态CO_2由钢瓶通过连接管通至冷冻台，由于液态CO_2蒸发时吸收周围的热，从而使冷冻台上的组织块迅速冻结变硬。切片时操作步骤如下。

用连接管连接CO_2钢瓶和冰冻切片机或其冷冻台，装好切片刀，调整切片厚度。取一小块双层纱布铺在冷冻台上，用水浸湿，开启钢瓶开关，CO_2气体喷出使纱布上的水结冰，将纱布粘在冷冻台上。关上开关。将组织块置于纱布上，滴加少许蒸馏水。开启开关，CO_2 气体喷出使组织块冻结并粘在纱布上，在组织块上滴加蒸馏水，并断断续续开启开关，使组织块全部为冰所包围。组织冻结后便可进行切片。

冰冻切片成功的关键是要掌握在适当的冰冻程度进行切片。切片时，若组织冻得过硬，则切片易碎，刀也容易缺损。此时可稍停片刻（如数秒钟），使组织块“回暖”后再切。也可以用手指摩擦组织块，使组织块“回暖”，待变软后再切。在硬度适当时，应迅速切片，这样容易切出完整的切片。

(1)主要用具与药品

冰冻切片机：虽然旋转切片机可以操作，但冰冻包埋在缺乏支持物质充填的情况下，用专门的冰冻切片机作水平面滑动切削，效果会更满意。冰冻切片机有两种，一种是缺乏微动装置，每切一次需要转动升降器；另一种有自动微动装置，升降器不必每次人工调节。

切片刀：常用双平面刀。专用的冰冻切片刀较小，刀长约 10cm，宽约 3cm。

液体二氧化碳和钢瓶：商店出售的液体二氧化碳密封于长约 1m 的钢瓶中。瓶的一端有口，由钢管连接标本冰冻台。液体二氧化碳的开闭，分别在钢瓶与钢管上装有开关控制。平时要防止气体泄漏，钢瓶最好保持口朝下倒立状态，如果安装一个铁支架则更安全。

玻璃棒、取片匙、小号油画笔：可选择 1 种，用于挑起切片。

小号、中号培养皿，滤纸。

(2)冰冻与切削方法

先将各部件的开关关闭，在钢瓶和标本台之间用钢管连接，并分别用螺丝固定。

将新鲜组织块放入盛有清水的培养皿中。

将滤纸剪成组织块大小，用水湿润，贴于标本台中央。

将组织块置于标本台滤纸上，要注意水分不宜过多，否则冰冻时组织块周围形成坚硬冰壁而影响切割。

调节标本台升降器，使组织块切削面靠近切片刀刃。

先将钢瓶开关打开，打开时不要太猛，以免大量气体喷出引起钢管破裂。随后，稍稍开启标本台开关，随着二氧化碳的均匀喷出，标本台组织块出现白霜，每持续 2～3s，需略停 1～2s；再重新开启开关，照此方式反复操作二三次，使组织块由下而上达到冻结状态。

组织块上端部分修整时常有刀伤，不一定冰冻，也就是说，当冰冻下端 2/3 时，可调节升降器，使标本台稍稍抬高，右手滑动切片刀，将组织块上端不冰冻部分削去。

关闭冰冻开关，拭目以待，当组织块白色冰冻面开始融化而略微润湿时，应迅速调整合适的切片厚度，立刻切削。为防止切片破碎，刀台挥动要快。切削后，组织片一枚枚附着于切片刀上。

2. 氯乙烷冰冻切片

同二氧化碳法，不同的只是用氯乙烷代替 CO_2 为冰冻源。

3. 半导体致冷器冰冻切片

半导体致冷器使用方便，而且冷冻能力强。切片时，先接通电源线路和进出水橡皮管，将组织块按二氧化碳法置于冷冻台上并加蒸馏水。然后通电并调节整流电源控制温度。组织块冰冻合适时即可迅速切片。

(1)主要用具与药品

半导体致冷器有 SCP 型、BL-3A 型、DL-3B 型、BL-3 型等规格。南方气候炎热，采用前三种型号较好。致冷器可与各种切片机配套，使生物组织块和切片刀同时冰冻。

切片刀：常用双平面刀。

玻璃棒、取片匙、小号油画笔。

小号、中号培养皿。

凡士林。

(2)冰冻与切削方法

先将半导体致冷器(冷刀和冷台)与整流电源的水路和电路连接好。

水流次序：自来水喉→冰冻标本台进水→冰冻标本台出水→冷刀台进水→冷刀台出水→整流电源进水→整流电源出水→下水。

冷刀台底面涂一层凡士林，贴附于切片刀上。在切片刀与刀架之间用塑料片垫衬(否则不易降低温度)。

打开水流，保持水流畅通。在使用整流电源开关以前，务必检查电路。注意致冷器电线与整流电源输出接线柱的连接，红色接线钩子接红色接线柱，黑色接线钩子接黑色接线柱，接错了就会烧坏致冷器。

插上整流电源插头，打开电源开关，指示灯亮，再将电源调节旋钮旋到电流 18～20A。此时，将新鲜组织块或固定后经清水充分洗涤的组织块置于冷冻标本台中央，5min 左右即可冰冻。

根据不同的组织块，调节旋钮降低电流，稍升高台温，冰冻适度即可切削(鉴别冰冻程度与切削操作可参照二氧化碳法)。

切片结束后，先关闭电源，再关闭水流，收拾整理仪器。

(3)注意事项

致冷器工作时，应始终保持水流畅通。要做到先通水后通电，先关电再关水，否则有可能烧坏仪器。

水流量必须保证每分钟在 400ml 以上。

三、贴附与染色(以苏木精-曙红染色法为例)

1. 用具与药品

与火棉胶染色法基本相同,但不需要白光纸修剪。如果是载玻片标本染色,应增加染色缸与滴瓶。

2. 贴附与染色方法

先用取片匙、细玻璃棒或油画笔将切片刀上的切片移入盛有清水的培养皿中,随即将载玻片或盖玻片置于水中(稍倾斜并半露水面),借助取片匙将切片托起,使切片平铺中央,稍稍晾干即可。

如果切削前尚未固定,此时应投入 FAA 改良固定液 1min。用蒸馏水洗涤。

将切片滴加苏木精染液 5min。

用蒸馏水洗 2～3 次,总时长约 5min。

用 0.5%盐酸酒精分色适宜。

用自来水洗 10min(也可加 1 小滴氨水,使切片呈鲜明蓝色,再用流水洗 3min)。

滴加 0.5%曙红染液 1min。

用 95%酒精洗去余色。

经无水酒精和两级二甲苯脱水透明。

封片:其操作与石蜡切片封片基本相同。

第四节　石蜡切片

石蜡切片(paraffin section)是组织学常规制片技术中应用最为广泛的方法。石蜡切片不仅用于观察正常细胞、组织的形态结构,也用以观察、判断细胞组织形态的变化,成为组织学、发育生物学和植物病理学的主要研究手段。该技术利用石蜡能很好地渗透到植物组织细胞中,以及常温下凝固成有弹性的固体便于切割这一基本原理,经过固定、脱水、透明、浸蜡、包埋、切片、摊片、贴片、烘片、脱蜡、染色、脱水、透明和封固等一系列特殊方法制成透明的薄片。在显微镜下观察,该切片可如实地反映有机体的结构和形态变化,定量地测定样品中组织结构的大小、数量及所含物质的量的多少,同时还可观察有机体在显微镜下结构或所含物质在不同实验条件下的变化,由此了解组织细胞的活动、分化以及细胞间的相互关系等。常规石蜡切片的基本步骤如下。

一、固定

固定的目的是使组织在石蜡切片制作过程中保持细胞的形态结构,使之与存活时的形态结构相似而不发生变形。因此,应根据不同的观察目的选择特异性强的固定剂。固定植物组织实验中通常采用 FAA 为固定液。FAA 既是固定剂,又是很好的保存剂,它能完整地保存细胞生存时的形态结构,久置对实验并无影响。组织块以 3mm×3mm×3mm 大小为宜。取发育良好的组织立刻投入固定液中固定保存。有些材料,如植物的叶片,因含较多的空气而浮在液面上,则将盛放材料的小瓶子放在真空泵中抽气,直到材料沉入液体为止。

二、脱水

固定以后的组织中含有较多的水分,若水分不除去,石蜡则无法进入组织和细胞。在普通组织学制片中,脱水剂的种类很多,通常采用酒精、丙酮。脱水剂必须在任何条件下都能与水以任意比例混合,同时又能与透明剂(如二甲苯)或包埋剂(如石蜡)以任意比例混合。由于植物特别是水生植物组织含水量较大,如直接用无水酒精脱水会导致组织剧烈收缩、变硬,因此采用梯度浓度的脱水剂脱水。通常从 50%酒精开始,60%→70%→80%→90%→95%→100%的浓度梯度循序渐进、逐步脱水。各酒精浓度要求准确,脱水时间不宜过长,否则组织会出现过硬或过脆的现象。整个脱水应在室温条件下进行。冬天可在恒温箱里进行脱水,以消除温度对脱水作用的影响。这一过程容易出现的问题主要是脱水不净。若组织脱水不净,则会造成随后的透明和浸蜡过程中二甲苯和石蜡无法渗入组织。所以,脱水时间应尽量延长。脱水时间应根据组织块种类、老幼、大小而定。如 3mm×3mm×3mm 的小型材料,每级需 1～4h;较大组织块每级保证在 12h 以上。实践证明,花药和幼小子房在各级酒精中均可过夜,对制片效果无不利影响。

组织块脱水与透明相同,都可以置于合适的小称量瓶、指管或小广口瓶中进行。

开始脱水时,所用酒精浓度通常与固定液或洗涤用的酒精浓度一致,例如卡诺氏液(无水酒精配制)固定的组织块,可以直接换入无水酒精中。

普通的植物组织块可在 70%酒精中长期保存,但一经移入 95%以上酒精,若长期保存则会硬化,故脱水时要注意。由此可见,木材等坚硬标本用 70%酒精为宜。市场上出售的酒精多为 95%浓度,可加蒸馏水稀释成各种浓度备用。

酒精易吸收湿气,因而组织块更换酒精时,既要求动作迅速,又要求密封瓶塞。若无水酒精质量不符合要求而含水,事先可加入灰白色的无水硫酸铜吸去水分,待完全沉入水底后,上清液为真正的无水酒精。还可以用滤纸卷一层圆筒状(直径约 1.5cm)放入灰白色无水硫酸铜,圆筒两端用白线结扎,将 2～3 只结扎的圆筒置入密封的无水酒精(浓度不纯)中吸除水分,此法可以防止组织块黏附硫酸铜。

如果硫酸铜呈蓝色,表明已经水合,已不再具吸水能力,可放在恒温箱里加温干燥,若又呈灰白色,则可继续应用。

三、透明

为了使石蜡进入组织,必须对脱水后的组织进行后续处理。纯酒精不能与石蜡相溶,还需一种既能与酒精相溶、又能与石蜡相溶的媒浸液,先替换出组织细胞内的酒精,再被融化的石蜡所替换。材料块在这类媒浸液中浸渍,会出现透明状态,此液即称透明剂。用透明剂浸渍的过程称透明(transparency)。常用的透明剂有二甲苯、苯、三氯甲烷、水杨酸甲酯、香柏油、氯仿、正丁醇等,其中最常用的透明剂是二甲苯。二甲苯广泛用于植物组织透明,其优点是渗透快。组织块脱水是否彻底,其反应较明显,即组织脱水不尽时,转入二甲苯则呈云雾状。但二甲苯不宜用于较脆硬组织。由于二甲苯收缩性强,极易使组织变脆,透明时间过长会使组织块过硬易碎裂,难以保证组织结构的完整性,但若时间过短则石蜡不易渗入组织。这一步需要谨慎,透明的时间需要严格控制,往往材料一透明就立即转入下一步——浸蜡。透明时间 2～30min 不等,视材料大小和质地而定,幼小花药往往 1～2min 即可透明,大的子房组织往往需要 30min 甚至 1～2h。材料透明与否,以实验者的观察结果来认定。为了不影响实验者观察材料的变化,不提倡对材料的预先染色或整体染色。气温较低时,可适当延长透明时间或置于恒温箱中进行操作。为了防止脱水不净而影响二甲苯的透明,宜在脱水结束后、二甲苯透明前经无水乙醇和二甲苯 1∶1(体积比)混合液脱水透明。

幼小花药的透明用水杨酸甲酯要优于二甲苯。而植物根、茎、叶的制片,大多用三氯甲烷透明。

透明过程也是渐次由低浓度到高浓度。植物组织块一般按 3 级或 4 级二甲苯透明。若用香柏油,也可按 2 级或 3 级透明,但每次需 12h 以上,在浸蜡前还应当用二甲苯迅速洗去组织块周围的香柏油。植物根、茎容易收缩,通常用 8 级三氯甲烷透明。如特别容易收缩的团藻等则用 10 级三氯甲烷透明。每级透明时间也按组织块体积大小和渗透难易程度而定,可与每级脱水时间相同。

每级透明剂宜在临用前配制,否则配久了容易吸收湿气。更换每级透明剂与脱水一样,动作要求迅速,一方面为了不使组织块收缩干涸,另一方面能避免吸收湿气(尤其是阴雨天气)。

如果用水杨酸甲酯透明,到纯净时,组织块由于比重轻,常常飘浮于液面,这是正常现象。如上所述,用二甲苯透明如遇白色浑浊状,说明脱水处理不彻底。对此,应先经二甲苯与无水酒精混合液按 3 级逐渐下降,再退至无水酒精(更换两次)浸泡 12～24h 以彻底脱去水分,然后重新按透明程序进行。

下面介绍兼脱水作用的透明剂的使用。

通过脱水与透明两道步骤后才能浸蜡,这需要花费很多时间,而且往往会引起组织块的脆硬、收缩。为了克服这些缺点,采用兼脱水作用的透明剂尤为重要,其中正丁醇(normal butyl alcohol 或 1-butanol,化学式 $CH_3CH_2CH_2CH_2OH$)、萜品醇(松油醇,

terpineol，化学式 $C_{10}H_{17}OH$）较好。有些实验者喜欢用叔丁醇（tert-butanol，化学式为 $C_4H_{10}O$），但它的凝固点为 23.5℃，所以冬季甚至早春季节均呈凝固状态，这给使用带来不便。而正丁醇熔点（凝固点）－90℃，沸点 116～118℃，在常温下为液体，不受季节影响。

粗制品含水量多，用分析纯较好。正丁醇吸湿性强，应该密封保存。对于纤细幼嫩植物材料，可按下法防止收缩变形：

用 FAA 液固定标本，经 50%酒精洗涤 2 次，再按下列步骤操作：

正丁醇 10 份、95%酒精 40 份、蒸馏水 50 份混合液浸泡 1.5h（近似 50%酒精浓度）。

正丁醇 20 份、95%酒精 50 份、蒸馏水 30 份混合液浸泡 1.5h（近似 70%酒精浓度）。

正丁醇 35 份、95%酒精 50 份、蒸馏水 15 份混合液浸泡 1.5h（近似 80%酒精浓度）。

正丁醇 55 份、95%酒精 40 份、蒸馏水 5 份混合液浸泡 1.5h（近似 90%酒精浓度）。

正丁醇 75 份、无水酒精 25 份混合液浸泡 1.5h（近似无水酒精）。

纯正丁醇浸泡 5h 或过夜（换 2 次）。

依次经 25%、50%、75%石蜡（用正丁醇配制）及 3 缸纯石蜡，每级 45min。

按常规石蜡包埋。

四、渗透

渗透（penetration）又叫浸蜡，是组织经透明剂透明作用之后，移入熔化的石蜡内浸渍。石蜡逐渐浸入组织间隙，取代透明剂。组织浸蜡时，由二甲苯诱导石蜡进入组织的各个角落，并在各个角落保存下来。石蜡遇冷凝固，便可起到支撑作用，使组织不至于出现变形、塌陷等现象，使切片能完整切出，便于在显微镜下观察。

渗透是用包埋剂石蜡取代透明剂二甲苯渗透入整个组织的过程，通常在恒温箱中进行。恒温箱的温度应该设置成高于石蜡熔点 2～3℃，温度过高会引起组织块变硬、变脆而收缩，造成切片质量不高甚至失败；如果温度过低，石蜡不能够完全熔化，难以均匀地渗透到组织内部，造成组织与石蜡脱离，蜡块中出现气泡、裂隙。渗透的时间长短也需要加以控制，不同的植物组织浸蜡的时间不同，以石蜡彻底渗透到动植物组织为准。渗透可分三步完成，第一步使用石蜡和二甲苯 1∶1（体积比）混合液，随后两步为纯石蜡。在纯石蜡渗透时，采用“软蜡渗透、硬蜡包埋”的方法，尽量减少高温对材料的伤害，具体做法是，第一步用熔点为 48～50℃的软蜡，恒温箱设置在 52℃，第二步转入熔点为 50～52℃的硬蜡，恒温箱设置在 54℃。

1.渗透药品与用具

（1）石蜡：从石油中分离出来的一种固体混合物，呈半透明白色结晶块状。切片石蜡根据熔点分为不同规格，可根据需要进行选择。

幼嫩极易收缩的组织块用 44～46℃低熔点石蜡浸蜡及包埋，则切片质量更佳。但包埋后，蜡块常产生疏松结晶。如果在每 75g 低熔点石蜡中加 15～20g 硬脂酸与 5～15g 蜂蜡，不仅能避免产生结晶，而且能使软蜡的硬度增强到 50℃以上的石蜡硬度。

(2)蜂蜡：由蜜蜂(工蜂)腹部的蜡腺所分泌，呈黄色或灰黄色固体。蜂蜡黏性大，如果浸蜡与包埋时每个纯蜡缸都加入 10%～15%的蜂蜡，能避免切削蜡块时的破裂现象。这里要注意，民用蜂蜡与黄蜡要严格区分：黄蜡没有蜂蜡所独具的蜂蜜气与甜蜜味。

(3)硬脂酸：别名十八(烷)酸，是组成硬脂精的脂肪酸，它既可增加软石蜡的硬度，又能克服结晶的产生。

(4)恒温箱：保持各级石蜡在一定温度中不致凝固。

(5)容蜡缸：通常用容量为 100～500ml 的陶瓷缸、坩埚或烧杯做浸蜡容器，事先用记号笔在容器上标明 25%、50%、75%石蜡与Ⅰ、Ⅱ、Ⅲ纯石蜡共 6 个缸(若增加一个过滤用蜡缸更好)。为了操作方便，这种容器以有柄有盖、口大而又有倾斜嘴的为最理想。

(6)电炉或酒精灯：将各级石蜡迅速加温熔化。

(7)温度计：用于测定各级石蜡温度。

(8)铜丝篮：由铜丝(直径 3mm 左右)与铜丝网焊成四格或九格的方形铜丝篮(需小于容蜡缸缸口)，用于标本浸蜡，把不同组织块分放于每格，以免互相混淆。

(9)其他：镊子若干把、桑皮纸(或大号擦镜纸)若干张(过滤石蜡用)。

2. 渗透方法

组织块逐渐按第一缸为 25%石蜡(置于 45～50℃恒温箱)、第二缸为 50%石蜡(置于 50～55℃恒温箱)、第三缸为 75%石蜡(置于 55～60℃恒温箱)及第四缸、第五缸、第六缸纯石蜡(置于 60～62℃恒温箱)共 4 级浓度浸蜡。组织块依次经 3 缸纯石蜡，目的在于彻底清除透明剂。此法也可在同一恒温箱中采用“加蜡升温”的方式进行，即从第一缸开始，根据组织块大小每隔 3～12h 增加蜡块，同时将恒温箱的温度升高 3～5℃不等。

五、包埋

组织块浸蜡完毕，随即进行石蜡包埋(embedding)。包埋好的蜡块，只要置于阴凉处，即可长久保存。如有需要，随时取用。

1. 石蜡包埋药品和用具

(1)包埋用石蜡：通常用熔点为 56～58℃的切片石蜡。

(2)石蜡包埋器：有两种可供选择。

纸盒凝固器：用优质道林纸或铜版纸(粗纤维纸则无法剥离凝固后的蜡块)折成纸盒，其大小深浅视组织块大小而定，深度比组织块高 5mm，组织块之间也应保持 5mm 的距离，靠盒边的组织块与盒边应保持 3mm 左右。

金属框凝固器：在一块金属板上安置一套黄铜制的方格，框格内两块双曲线板组成，它可以根据组织块大小灵活调整。框格既要坚实又要薄，厚度在 3mm 左右，以便操作完后石蜡能尽早冷却而又不变形。

(3)包埋用蜡缸：其规格与浸蜡的蜡缸相同，应备1～2个。

(4)面盆：用于冷却石蜡凝固器，预先应盛放清水。

(5)其他：镊子、取片匙、粗口吸管、酒精灯、温度计、清洁干抹布。前三种小工具为迁移组织块用。

2. 石蜡包埋方法

(1)纸盒包埋法

将纯石蜡盛入包埋用蜡缸，由加热器(电炉或恒温箱均可)加温熔化，待蜡液至65℃左右即倒入纸盒内。

将镊子弯头或直头在酒精灯上烤热，并迅速用它将第三缸纯石蜡中的组织块一一挑入纸盒内(如为幼嫩细小组织块，可用热吸管或取片匙迁移)。排列后，组织块切面方向通常朝盒底。

组织块放入后，用嘴吹气(或略等片刻)，使蜡液表面凝结。此时，将纸盒轻轻地浸入冷水盒内，用稍重的器具将纸盒压于水底，使其全部凝固。

待石蜡包埋块完全冷却凝固后，从水中取出，并拆去纸盒即可。

(2)金属框包埋法

将两只金属框的两条边拼拢，放置金属底板上。

再按与纸盒包埋法相同的方法，将组织块移入金属框内。

石蜡包埋块完全冷却凝固后，从水中取出，拆去框格。

注意：浸蜡与包埋用蜡，温度要严格控制，如果骤然入62℃石蜡或偏高，组织块会收缩。脏石蜡经过加温熔化，可用三四层桑皮纸(擦镜纸)过滤纯净。

(3)培养皿包埋法

浸蜡的最后一步转入培养皿中进行。待石蜡充分熔化后，用牙签调整好材料的位置，关掉恒温箱电源，让石蜡自然冷却(图5-1A)。将培养皿从恒温箱取出，置于4℃冰箱中冷藏15min，取出(图5-1B)。在冷凝的蜡块上，用单面刀围绕材料切出一个小方块(图5-1C)。将培养皿重新置于4℃冰箱内继续冷藏15min。取出培养皿，用单面刀将包埋着材料的蜡块轻轻撬起(图5-1D)。

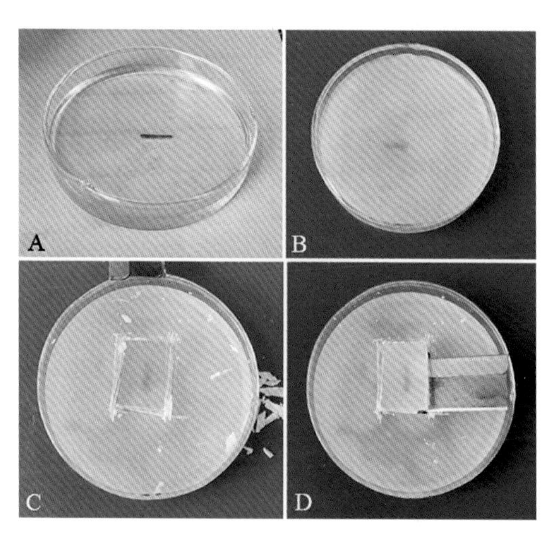

图5-1　培养皿包埋法

A. 关掉恒温箱电源，让石蜡自然冷却。B. 将培养皿置于4℃冰箱中冷藏15min，取出。C. 在冷凝的蜡块上，用单面刀围绕材料切出一个小方块。D. 用单面刀将包埋着材料的蜡块轻轻撬起

六、修块

1. 蜡块在台木上的装置

如果旋转切片机不配备金属制的样品台，通常可用 3cm×2cm×1cm 左右的木块代替。木块制成后，将一头作装置面向上，放一层碎蜡后，用灼烧后的焊刀（由破旧解剖刀代用）熔化碎蜡，此时迅速将蜡块粘住，再用加热的焊刀将碎蜡添加在蜡块与台木装置面周围，冷却后，蜡块即坚固地安装于台木上。也可在木块上滴上熔化的蜡烛油，迅速将修好的蜡块粘上去。

装置样品台时，应尽量把蜡块位置、方向、角度安放准确，以免后续用切片机切削时再作大幅度调整。

2. 蜡块细修整

分割石蜡包埋块时，作为初修整，多少尚有不整齐之处。固定于台木上后，用单面刀片细修效果较好。

在细修中，蜡块切削面的长边（以后与切片刀刃相平行的两条长边）与宽边需保持3∶2比例，它比方形切削面更容易得到连续切片。至于切削面四周距离，原则上是距组织块 2～5mm 以外的石蜡应该修去。若修去过多，在切削时对坚硬的标本容易造成破裂或切不成片的后果。

修整余下的碎蜡，应放置一段时间（使水分自然挥发），以后还可供浸蜡或石蜡包埋用。

七、切削

切片是决定制片成败的关键步骤。切片时，用力要均匀一致，不宜过重过猛，否则容易造成切片厚薄不均，甚至毁坏蜡块。夏季切片时，为保持蜡块硬度，可把蜡块放于冰箱中预冷 1～5min，再取出切片。冬季切片时，为防止蜡块过硬，可在切片机附近放一盏台灯（白炽灯）使蜡块软化。切片前组织蜡块四周应修齐，大小适当。切片机要放稳，不能震动，切片刀要放置好，倾斜角要大小适宜。对含胶质成分较多的组织蜡块，切片时可用毛笔蘸水往冷却过的蜡块上滴加后再切片，以保证切片的完整性。如果发现切片破碎，可能是由于脱水时间不适当，也可能由于浸蜡时温度过高，造成组织过硬。

1. 用具

（1）旋转切片机。

（2）切片刀：常用凹度较浅的平凹面切片刀，但双平面切片刀亦可。我们用浙江金华产的科迪 KD-1508A 轮转式切片机配备的 R35 型不锈钢刀片，效果很好。

(3)蜡片盒:存放切削得到的蜡带。用铝、白铁皮、木料制成专用的盒子(或小抽屉代用),盒高度以2cm左右为宜,过高操作不方便。使用时,盒底铺以清洁白纸。

(4)放大镜:用于观察蜡块切削面中标本的方向。

(5)单面刀片:如果蜡带发生歪斜,靠它随时修整蜡块。

(6)弯头镊子、解剖刀、毛笔:用于传送、分段蜡带。

2.切削方法

(1)先认真检查切片机各部件,将粘有蜡块的台木安装于切片机标本台,蜡块切削面的两条横边(长边)应与切片刀刃平行。

(2)将微动装置调整到需要的切削厚度。常规植物材料的切片厚度为5～12μm。观察细胞结构的切片厚度常为3～7μm;植物茎一类的坚硬组织切片厚度常为15～25μm。观察和计数细胞染色体,切片厚度要求超过细胞直径10～20μm,使细胞整个归入一枚蜡片中,否则蜡片只能得到细胞的局部染色体或其碎片。

(3)将切片刀用干净抹布蘸少许二甲苯擦去尘埃油迹,擦干后,固定于刀盒,有时刀的倾斜度不正确,要注意调整。切片刀的倾斜度,或称切削角,是指刀内侧面同蜡块切削面所成的角度,通常以10°～30°为宜。如果倾斜度不足,则无法切取蜡片;如果倾斜度过大,只能削落一些碎蜡。

(4)右手握住轮转柄,以顺时针方向旋转,每转动一周,切取一枚蜡片。转轮连续旋转,则切出互相衔接的连续蜡带。通常每分钟转40～60次。有时标本脆硬,需用恰到好处的力量和转速切取。

(5)切削方向要求严格的标本,应随时用放大镜观察角度,如有偏差,必须及时调整标本台位置。

(6)蜡带连续切出时,用毛笔传送。也可左手用弯头镊子将蜡带第一枚蜡片夹住,到一定长度时,停止切削。右手用解剖刀挑起或割断蜡带最后一枚,随后平整地(不能重叠)置于蜡片盒内。切削结束,盖好盒盖,以供蜡片贴附用。

3.切削质量低劣的分析与改正措施

(1)不能形成连续的蜡带

蜡块的两条纵边与刀刃垂直的两条边如果过长,应该修整蜡块,使横边与纵边保持3∶2比例。

如果是由于切片过厚引起,应将切削厚度改薄或将刀的倾斜度收小1°～3°。

如果室温过低,在8℃以下切片,蜡带容易断续,需改善室温条件。打开空调,提高室内温度。如房间未安装空调,可在切片机上方装置白炽灯,以达到升温效果。

如果系石蜡过硬引起,应增加所含蜂蜡的量。

大型脆硬标本蜡块,通常不能形成蜡带。这是自身原因造成,没有采取措施的必要。

(2)蜡带发生倾斜

蜡块切削面的两条横边互不平行,造成一侧过宽一侧过狭时,容易使蜡带发生倾斜。此时,应用单面刀片进行修整。

蜡块的两条横边与切片刀刃不平行时,也会造成蜡带倾斜。为此,应修整蜡块,也可以纠正标本台的角度方向。

切片刀的刀刃面宽窄不一致,切削产生的每枚蜡片也宽窄不一致,这样势必造成蜡带歪斜。纠正方法是,移动刀刃面,用宽度相等的部位切削。也可修整蜡块,若蜡带向左歪斜,则修去蜡块右上侧的一些蜡;若蜡带向右歪斜,则修去蜡块左上侧的一些蜡。修去多少蜡,应以蜡带不再歪斜为准。

(3)蜡片粘贴于切片刀上

室温高是重要原因。石蜡切片在室温35℃以上,时常会发生这种现象。打开空调,降低室内温度。如房间未安装空调,应在阴凉处工作。还可以定期将蜡块放冰箱里冷藏,取出后迅速切片。

若切片刀刃残留二甲苯,蜡片也会粘贴于刀刃上。遇到这种情况,只要用干布擦尽即可。

(4)切片发生严重皱纹

如果切片刀不锋利,应该磨刀解决或更换刀片。

刀的切削角过小,切片刀仅能在蜡块切削面上浮切,故应该改变切削角。但在很多场合,只要放慢切片机旋转速度就能克服。

(5)蜡片发生裂纹

如果切片刀存在缺口刀伤,应该移动刀刃位置来解决。刀伤严重者,必须重新研磨切片刀或更换刀片。

如果切片偶尔发生破裂,大多由于切片刀刃不干净,有时遇到尘埃所致,因此必须用柔软的干布擦净。

如果蜡块中含有坚硬杂质或渣粒尘埃,其纠正方法是:①浸蜡与包埋时,石蜡必须加以过滤。②修整蜡块时,应该用刀修去各面的表面蜡,防止纸盒凝固器的纸纤维、渣粒粘在蜡块上影响切削。

(6)蜡片厚薄不均匀

检查切片刀或台木的固定螺丝,看有没有拧紧。

可能切片机微动装置磨损,也可能机件需要加润滑油。

刀的切削角不适合,需要调整角度。

八、贴附

切削得到的蜡片,若有很多细小的皱纹,必须展平粘贴。常用的方法有温水展平粘贴法与玻璃条展平粘贴法两种,可选择一种进行,但后者效果稳定,适用于难展平的蜡带，也适用于连续切片的贴附。

1. 温水展平粘贴法

（1）用具与药品

15mm×30mm 清洁白瓷盘、热水瓶（装开水）、清洁载玻片、恒温箱、温度计、弯头镊子、解剖刀、滴瓶、烧杯（容量 500ml）、量筒（100ml、10ml）、培养皿（直径 10cm）、刻度吸管（1ml）、梅（Mayer）氏蛋白甘油粘贴剂与稀释液。

梅氏蛋白甘油粘贴剂采用下述方法配制：将新鲜鸡蛋打一小窟窿，将蛋白引入清洁干量筒内，再加等量甘油，用玻璃棒调匀后，每 100ml 加 0.2g 水杨酸钠防腐（亦可加少许麝香草酚），最后用二三层擦镜纸过滤。

将梅氏蛋白甘油粘贴剂与蒸馏水配制 1%稀释液即可使用。但蜡片超过 12μm 厚度时，其浓度可以适当增加。用稀释液粘贴，手续简便，质量较好。

也可以直接将梅氏蛋白甘油粘贴剂滴于载玻片中央，以清洁手指涂布，然后将温水展平的蜡片捞起，置于其上。

（2）具体方法

先将清水注入白瓷盘内约 1cm 高，用解剖刀蘸些水托起蜡带一端（亦可用镊子配合），依次序平铺于水面上。蜡带光亮面是反面，应向下。然后将烧杯内开水均匀倒入，经温度计测定，使水温低于石蜡熔点 2～4℃。此时，蜡片得到完全展平而不至于熔化。如果利用电热恒温水浴锅操作，则更为方便。

蜡带展平后，左手将一枚载玻片（长蜡带宜用长玻璃条）潜入水中又托起蜡带，右手执解剖刀借助刀尖将蜡带牵引于载玻片上，然后靠解剖刀切割，把每张蜡片分开，凭肉眼或显微镜观察选取完整、展平、结构良好的蜡片，先集中于盛有梅氏蛋白甘油稀释液的培养皿中，然后用解剖刀将每张蜡片挑到每枚载玻片中央，并立即置 50℃恒温箱内烘 4h 以上。

我们改进的做法是，在恒温水浴锅上放置一个装满水的 1000ml 大烧杯，往烧杯里倒入 10ml 梅氏蛋白甘油粘贴剂（1∶1 体积比），充分搅匀。将水浴锅的温度调至低于石蜡熔点 2～3℃。待水浴锅恒温后，将一定长度的蜡带（连续切片，事先用单面刀片切成 4～5cm 长的片段，以小于载玻片长度 1～2cm 为宜）于温水中展平，捞至载玻片上铺正。如果铺片不满意，还可以退回水中再次捞取，但动作要快。再将载玻片放入恒温箱中（温度调至低于石蜡熔点 2～3℃）干燥，也可在 37℃恒温箱中干燥，但需适当延长时间。

2. 玻璃条展平粘贴法

（1）用具与药品

3cm×20cm 玻璃条 1 块（或载玻片代替）、清洁载玻片、滴瓶、培养皿、量筒、刻度吸管、酒精灯、解剖刀、镊子、干净抹布、火柴 1 盒或打火机 1 只、梅氏蛋白甘油粘贴剂及其稀释液。

(2)具体方法

将一块长玻璃条滴上梅氏蛋白甘油稀释液,由解剖刀尖蘸些稀释液,用它挑起适当长的蜡带,按前后次序置于玻璃条稀释液上,然后将玻璃条在酒精灯上方按其长度方向往返移动,使蜡带均匀地加温展平。一般而论,蜡片由乳白色转为半透明色即可。冷却后,用解剖刀分割将每张蜡片分开,再用解剖刀将每张合格蜡片分别挑在每张载玻片中央。如果数量大,也可将展平分割好的蜡片集中于盛有梅氏蛋白甘油稀释液的培养皿中,随后用解剖刀将蜡片分别挑在载玻片上。蜡片一经挑到载玻片,应立即放入50℃恒温箱内4h以上,直到烘干为止。

干燥后的切片用二甲苯脱蜡,再逐级经纯酒精及梯度酒精下行至蒸馏水,即可染色。如果染料配制于酒精中,则将切片移至与染液浓度近似的酒精内即可染色。

3.切片脱落原因的分析

如果贴附不注意,到染色时切片会脱落,特别是一些切得较厚的片子,经过梯度酒精脱水或下行复水等步骤,会有大量标本脱落。这是非常可惜的,所以应该想办法加以克服。具体原因有以下几种情况:

(1)蜡片贴附后没有充分烘干。

(2)置于恒温箱烘烤前,粘贴于载玻片上的蜡片在室温中搁置时间较久。

(3)载玻片不清洁,有油脂一类药物沾污。

(4)梅氏蛋白甘油粘贴剂已腐败变质失去黏性,特别要注意稀释液过夜后不能再使用。

(5)组织块过硬,切片过厚。

(6)蜡片过分破碎或其皱纹未完全展平。

(7)切片可能在水中洗涤时间过长。

九、染色(以苏木精-曙红染色法为例)

染色是利用石蜡切片观察和诊断的关键步骤。观察根、茎、叶等营养器官的结构时,常用番红-固绿对比染色,而观察被子植物胚胎发生时,常用铁钒-苏木精对比染色。有时也可用番红单染,在酒精脱水时,依靠酒精的褪色作用获取对比度。该过程中出现的主要问题为切片染色对比不清晰,可能是因为苏木精染色太深,分化不良,也有可能是番红染色过度,掩盖了细胞核,使核内结构模糊,以致各部分对比不明显。染色液使用过久或盐酸酒精分化过度也可能使细胞核染色不良。此外,脱蜡不净也会出现对比不清晰的现象。因此要注意染色液的浓度,要准确配制,酸碱度要适中,且不能有沉淀。染色前切片脱蜡要彻底,染色过程中还要注意避免阳光照射。

石蜡切片的染色方法很多,这里以应用最广泛的苏木精-曙红染色法为例。这是一种常规染色方法,通常简称HE染色法。至于其他染色方法和操作步骤,均可从本法中获得一些借鉴，下文在各种标本制片中再作具体叙述。

1. 用具与药品

(1)立式或卧式染色缸 20 个。它既是盛有染色液进行染色的用具，又是脱蜡、脱水、透明的容器。凡是染色及其辅助程序在染色缸内进行的，我们称之为“缸染”。

(2)玻璃滴瓶 5 个。凡是染色及其辅助程序由滴瓶进行的，我们称之为“滴染”。

(3)13cm×13cm 白瓷砖、黑瓷砖各 1 块(可用黑纸或白纸盖上玻璃代替)，放在工作台上，便于识别标本的着色深浅。

(4)普通光学显微镜 1 台、恒温箱 1 台、酒精灯、树胶瓶(盛液体冷杉树胶)、各种规格盖玻片、弯头镊子、直头镊子、抹布(至少 2 条)、火柴 1 盒或打火机 1 只、盛满自来水的 500ml 烧杯和 1000ml 烧杯各 1 只(洗玻片和染色液的蓝化)。

(5)哈里斯(Harris)氏苏木精染色液或德拉菲尔德(Delafield)氏苏木精染色液、0.5%曙红酒精染液、6 级酒精、等量无水酒精与二甲苯混合液、纯二甲苯。

2. 染色程序与方法

(1)将烘干的石蜡切片放入二甲苯 10min(置于 55℃恒温箱内)。

(2)脱蜡后，依次经等量无水酒精与二甲苯混合液，6 级酒精下行至蒸馏水。每级 1min。

(3)入苏木精染液 10～60min。

(4)用蒸馏水洗去残余染液 2～3 次，每次 5s。

(5)如果切片着色较深，需用 1%盐酸酒精(50%酒精配制)分色至适宜程度，使核染色质、核仁或其他细胞颗粒呈蓝色。

(6)用自来水洗涤 3 次，共 5～8min，使着色更为鲜明(如缸中加小滴氨水，洗数秒钟即可)。

(7)再依次经蒸馏水，30%、50%、70%、80%酒精。每级 1min。

(8)滴染 0.5%曙红酒精染液 3～5s，并依次滴入 90%酒精、无水酒精、等量无水酒精与二甲苯混合液、纯二甲苯，达到脱水、透明的目的。最后将切片放二甲苯染色缸内，置于 55℃恒温箱加温 5min。

(9)用抹布擦干玻片标本四周的二甲苯，用细玻璃棒蘸些冷杉树胶滴于载玻片中央，随即再用镊子夹住盖玻片在酒精灯上迅速烘一下(除去湿气)，盖于载玻片中央的标本上，使树胶充满其间，达到封固目的。

(10)如染液为酒精配制，则应缩短在酒精中的时间，以免脱色。用二甲苯透明后，迅速擦去材料周围多余的液体，滴加适量(1～2 滴)中性树胶，再将洁净盖玻片倾斜放下，以免出现气泡，封片后即制成永久性玻片标本。

第五节　火棉胶切片

有些组织块一经石蜡包埋，会引起强烈收缩而变脆变硬，导致切片困难。这些材料是不适合石蜡切片的，但如果采用火棉胶切片，大多可以得到良好效果。火棉胶渗透组织块缓慢，不少标本需要几个星期或几个月才能制成切片标本。

一、脱水

用火棉胶渗透前，必须浸入乙醚酒精，所以应该用酒精脱水。脱水方法与石蜡切片法相同。脱水结束以后，组织块需从无水酒精移入等量无水酒精与乙醚混合液（简称乙醚酒精）。浸泡时间也是根据组织块大小、疏密程度来决定，如 3mm×3mm×3mm 小型组织块需要 4h 左右，10mm×10mm×10mm 组织块需要 12h 左右。

二、浸火棉胶

组织块经过乙醚酒精浸泡，方可用各级火棉胶对它作渗透处理，这是因为此时组织块所含水分已被清除，另外乙醚酒精能溶解火棉胶。

（一）主要用具与药品

（1）试剂瓶（容量 250ml）6 个，用于贮存各级火棉胶。

（2）广口瓶（容量 60ml）若干，用作组织块浸火棉胶容器。

（3）弯头镊子、量筒、玻璃棒。

（4）无水酒精、乙醚。

（5）各级火棉胶溶液。

市售的火棉胶有固体与液体两种。固体火棉胶可立即用乙醚酒精配制成 2%、4%、6%、8%、10%、12%共 6 级火棉胶溶液；如果购买的是液体火棉胶，应置于室温中蒸发。如成凉粉状态，可用刀切小，待硬固后，再配制各级火棉胶。这些溶液容易挥发，因此需贮存于清洁、干燥、能密封的试剂瓶内。

配制的各级火棉胶溶液，需要数天才能完全溶解，故应该预先制备。临用时，不宜用玻璃棒搅拌，以免产生气泡。

（二）浸火棉胶方法

组织块从乙醚酒精取出，应依次浸入 2%、4%、6%、8%、10%、12%火棉胶溶液。但与浸蜡相反，组织块可以长期浸火棉胶中。很多组织块浸透时间长了反而切削效果良好。例如，眼球一类极易脆碎标本，每级火棉胶浸 30d 左右，切削效果较好。由此可见，如果不是急用，宁可花费时间多些，使火棉胶充分浸透。一般而论，如 3mm×3mm×3mm 组织块，每级火棉胶需浸 2d 以上；如 5mm×5mm×5mm 组织块，每级火棉胶需浸 4d 以上。

浸火棉胶过程中，偶尔组织块四周呈白雾状，这表明水分尚未彻底清除。为此，应将其退至乙醚酒精换 2～3 次，共浸泡 2d 左右，再重新浸各级火棉胶。

三、火棉胶包埋

组织块浸于 12％火棉胶溶液后，如果凝固则不至于收缩，同时亦具备了适应切削的硬度，因而可以进行包埋。

（一）用具与药品

（1）火棉胶包埋盒：用于火棉胶包埋组织块。用纸折叠前，先将凡士林均匀地涂上一层于纸内，使以后包埋块容易脱离。其折叠方法、要求及大小都与石蜡包埋纸盒相同。

（2）大号培养皿、小号培养皿、广口瓶。

（3）弯头镊子、单面刀片、抹布。

（4）12％火棉胶溶液、三氯甲烷、70％酒精、凡士林。

（二）火棉胶包埋方法

（1）将 12％火棉胶溶液注入纸盒内，再将组织块一一移入，切削面朝下，并置于大号培养皿中。注入水棉胶的高度应该超过组织块 5mm 左右，组织块之间亦应保持 5～10mm 距离。

（2）将少量三氯甲烷注入小号培养皿内（不加盖），也注入大号培养皿内（加盖）。由三氯甲烷气体硬化火棉胶包埋块。

（3）经 6～12h（根据包埋块大小而定），包埋块变成胶冻状，拆开纸盒，用干净抹布擦去凡士林后，投入 70％酒精继续硬化包埋块。如果不立即切片，可在此长期保存，因为火棉胶包埋块在 70％酒精中能始终保持适合于切削的硬度。相反，如果包埋块不及时拆去纸盒，又不及时浸入 70％酒精，久而久之，火棉胶则产生无数气泡，以后无法切削。

四、火棉胶包埋块的修整

（一）包埋块的分割

火棉胶包埋块在 70％酒精中硬化后，再进行分割。用单面刀片将包埋块切割成若干小块，使每枚标本居于小块中间。每块切削面也需保持 3∶2 或 5∶3 的长方形，因为若过分不规则，切削时也能人为地造成切片破裂。修整时，原则上组织块周围的火棉胶应保留 3～8mm 宽度，多余火棉胶应该修除。

(二)火棉胶包埋块在台木上的装置

1.台木的制作

将有机玻璃、塑料块或木块制成火柴盒大小的台木，用来粘贴包埋块的一端，再制纵横若干线沟，使呈网形。用木块制成的台木，应该上一层油漆，防止以后台木块中空气引入火棉胶内。

2.装置方法

先用干净抹布将台木与火棉胶块擦干，火棉胶块的切削面向上，另一端半浸于4%火棉胶溶液中约2min，使底面稍溶解。再倒少许8%火棉胶溶液于台木网形面上，此时迅速将火棉胶块稍溶解的一端粘贴于其上。火棉胶如果从火棉胶块四周溢出，或在四周再添加一些火棉胶，其装置更稳定，静置10min，浸入70%酒精1～2h，火棉胶块则牢固地装置于台木上。

五、火棉胶包埋块的切削

用推拉式切片机切削火棉胶切片。其操作是在不断用70%酒精润湿火棉胶块与切片刀的情况下进行。

(一)用具与药品

(1)推拉式切片机。

(2)切片刀：常用平凹面切片刀。

(3)油画笔或中式毛笔。

(4)培养皿两套。1套供沾湿毛笔用，另1套存放切片。

(5)70%酒精，分别盛于两套培养皿中。

(二)切削方法

(1)认真检查切片机的性能，将切片刀装于刀台，用斜刀式切削，刀与滑行轨道调整在20°～40°，标本台与滑行轨道也应调整在20°～40°，刀的倾斜度为12°～15°。

(2)将具火棉胶块的台木固定于切片机标本台上，调整左右、上下位置，注意拧紧固定螺丝，火棉胶块又不能超过刀的高度，防止刀伤事故。

(3)用微动装置调整需要的厚度。常用的切片厚度为15～45μm；只观察组织形态而又较难切削的标本，其厚度可达50μm。

(4)左手执毛笔蘸70%酒精润湿火棉胶块与切片刀，右手推拉刀台切削，随后用毛笔把刀面上的切片移到70%酒精内。有时遇到切片卷曲，可将每枚切片切到大半时，切片刀在原位停顿一下，待蘸有70%酒精的毛笔将卷曲的切片压平后，再将后半部分全部切出。

(三)切削质量低劣的原因分析

1. 切片发生裂纹

(1)切片刀有缺口。应移动切片刀位置,口伤严重者应重新磨刀。

(2)火棉胶块混含杂质,包埋前应过滤火棉胶。

2. 无法形成切片或完全破裂

(1)脱水不彻底,也可能火棉胶尚未渗透到组织块内。

(2)火棉胶凝固不充分。

(3)切片刀或标本台与滑行轨道之间的角度太大,使切出的每枚切片分两段。

(4)组织块太硬,没有进行适当的软化处理。

3. 切片厚薄不均匀

(1)切片刀与台木的固定螺丝没有拧紧。

(2)推动刀台用力飘浮不均匀。

(3)滑行轨道加油太多。

(4)切片机部件或微动装置磨损。

4. 切片发生皱纹

(1)切片厚度过薄。

(2)刀刃不锋利。

(3)火棉胶硬度不足。

5. 切片出现空洞

(1)浸火棉胶或包埋时,不小心产生了气泡。

(2)台木的木质内溢出气泡。

六、火棉胶切片染色(苏木精-曙红染色法)

染色的基本步骤与石蜡切片类似,但由于染色前并不经过粘贴这道手续,故操作形式略存不同。

(一)用具与药品

(1)普通光学显微镜和恒温箱各 1 台。

(2)小号或中号培养皿若干。

(3)13cm×13cm 白瓷砖与黑瓷砖各 1 块,设在工作台上用来识别切片着色深浅。

(4)载玻片与各种规格盖玻片。

(5)弯头镊子、直头镊子、手术剪、白光纸、火柴 1 盒或打火机 1 只。

(6)苏木精染色液:哈里斯氏苏木精染色液、德拉菲尔德氏苏木精染色液、埃利希氏苏木精染色液任选1种。

(7)0.5%曙红Y酒精染液。

(8)5级酒精、2∶1无水酒精与三氯甲烷混合液、1∶1无水酒精与三氯甲烷混合液、1∶2无水酒精与三氯甲烷混合液、二甲苯。

(二)染色程序与方法

(1)将火棉胶切片由70%、50%、30%酒精“下行”至蒸馏水,每级45min。

(2)入苏木精染色液1h。

(3)更换2~3次蒸馏水,洗去染液余色,每次约5min。

(4)如果切片着色较深,需用0.5%盐酸酒精分色至合适程度。

(5)用自来水洗涤3~4次,共1h左右,使细胞核、细胞颗粒呈鲜明蓝色。

(6)依次经蒸馏水和30%、50%、70%、80%酒精,每级约45min。如果火棉胶四周残留苏木精余色,可在50%酒精中延长浸泡时间,至余色褪尽。

(7)复染0.5%曙红染液1min左右,随后入95%酒精洗涤2~3次。火棉胶四周如有余色,也需在95%酒精中延长浸泡时间,至余色褪尽。

(8)依次经无水酒精、2∶1无水酒精与三氯甲烷混合液、1∶1无水酒精与三氯甲烷混合液、纯二甲苯(更换1次后,置于55℃恒温箱15min),每级45min左右。

(9)将柔软的火棉胶切片置于白光纸上,用剪刀将切片四周火棉胶连同白光纸一起剪齐,随后仍移入二甲苯中并除去衬托的白光纸。

(10)在载玻片中央滴加中性树胶,用取片匙移入标本后加盖玻片封片。

第六节　Technovit 切片

Technovit系列树脂可均匀渗透入各种组织,通过聚合可形成坚硬而有弹性的包埋块。用普通旋转切片机即可切出优质切片,厚度可达1μm,因而广泛应用于生物学、药学和材料科学领域。其优点是使用常规方法的染色或酶反应可以在没有除去树脂的情况下进行,从而大大简化了制片程序,同时也避免了对材料的伤害。下面以Technovit 7100树脂为例介绍Technovit包埋切片制作。

Technovit 7100包埋树脂的基质是乙二醇甲基丙烯酸树脂(GMA树脂)。按下列程序制作切片。

一、固定

材料一般用FAA液固定即可,固定液为材料大小的20倍。固定叶片等材料有时需用真空泵抽气使之下沉。

二、脱水

脱水方法与石蜡切片法相同。脱水时间是根据组织块大小和质地来确定的，如 3mm×3mm×3mm 小型组织块需要 4h 左右，幼小子房需要 12h 左右。一般材料均可在各级酒精中过夜。

三、预渗透

（一）主要用具与药品

（1）试剂瓶（容量 250ml）3 个，用于贮存各级渗透液。
（2）广口瓶（容量 60ml）若干，用作组织块渗透的容器。
（3）冰箱。
（4）镊子、量筒、玻璃棒。
（5）无水酒精、Technovit 7100 基础液（base liquid）。
（6）各级渗透液。

市售的 Technovit 7100 基础液为 500ml 装。实验前可用无水酒精配制成三级，即无水酒精∶Technovit 7100 基础液＝2∶1、无水酒精∶Technovit 7100 基础液＝1∶1 和无水酒精∶Technovit 7100 基础液＝1∶2。

（二）具体方法

脱水后的材料转入无水酒精∶Technovit 7100 基础液＝2∶1 的渗透液，在 4℃冰箱过夜，再转入无水酒精∶Technovit 7100 基础液＝1∶1 和无水酒精∶Technovit 7100 基础液＝1∶2 的渗透液，每级 12h。

四、渗透

（一）预备液的配制

100ml 基础液放入 1g 固化剂 1（hardener Ⅰ），用玻璃棒充分搅匀，在 4℃条件下，预备液可存放 4 周。

（二）主要用具

同预渗透。

(三)具体方法

经过预渗透的材料转入两级预备液渗透,每级 12h。

五、包埋

往 15ml 预备液中加入 1ml 固化剂 2(hardener Ⅱ),用玻璃棒充分搅匀。预备液和固化剂 2 的比例可根据需要进行调整,在(10～15)∶1 之间变动,比值越小,材料越硬,比值越大,材料越软。

往包埋模(图 5-2)的凹槽中倒入上述溶液 1～3ml,用吸管将渗透好的标本材料放入凹槽中,按要求定位。注意:上述操作可在室温(23℃)下进行,但工作时间只有 5～7min,超过这个时间,溶液将逐渐固化,加大了材料定位的难度。在室温 23℃下溶液彻底固化的时间大约为 2h。

六、聚合

待包埋液彻底固化后,将包埋模放进 60℃恒温箱,聚合 24h 以上。注意:如果包埋液尚未完全固化就转入恒温箱会引起材料晃动,影响材料的定位。

七、登台

从恒温箱中取出包埋模(其中的包埋块已经聚合),将样品台放在包埋模的凹槽上(图 5-2 箭头所指,图 5-3A)。按照黄色粉末(Technovit 3040)∶广泛液体(universal liquid)=2∶1(体积比)将两者迅速而均匀混合成糊状黏性液体。将黏性液体倒入样品台背后的凹槽里(图 5-3B),动作要快,因为黏性液体很快就会凝固成形。大约 10min 后,样品台和含有标本材料的包埋块牢牢地粘在一起,可整个从包埋模移出(图 5-3C)。图 5-4是空闲样品台和混合物浇注的样品台实物图。

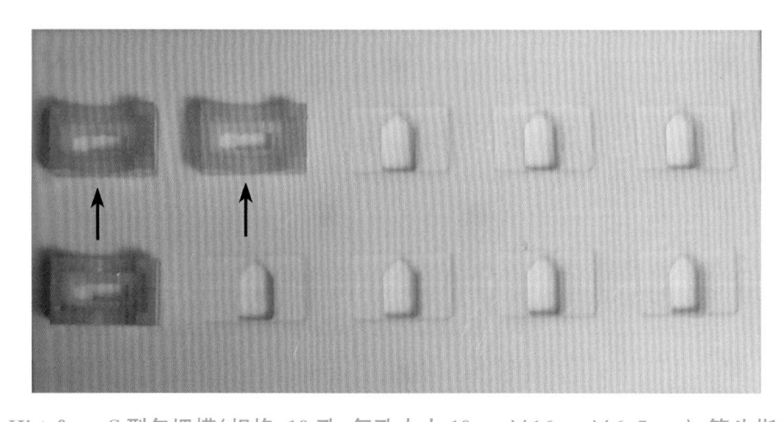

图 5-2　Histoform S 型包埋模(规格:10 孔,每孔大小 10mm×16mm×6.5mm),箭头指向样品台

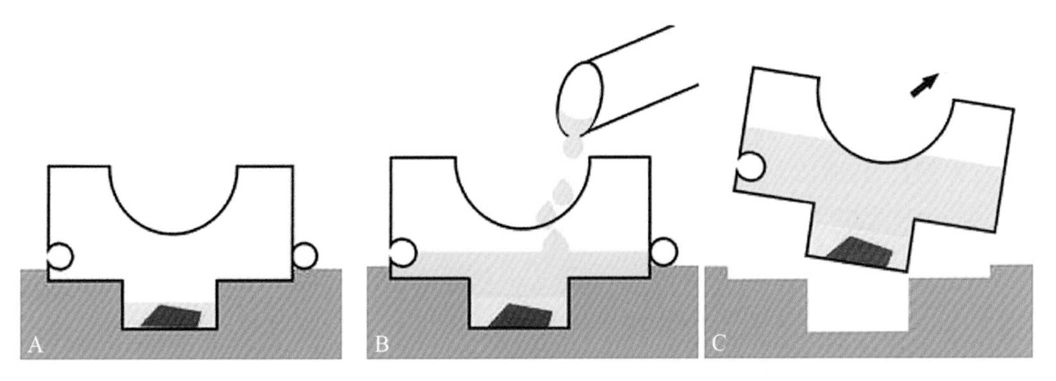

图 5-3　样品台黏附包埋块并取出的过程

A. 将样品台放在包埋模凹槽上。注意凹槽下有预先聚合好的包埋块。B. 将黏性液体倒入样品台背后的凹槽里，黏性液体迅速与包埋块粘牢并凝固。C. 将黏附包埋块的样品台从包埋模移出。淡绿色为包埋块，红色为标本材料

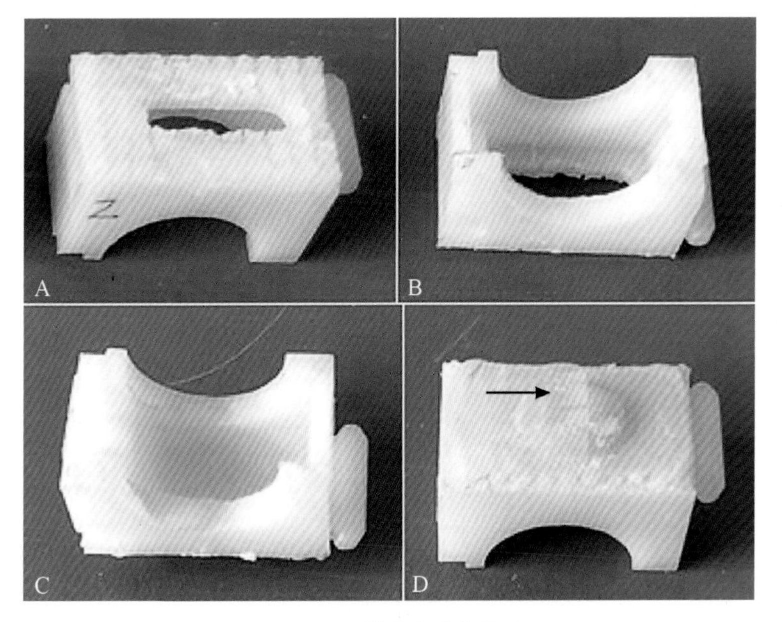

图 5-4　样品台实物图

A. 样品台正面观；B. 样品台底面观；C、D. 用 Technovit 3040 黄色粉末和广泛液体调制成的混合物浇注的样品台；C. 底面观；D. 顶面观。箭头指向包埋块

八、包埋块的修整

将微电脑控制加热台调到 140℃，将标本面放在金属平台上烫软，即可用锋利的单面刀片修块。

九、包埋块的切削

用普通旋转切片机切片。其操作是在不断用湿纸巾润湿包埋块的情况下进行的。

(一)用具与药品

(1)旋转切片机。

(2)切片刀:浙江金华产的科迪 KD-1508A 轮转式切片机配备的 R35 型不锈钢刀片。

(3)卫生湿巾。

(4)尖嘴镊子 1 把。

(5)培养皿两套,1 套供沾湿纸巾用,另 1 套存放切片。

(6)蒸馏水,盛于第一套培养皿中,供沾湿纸巾用。

(二)切削方法

(1)认真检查切片机的性能,将切片刀装于刀台,刀的倾斜度为 12°～15°。

(2)用切片机的标本夹将承载包埋块的塑料台夹住、拧紧,调整左右、上下位置,对好刀。注意拧紧固定螺丝(图 5-5)。

图 5-5　夹住样品台并对好刀的旋转切片机(科迪 KD-1508A 型,浙江金华产)
(作者于 2012 年 9 月摄于温州大学植物胚胎学研究室)

(3)调整切片厚度为 4μm。

(4)左手拿湿纸巾,右手握着把手,转动切片机的转盘 1 圈,切下 1 张薄片。每切下

1张薄片后，用蘸水的湿纸巾轻轻按住包埋块1～5s，以软化包埋块，再切下一片。

(5)用尖嘴镊子把切片移到干燥的培养皿内。

(三)切削质量问题的原因分析

若发现切片质量问题，可对照上一节火棉胶切片的方法查找原因。

十、粘片和烤干

在洁净的载玻片上滴上1滴蛋清甘油(体积比为1∶1)粘贴剂，用洁净的食指涂抹均匀，再往上滴1滴蒸馏水。将切下的薄片用镊子夹起，放在水滴中，用解剖针展平。将微电脑控制加热台调到50℃，将上述载玻片放上去烤20min。

也可用温水展平粘贴法(见第五章第四节　石蜡切片)。

十一、染色

(一)用具与药品

(1)普通光学显微镜1台。

(2)小号或中号培养皿若干。

(3)13cm×13cm白瓷砖与黑瓷砖各1块，设在工作台上用来识别切片着色深浅。

(4)载玻片与各种规格盖玻片。

(5)弯头镊子、滴管。

(6)苏木精染色液：用Heidenhain氏铁矾苏木精。

(7)0.5%番红水溶液。

(8)5级酒精(30%、50%、70%、90%、100%酒精)、2∶1无水酒精与二甲苯混合液、1∶1无水酒精与二甲苯混合液、1∶2无水酒精与二甲苯混合液、二甲苯。

(9)盛水的大烧杯(1000ml)。

(10)中性树胶。

(二)染色程序与方法

(1)将切片放入1%铁矾(硫酸铁铵)溶液媒染1h。

(2)入苏木精染色液1h。

(3)更换2～3次蒸馏水，洗去染液余色，每次约5min。

(4)如果切片着色较深，需用0.5%盐酸酒精分色至合适程度。

(5)用自来水洗涤3～4次，共1h左右，使细胞核、细胞颗粒呈鲜明蓝色。

(6)复染0.5%番红水溶液20min，随后入蒸馏水洗涤2～3次。

(7)在材料的位置滴1滴蒸馏水，盖上盖玻片，直接在显微镜下观察拍照。实践证明，水封后的照片效果甚至好于树胶封片后的照片效果。

(8)依次经梯度酒精脱水、二甲苯透明，每级 1min 左右。

(9)在载玻片中央滴加中性树胶，加盖玻片封片。

第七节　超薄切片(透射电镜制样技术)

透射电镜样品制备的方法随生物材料的类型以及研究目的的不同而不同。对生物组织和细胞等，一般多用超薄切片技术，将大尺寸材料制成大小适当的超薄切片，并且利用电子染色、细胞化学、免疫标记及放射自显影等方法显示各种超微结构、各种化学物质的部位及其变化。对生物大分子(蛋白质、核酸)、细菌、病毒和分离的细胞器等颗粒材料，常用投影、负染色等技术以提高反差，显示颗粒的形态和微细结构。此外，还有以冷冻固定为基础的冷冻断裂、冰冻蚀刻、冷冻置换、冷冻干燥等技术。本书介绍在生物制片中常用的超薄切片技术。

超薄切片系供透射电镜观察用的切片。由于电子穿透组织的能力低，所以供电镜观察用的切片要求极薄(一般厚度为 40～50nm)，即超薄切片。为了制好超薄切片，观察生物体的微细结构，需要了解取材的基本要求、取材和制备超薄切片的过程。

透射电镜样品制备的基本要求：①尽可能保持材料的结构和某些化学成分生活时的状态；②材料的厚度一般不宜超过 100nm，组织和细胞必须制成薄切片以获得较好的分辨率和足够的反差；③采用各种手段，如电子染色、投影、负染色等来提高生物样品散射电子的能力，以获得反差较好的图像。

组织从生物活体取下以后，如果不立即进行适当处理，会由于细胞内部各种酶的作用出现细胞自溶现象。此外，还可能由于污染以及微生物在组织内繁殖使细胞的微细结构遭受破坏。因此，为了使细胞结构尽可能保持生前状态，必须做到快、小、准、冷。

(1)动作迅速，组织从活体取下后应在最短时间(1min 内)投入 2.5%戊二醛固定液。

(2)所取组织的体积要小，一般不超过 1mm×1mm×1mm。也可将组织修成 1mm×1mm×2mm 大小长条形。因为固定剂的渗透能力较弱，组织块如果太大，块的内部将不能得到良好的固定。

(3)机械损伤要小，解剖器械应锋利，操作宜轻，避免牵拉、挫伤与挤压。

(4)操作最好在低温(0～4℃)下进行，以降低酶的活性，防止细胞自溶。

(5)取材部位要准确。

将取出的组织放在洁净的蜡板上，滴 1 滴预冷的固定液，用两片新的、锋利的刀片成“拉锯式”将组织切下并修小，然后用牙签或镊子将组织块移至盛有冷的固定液的小瓶中。如果组织带有较多的血液和组织液，应先用固定液洗几遍，然后再切成小块固定。

一、固定

（一）固定液

常用的固定液主要有锇酸固定液、醛固定液、高锰酸盐固定液等。

1. 锇酸固定液

这是最常用的固定液，作用迅速。新鲜的锇酸呈浅黄色，其蒸气极毒，使用时应在通风柜中把装有锇酸的安瓿在缓冲液内敲碎。

2. 醛固定液

植物材料具有厚壁，锇酸固定液不能很好渗透，有时固定得不好。而醛固定液往往可获得较好效果，同时还不会破坏酶的活性，可以在切片上进行组织化学测定。常用的有甲醛固定液和戊二醛固定液。

3. 高锰酸盐固定液

此种固定液可保持膜的结构，但破坏核糖体并使酶失去活性。

缓冲液可用1%液体锇酸和1%高锰酸钾，也可用磷酸盐巴比妥-醋酸和二甲胂酸盐缓冲液。固定可在0～5℃或室温下进行，供试材料尽可能使用幼嫩的植株，小的根可整个固定，叶片需剪成1～2cm的小块。叶中的空气会阻止固定液与大部分细胞接触，可在真空下把空气除去。组织固定后必须彻底冲洗，在进行锇酸固定前要把多余的醛用缓冲液冲洗彻底。固定后的组织一定要进行脱水，特别是采取不溶于水的树脂包埋时，在室温低于4℃时，丙酮或乙醇脱水效果都很好。

选用适宜的物理或化学的方法迅速杀死组织和细胞，力求保持组织和细胞的正常结构，并使其中各种物质的变化尽可能减小。固定能提高细胞承受包埋、切片、染色以及透射电镜电子束轰击的能力。

（二）固定方法

1. 快速冷冻

用制冷剂（如液氮、液体氟利昂、液体丙烷等）或其他方法使生物材料急剧冷冻，使组织和细胞中的水只能冻结成体积极小的冰晶甚至无定形的冰玻璃态。这样，细胞结构不致被冰晶破坏，生物大分子可保持天然构型，酶及抗原等能保存其生物活性，可溶性化学成分（如小分子有机物和无机离子）也不致流失或移位。用冷冻的组织块可进行切片、冷冻断裂、冷冻干燥和冷冻置换等处理。用此法固定的样品既可提供组织、细胞结构的形态学信息，又可提供相关的细胞化学信息。

2. 化学固定

固定剂有凝聚型和非凝聚型两种。前者如光学显微术中常用的乙醇、氯化汞等，此法常使大多数蛋白质凝聚成固体，结构发生重大变化，常导致细胞的细微结构出现畸变。非凝聚型固定剂包括戊二醛、丙烯醛和甲醛等醛类固定剂和四氧化锇、四氧化钼等，适用于电子显微术。非凝聚型固定剂对蛋白质有较强的交联作用，可以稳定大部分蛋白质而不使之凝聚，避免了过分的结构畸变。它们与细胞蛋白质有较强的化学亲和力，固定处理后，固定剂成为被固定的蛋白质的一部分。如用含有重金属元素的固定剂四氧化锇(也是良好的电子染色剂)进行固定，因为锇与蛋白质结合，增强了散射电子的能力，提高了细胞结构的反差。

固定操作方法通常是先将材料切成小块，浸在固定液中，保持一定温度(通常为4℃)，进行一定时间的固定反应。取材操作要以尽可能快的速度进行，以减少组织自溶作用造成的结构破坏。对某些难以固定的特殊组织，如脑、脊髓等，最好使用血管灌注方法固定，即通过血管向组织内灌注固定液，使固定液在组织发生缺氧症或解剖造成损伤之前，快速而均匀地渗透到组织的所有部分。灌注固定的效果比浸没固定好得多。

二、脱水

化学固定后，将材料浸于乙醇、丙酮等有机溶剂中以除去组织的游离水。为避免组织收缩，所用溶剂需从低浓度逐步提高到纯有机溶剂，逐级脱水。常用的浓度等级有30%、50%、70%、85%、100%。在100%一级要放置至少两级，以彻底除去组织的游离水。

三、过渡

脱水后的组织必须有包埋剂树脂的进入，才能形成包埋块供制作切片。纯酒精不能与树脂相溶，还需一种既能与酒精相溶、又能和树脂相溶的媒浸液，先替换出组织细胞内的酒精，再被树脂所替换。这个过程称过渡。常用的媒浸液是环氧丙烷。过渡可分三步完成，第一步使用无水乙醇和环氧丙烷1∶1(体积比)混合液脱水，随后两步为纯环氧丙烷。

四、渗透

组织经环氧丙烷过渡之后，移入树脂内浸渍。树脂逐渐浸入组织间隙，取代环氧丙烷，这个过程叫作渗透。渗透可分三步完成，第一步使用环氧丙烷和树脂1∶1(体积比)混合液，随后两步为纯树脂。因为树脂本身的黏稠性，渗透作用较慢，故每步都需过夜。

如采用丙酮脱水，则无须经环氧丙烷过渡。将经过丙酮脱水的组织转到装有丙酮∶树脂=1∶1混合液的标本管中。将标本管放在烤箱内，丙酮由开口的管中蒸发。当丙酮味消失后，将组织浸入新鲜的树脂中，再于同一温度下放4h。再一次移到装有新鲜树脂的胶囊内，将胶囊放在40℃下，直至完全变硬，并继续在60℃下凝固12h。

五、包埋与聚合

渗透之后，将组织块放于模具中，注入树脂单体与硬化剂等混合物，构成包埋剂。包埋剂均匀地浸透到细胞结构的一切空隙中。通过加热等方法使树脂聚合成坚硬的固体。包埋用的树脂可分为四类，即甲基丙烯酸酯、环氧树脂、聚酯树脂和各种水溶性化合物。

甲基丙烯酸酯在聚合过程中可能引起组织损伤，在电子束轰击下，这种介质有升华的趋向，引起细微组织结构的破坏。但甲基丙烯酸酯也有优点，它比环氧树脂能切出较大的切块切面，切片也容易染色。环氧树脂和聚酯树脂是保存细胞细微结构的最好包埋材料，目前最常用的环氧树脂是 618 树脂、Epon812、Araldite 和 Spurr 等商品树脂，它们具有良好的维持样品特性、低收缩率和较强的耐电子轰击能力等优点。用环氧树脂包埋的标本可避免聚合损伤，树脂切片在电镜下不升华，可使标本连续观察，并保存细微结构。

水溶性树脂剂对一些不希望用有机溶剂脱水，或利用组织切片做酶外处理试验特别有用，其缺点是不能很好地保持细胞的细微结构。

六、切片

切片前应切去包埋块四周的树脂，留下高 2～3mm 的标本正方柱，装入切片机，使包埋块面的平行边与刀口平行，把刀慢慢向标本推进，通过切片机上的目镜系统，把刀推到看不到有间隙之处，每次推进 0.5～1.0μm，直到切下切片。当浮于液面的切片呈灰色时，切片厚度最为适宜。

制备超薄切片要使用特制超薄切片机（大多是根据精密机械推进或金属热膨胀推进原理制成）和特殊的切片刀（用断裂的玻璃板制成的玻璃刀或用天然金刚石研磨而成的金刚石刀）。先将树脂包埋块中含有生物材料的部分用刀片在立体显微镜下修整成细小的金字塔形，再用超薄切片机切成厚度适中（50nm 左右）的超薄片，切片应依次相互连接形成切片带。切片带漂浮于切片机水槽的水面上。通过装置在切片机上的体视显微镜监控切片过程。用荧光灯照射水面上的切片，并根据由此产生的干涉光颜色来判断切片的实际厚度。

切片通常用敷有薄的支持膜的特制金属载网从水面上捞取。快速冷冻固定的生物材料，可用冷冻超薄切片装置制成切片。用醛类或冷冻方法固定的组织可通过超薄切片术与生物化学技术、免疫技术等结合使用，进行超微结构水平上的蛋白质、核酸、酶及抗原等生物活性物质的定位甚至定量研究。这就是透射电镜细胞化学技术和透射电镜免疫细胞化学技术。

七、染色

透射电镜主要是依赖散射电子成像。为了增强细胞结构的电子反差，需要对切片进行染色。染色是依据各种细胞结构与染色剂(重金属盐)结合的选择性而形成不同的对电子散射能力,从而产生借以区别各种结构的反差。

电子染色方法分块染色和切片染色两种:①块染色法,在脱水剂中加入染色剂,在脱水过程中对组织块进行电子染色。②切片染色法,即将透射电镜载有切片的金属载网漂浮或浸没在染色液中染色。也可使用由微处理机控制的染色机进行自动化染色。一般切片染色所使用的染色剂为金属铀盐和铅盐的双重染色。为显示某种特殊结构,可采用与该结构有特异性结合的选择性染色剂。染色后的切片先在 0.1mol/L 氢氧化钠中冲洗,然后用水冲洗。

第八节 其他切片法

一、聚苯乙烯包埋切片

此法既能制备光学显微镜切片又能制备透射电子显微镜超薄切片。

(一)主要用具与药品

(1)旋转切片机 1 台。
(2)恒温箱 1 台。
(3)恒温水浴锅 1 台。
(4)镊子、解剖针各 1～2 把。
(5)试剂瓶、载玻片、盖玻片若干。
(6)聚苯乙烯包埋剂。该液配方如下:

聚苯乙烯(polystyrene) 200g
甲苯(toluene) 800ml
苯甲醇(苄醇)(benzyl alcohol) 50ml
酞酸二丁酯(dibutyl phthalate) 5～10ml

取容量 1000ml 试剂瓶 1 个,先加入甲苯,再加聚苯乙烯,加盖密封,每隔一定时间用力振荡,使溶质完全溶解,然后加苄醇和酞酸二丁酯,再次振荡,使溶质全部溶解为止。待气泡消失后,则呈透明无色溶液。此液配制时间至少需要 2d,配制后可长期贮存。使用时,要达到适当硬度的包埋块,取决于酞酸二丁酯加入的比例。

(7)10%三聚乙醛水溶液。此液配制时,也需盖紧试剂瓶用力振荡 2～3min,直到充分溶解以及气泡消失为止。此液可贮存 1 周左右。

(8)梅(Mayer)氏蛋白甘油粘贴剂。

(二)包埋技术

(1)组织块可按石蜡切片的常规方法进行固定及“上行”各级酒精脱水。

(2)将组织块从无水酒精移入甲苯(更换一次)浸30～60min。

(3)先用冰箱空格子盘盛入聚苯乙烯包埋剂,随后将组织块置于格子内。数分钟后,组织块沉入盘底,此时需用解剖针将若干组织块分开,并放入58℃恒温箱蒸发,但不需要完全干燥,只要达到一定硬度的包埋块为止,时间需48～72h。这种包埋块的组织呈半透明状。

当包埋剂蒸发4/5时,每格中制备的包埋块厚度能达到4mm左右,故完全符合包埋光镜标本组织块要求。如果作电镜包埋小型组织块,也可同样用此种大小格子盘操作。

用这种格子盘作容器有利于蒸发包埋剂,而且由于它是柔韧的聚乙烯制品,故取出包埋块也相当方便。此外,能反复使用也是它的优点之一。

(4)将格子盘从恒温箱中拿出,冷却后在室温中即能取出包埋块,然后用单面刀片修整成角锥形(即金字塔形),使单个组织块居于每枚角锥形块内,并在其底部滴加聚苯乙烯与标本台木粘连固定。操作时要防止产生气泡。标本台木可用树脂玻璃(plexiglas)制备,供光镜切片可制备1cm×1cm×1cm或更大一些的立方体;供电镜与光镜切片两用台木可制备直径为0.5cm的圆柱形台木。

(5)角锥形包埋块固定于台木后,放入37℃恒温箱2～3h。然后再置于80℃恒温箱内至少20h(有时由于包埋块聚合后仍然很软,故置于80℃恒温箱聚合是非常必要的),在80℃恒温箱中不会损伤包埋块内标本。当然,在58℃恒温箱中长时间聚合亦能得到聚合适宜的包埋块,整个包埋过程通常需要3～4d;但如果包埋剂因温度发生变化,其时间亦可能随之延长。

(三)切片与贴附

(1)用普通切片机即能制备供光镜观察的切片。由于静电作用,切片时常粘在切片刀上,但用镊子容易取下。如果切片非常薄、非常大,也容易操作,不过不能得到连续切片。

(2)切片一片片收集后,需立即贴附。方法是:先将载玻片或盖玻片涂一层梅氏蛋白甘油粘贴剂,然后滴加10%三聚乙醛水溶液,切片光泽面向下对着粘贴剂贴附好,再将玻片置于80℃恒温加热器上数秒钟。当粘贴剂呈乳白色时,切片也随之展平,此时可倾去粘贴液,用针或镊子将切片调整于玻片合适位置,并将玻片继续在热板上加温,直到三聚乙醛液完全蒸发为止(约10min)。

(四)染色

供光镜观察的切片可用有机溶剂如二甲苯脱尽标本四周的聚苯乙烯。随后,可按石蜡切片的各种染色法进行染色。

二、碳蜡包埋切片

碳蜡(carbowax)是一种水溶性油蜡,是多乙烯二醇(polyethylene glycol)的商品名称,化学分子式为 $CH_2OH(CH_2OCH_2)_xH_2OH$,根据 CH_2OCH_2 的重合度——化学式 x 值,碳蜡就可以有无数的种类。

此法无须脱水和透明处理,故制备包埋块的时间比火棉胶法和石蜡法都要短,急用情况下 2~3h 即可制成。其切片厚度、染色质量都能获得类似石蜡切片的效果,但不大适合大型易碎组织块。切片时,同石蜡切片一样,会受到室温的影响,且吸水性强,易溶化。这些都是它的缺点。

(一)主要用具与药品

(1)恒温箱。

(2)冰箱。

(3)广口瓶(或烧杯)5 个(作碳蜡容器),容量 60ml 左右较适宜。

(4)包埋框若干。小纸盒(用石蜡包埋纸盒)、瓷质器皿、小型培养皿等均可。

(5)毛笔、台木、载玻片、解剖刀等。

(6)碳蜡溶液。通常应备有相对分子质量(分子量)为 1500 和 4000 的两种碳蜡。前者熔点为 34~40℃,在室温下呈硬凡士林状;后者熔点为 50~55℃,在室温下呈固体石蜡状。但气温过高时,应增加一种分子量为 6000 的碳蜡。

(7)蛋白甘油粘贴剂或明胶粘贴剂。

(二)制备方法

(1)先将分子量为 1500 的碳蜡装入广口瓶Ⅰ,置于 45~50℃恒温箱熔化。将分子量为 1500 与 4000 的两种碳蜡的等量混合液装入广口瓶Ⅱ,置于 50~55℃恒温箱熔化。再将分子量为 4000 的碳蜡分别装入广口瓶Ⅲ、Ⅳ、Ⅴ三瓶,均置于 55~60℃恒温箱熔化。

(2)组织块的固定可采用任何固定液,固定后要充分洗涤,否则对碳蜡成分与切片后的染色都有影响。

(3)将组织块用滤纸吸去水或酒精后,依次浸入每个容器的碳蜡中,并时而轻轻摇动,以加速它的渗透作用。浸各容器的时间见表 5-1。

(4)组织块充分渗透碳蜡后,应将广口瓶Ⅴ已熔化的碳蜡注入包埋框,并把组织块浸没于中央,使其自然凝固。也可以加盖密封在广口瓶内,在冰箱中冷却凝固。包埋框内壁无需加涂抹剂,碳蜡只要充分凝固,包埋块易从框中脱出。

(5)包埋块可用温热的解剖刀加以修整,固定在台木上。

表 5-1　碳蜡分子量、温度条件及渗透时间对照表

广口瓶编号	温度条件	碳蜡分子量	3mm×3mm×1mm 组织块	5mm×5mm×1mm 组织块	10mm×10mm×2mm 组织块
Ⅰ	45～50℃	1500	20min	30min	1h
Ⅱ	50～55℃	1500＋4000 等量混合	10min	10min	30min
Ⅲ	55～60℃	4000	10min	10min	30min
Ⅳ	55～60℃	4000	20min	30min	1h
Ⅴ	55～60℃	4000	20min	30min	1h

(6)切削方法:操作与石蜡切片基本相同,毛笔、解剖刀、镊子等工具需保持干燥。要得到良好的连续碳蜡切片,工作室的温度和湿度是十分重要的,室温过高,可以在包埋时加入少量分子量为 6000 的碳蜡;室温过低,则可加入 1/10 量的分子量为 1500 的碳蜡。

(7)用洁净的载玻片,涂一薄层梅氏蛋白甘油粘贴剂,然后再滴 1 滴蒸馏水,用毛笔或粗解剖针把切片移入玻片中央贴附。用明胶粘贴剂贴附,配法如下:

重铬酸钾　0.2g

明胶　0.2g

蒸馏水　1000ml

切片贴附后,置于 37℃恒温箱 1h。充分干燥后,可保存在冰箱内,后续的染色等步骤与石蜡切片基本相同。

第六章

生物制片举例

第一节　整体封片法举例

蕨原叶体的整体封片法

于春末在野外树林、灌木丛下或阴湿的石壁及土表上偶尔可见蕨的原叶体，可用标本瓶采集，带回实验室备用。也可用栽培方法获得，具体做法是：蕨的孢子成熟后人工采收，放冰箱里保存，秋季或初春适时播种，一般培养3～6周可获得原叶体。简便的培养方法是：用一小花盆，在底孔上垫瓦片1块，盆内盛菜园土或山地土。将花盆置于稍大的玻璃缸中，缸内装入清水，保持水深3cm左右，让水从花盆底孔进入润湿土壤。然后在缸缘铺一圈棉絮，盖上玻璃，但需使缸内与外界通气且保持一定的湿度。次日将孢子稀播在盆内的土壤表面，仍将玻璃缸盖好，放在阳台或窗边的太阳光下，使盆内受光均匀。适时加水于缸内，以利原叶体的生长发育。

制片时采用整体封片法。

(1)固定：将原叶体以清水浸洗，去净泥沙，用FAA液固定。

(2)脱水：经梯度酒精至无水酒精脱水，每级40min。

(3)染色：用0.2%固绿(无水酒精配制)染色，约5min。

(4)分色与透明：经两级无水酒精分色和二甲苯透明，每级5min。

(5)封固：用中性树胶封固。

第二节　涂布法举例

一、细菌三型涂片

因取材、染色、用具较简单，用显微镜观察细菌三种类型效果良好。

(1)取材：将稻草剪成 2cm 长数小段，加水煮沸 15min，放置 1 周左右，枯草杆菌逐渐出现。在农村积肥用过的缸中，静置一段时间，液面上一层白膜中常有许多螺旋菌和球菌。若白膜中杂质较多，可用三四层纱布过滤。

(2)固定：取含有枯草杆菌的水液 10ml，加入 20%甲醛(可用福尔马林加等量蒸馏水配制)10ml 固定 1h；另用上述白膜液 10ml，加入 20%甲醛 10ml 固定 1h。

(3)涂片：将上述两种固定完毕的液体混合，用火柴梗取混合液 1 滴于载玻片上，再加 2～3 滴 2%黑素(nigrosin)水溶液。然后，一边用火柴梗搅拌涂匀，一边用酒精灯慢慢烤干。烤时，温度不要太高。

(4)用冷杉树胶封片。

结果：在显微镜黑色视野中，细菌三型呈无色。

二、青虫菌或松毛虫杆菌涂片(芽孢染色法)

细菌的芽孢壁透性低，染色较困难。因此，需用着色力强的特殊芽孢染色法，使菌体和芽孢着色，再根据芽孢着色后脱色困难的特点，用水或其他药液脱去菌体颜色，保留芽孢颜色，形成对比。随后，再将菌体复染另一颜色，使芽孢和菌体能清楚区别。

1. 苗勒(Müller)氏染色法

(1)涂片、干燥、固定。

(2)滴加 2%铬酸水溶液 2～10min。

(3)用水速洗。

(4)滴加石炭酸复红染液，加温染 3～4min。

(5)用水速洗。

(6)由 3%硫酸水溶液分色约 5s。

(7)用水速洗。

(8)滴加亚甲蓝染液 1～2min。

(9)水洗、干燥。

结果：菌体呈浅蓝色，芽孢呈红色。

2.孔雀绿-番红染色法

(1)取斜面培养 24～48h 的青虫菌或松毛虫杆菌,涂片、干燥、固定。

(2)滴加 5%孔雀绿水溶液 3～4 滴,用酒精灯微微加热,勿煮沸。又根据蒸发情况,随时添加染液,如此持续 5～10min。

(3)倾去多余染液,冷却后用水速洗。

(4)滴加 2%番红水溶液 1～2min。

(5)水洗、干燥。

在油镜下芽孢呈绿色,菌体(营养体)呈红色。

三、酵母菌涂片(示出芽生殖)

(1)培养:取米酒汁 6ml,加清水 4ml,白糖 0.5g,置于暗处 3～4d,酵母菌大量出现。

(2)用接种环或火柴梗取少许培养液于载玻片中央涂一薄层,待晾干(或用酒精灯烘干)。

(3)入肖丁(Schaudinn)氏固定液 12h。

(4)换入 70%酒精洗涤 2 次,反复加 1～2 滴碘酒,再于 70%酒精中去除汞盐沉淀。

(5)依次经 50%、30%酒精至蒸馏水,每级 5min。

(6)媒染 4%硫酸铁铵水溶液 1h。

(7)用蒸馏水洗涤 3 次,共 5min。

(8)入海登汉氏(Haidenhans)苏木精染液 1h。

(9)用蒸馏水洗涤 3 次,洗去染液余色。

(10)用 2%硫酸铁铵水溶液分色。

(11)用自来水洗涤 5 次,每次 4min。

(12)经蒸馏水并“上行”6 级酒精、2 级二甲苯脱水与透明,每级 5min。

(13)用冷杉树胶封片。

结果:酵母菌呈蓝黑色。

四、马铃薯淀粉粒涂片

淀粉是一种多糖,是葡萄糖分子聚合而成的长链化合物,是细胞中碳水化合物最普遍的储藏形式,呈颗粒状,称为淀粉粒(starch granule)。所有薄壁细胞中都有淀粉粒存在,尤其在各类贮藏器官中更为集中,如种子的胚乳和子叶中,植物的块根、块茎和根状茎中都含有丰富的淀粉粒。淀粉粒的形状随植物不同而有差异,常呈近圆形、卵形、椭圆形。淀粉的积累,先从脐点开始,随着一天内日照和温度的变化,围绕脐点交替出现不同折光的同心轮纹。淀粉粒的轮纹是晶态的支链淀粉与非晶态的直链淀粉交替排列形成的。

马铃薯 *Solanum tuberosum* L. 又名土豆，英文名为 potato，是茄科茄属的一年生草本植物。块茎呈扁圆形或球形。马铃薯是世界上许多国家重要的粮食品种之一，被列入七种主要粮食作物之一。

2021 年 10 月，在温州市瓯海区茶山多祥来超市购买马铃薯新鲜块茎若干。

用刀片在马铃薯块茎切面上刮取少量浆液，涂抹在载玻片的水滴中，盖上盖玻片。在显微镜下，淀粉粒一般无须染色即可观察。淀粉粒在形态上有三种类型：单粒淀粉粒、复粒淀粉粒和半复粒淀粉粒。单粒淀粉粒，只有一个脐点，无数轮纹围绕这个脐点；复粒淀粉粒，具有两个以上的脐点，各脐点分别有各自的轮纹环绕；半复粒淀粉粒，具有两个以上的脐点，各脐点除有本身的轮纹环绕外，外面还包围着共同的轮纹（图 6-1）。也可以用浓度极低的 I-KI 染色，但时间不宜过长，以免染色过度。

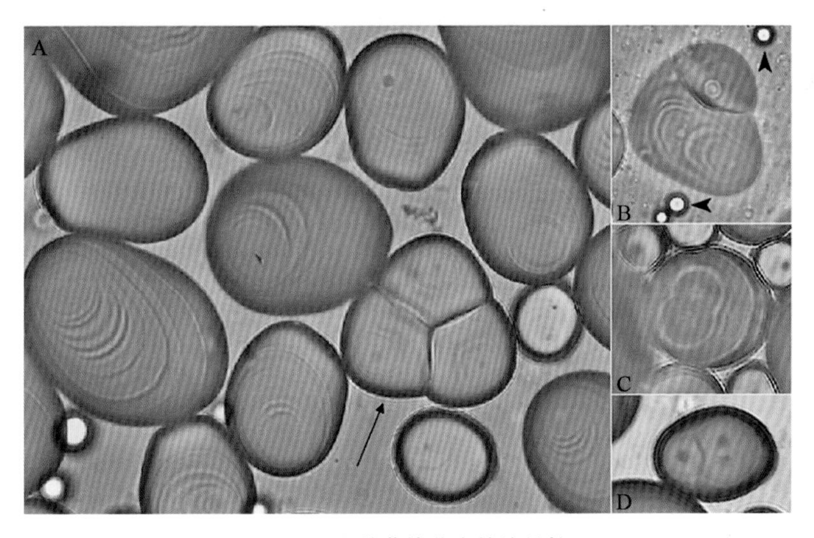

图 6-1　马铃薯块茎中的淀粉粒

A. 大多数为单粒淀粉粒，可见清晰的同心轮纹，箭头指向复粒淀粉粒。
B、C、D. 各种形态的半复粒淀粉粒，箭头指向糊粉粒。A、B、C. 未染色；
D. I-KI染色

I-KI 染色原理是，碘液遇淀粉时，形成碘化淀粉，呈现特殊的深蓝色或棕红色反应。据此显示淀粉的存在。

碘-碘化钾染液配方如下：

碘　1g

碘化钾　2g

蒸馏水　100ml

配制时，先将碘化钾加热溶解于少量蒸馏水中，然后加入碘，再加水稀释至 100ml。溶液见光后易氧化，若成为无色透明液则失去染色能力，故要保存于棕色瓶中备用。

五、菠菜叶肉涂片

菠菜 *Spinacia oleracea* L. 是藜科菠菜属一年生草本植物。叶戟形至卵形，鲜绿色。2021 年 10 月，在温州市瓯海区茶山多祥来超市购买新鲜菠菜若干。

用锋利的刀片从新鲜菠菜叶上刮取少量汁液（带叶肉），均匀地涂抹在洁净的载玻片上。不经染色，盖上盖玻片，直接在显微镜下观察，可见叶肉细胞中大量的叶绿体（图 6-2）。

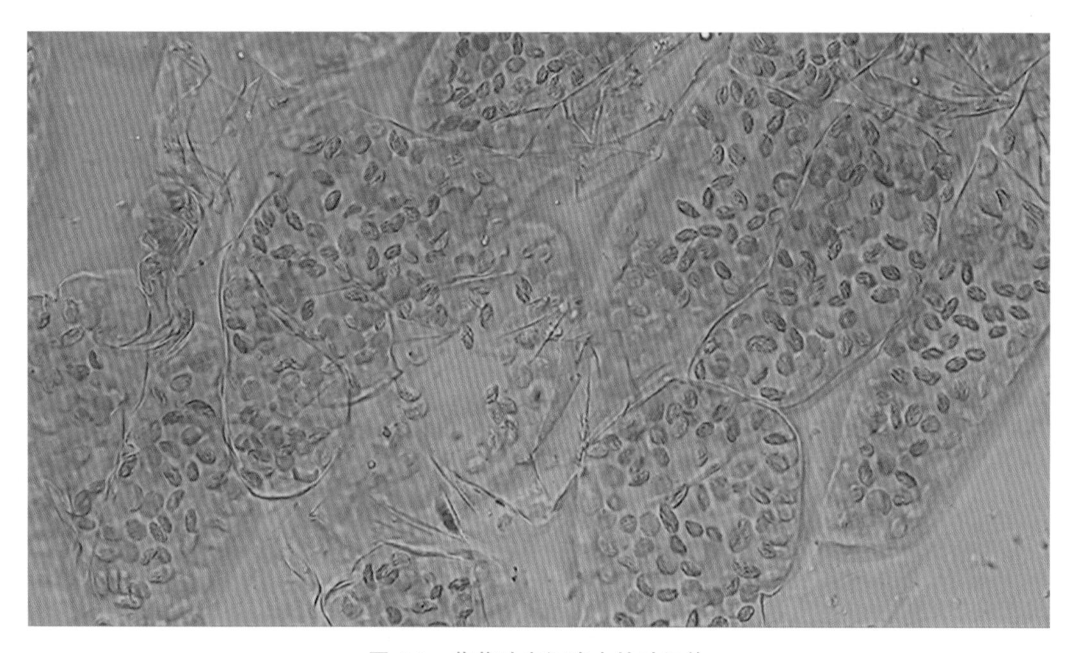

图 6-2　菠菜叶肉细胞中的叶绿体

六、葱兰胚乳涂片

葱兰 *Zephyranthes candida*（Lindl.）Herb. 是石蒜科多年生草本植物，原产南美洲及西印度洋群岛，现在中国各地都有种植，喜阳光充足，耐半阴，常用作花坛的镶边材料。温州大学校园有栽培。2016 年 11 月，待种子刚变黑时，取出种子，立即投入 FAA 液固定保存。

实验时，取出种子在 50%酒精中清洗 3 次，每次 1h。种子放置载玻片上，用尖嘴镊夹住，再用锋利的刀片划破种皮，流出胚乳。用解剖针蘸上一点胚乳汁液，轻轻涂抹，滴少许 50%酒精，盖上盖玻片。可见胚乳核、造粉体和糊粉粒。胚乳核由受精极核经有丝分裂而成，是三倍核，较大。造粉体是由白色体贮藏大量淀粉粒后特化而成，大小类似于叶绿体。糊粉粒贮藏蛋白质，为最小颗粒（图 6-3）。

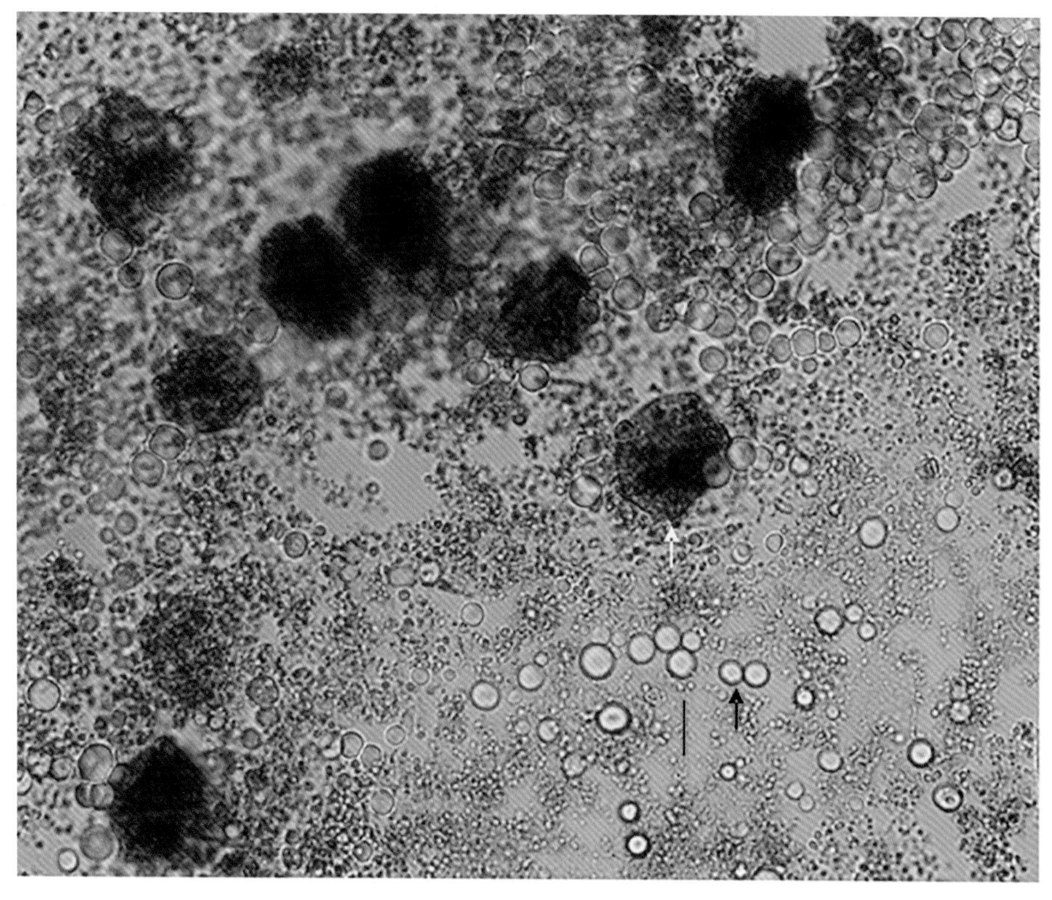

图 6-3　葱兰胚乳中的胚乳核(白箭)、造粉体(黑箭)和糊粉粒(线)

七、柚子成熟花粉涂片

柚子 *Citrus maxima* (Burm) Merr. 是芸香科柑橘属多年生乔木。总状花序，有时兼有腋生单花。花萼不规则，5～3 浅裂；花瓣 4～5，有时 3～6，长 1.5～2.0cm；雄蕊 25～35 枚。花期 4—5 月，果期 9—12 月。

2022 年 5 月，在温州大学南校区 10A 大门前正常生长的柚子植株上取 5 朵刚开放的花，带回实验室备用。

取一张洁净的载玻片，滴上半滴蒸馏水或甘油，将柚子的花药浸泡在其中，用尖嘴镊子轻轻挤压花药，释放出花粉，再用镊子涂抹均匀，盖上盖玻片，镜检。

被子植物的花粉主要有四种类型：单沟型、三沟型、多孔型和三孔型。柚子的花粉极面观为四裂圆形(图 6-4A、B)；赤道面观为椭圆形，可见两条萌发沟(图 6-4C、D)。柚子的花粉属于广义的三沟型。

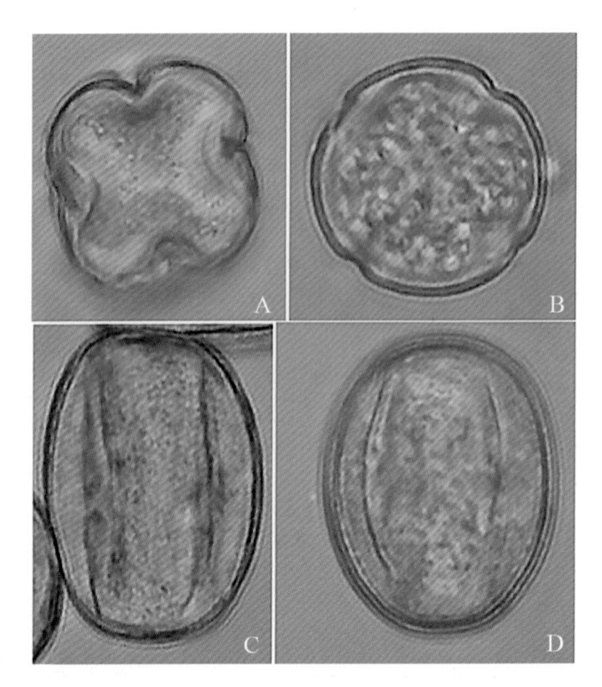

图 6-4 柚子成熟花粉的形态

A. 极面观，四深裂圆形；B. 极面观，四浅裂圆形；C、D. 赤道面观，椭圆形，可见两条萌发沟。A、C 图来自同一花药，B、D 图来自另一花药

柚子花粉在水装片中多为"躺平"状态，呈椭圆形，即绝大多数花粉只能看到其赤道面。用甘油封盖的装片能看到较多的极面。

八、百合花粉母细胞减数分裂涂片

百合 *Lilium brownii* var. *viridulum* Baker 是百合科百合属植物。花单生，两朵并生或几朵排成近伞形；花喇叭形，有香气，乳白色；花被 2 轮，每轮 3 枚。外轮花被片宽 2.0～4.3cm，先端尖；内轮花被片宽 3.4～5.0cm。雄蕊向上弯，花丝长 10～13cm；花药长椭圆形，长 1.1～1.6cm。花期 5—6 月，果期 9—10 月。

制作涂片时，必须掌握花粉母细胞减数分裂期并适时采集花药，否则很难得到好的效果。花粉母细胞减数分裂期通常可根据植物个体发育时器官的形态特征来判断，百合在花蕾长 10～15mm 时是采样的最佳时期。花药的颜色也可作为判断花粉母细胞减数分裂期的参考，一般是花药呈绿色者最为适时。浅绿色、半透明者为时过早，药室内的细胞尚处于造孢组织时期。黄绿色或黄色者为时太晚，药室内的细胞已发育成成熟花粉粒。

(1)取材：根据上述特征选择花粉母细胞减数分裂最盛时进行取材，只需用小镊子取下并剥去花被即可。

(2)固定：浸入 Carnoy 氏固定液内，固定 30min。

(3)浸洗：用 95%酒精换洗一次，再经 90%～50%逐级酒精浸洗，各经 0.5h。

(4)离析:将材料置于 1mol/L 盐酸溶液内,放在 60℃水浴中处理 15min 左右;或用 95%酒精和浓盐酸溶液等量混合液处理 2～10min,使细胞的胞间层水解后细胞易于分离。

(5)浸洗:用 50%酒精浸洗 3～4h,中途换酒精 1 次。

(6)染色:经 Ehrlich 氏苏木精染色 24h,蒸馏水浸洗 2 次,每次 2h。再用 0.1%盐酸酒精分色 1h 左右,用自来水蓝化 24h。

(7)涂片:取出 1 枚花药放在载玻片中央,滴 1 滴蒸馏水,再用解剖针把花药撕裂,压出花粉母细胞并涂抹均匀。弃去花粉囊壁和药隔的残渣,倾去载玻片上的余水,拭净材料以外的水分,在室温下停数分钟使稍干(25℃以上停 3min 左右即可)。

(8)粘固:滴 1 滴 0.5%或 1%火棉胶液于材料上,随即将载玻片斜置,倾去多余的火棉胶液,擦净材料以外的火棉胶。

(9)脱水、透明:材料经 95%酒精、2/3 无水酒精+1/3 氯仿、1/2 无水酒精+1/2 氯仿、1/3 无水酒精+2/3 氯仿、氯仿(两缸)及二甲苯(两缸)脱水及透明,每级 5min。

(10)封固。

结果:细胞内的染色体清晰可数,呈深蓝色。细胞壁界限明显,呈淡蓝色。细胞质近无色。

第三节　装片法举例

一、根霉装片

(1)培养:将新鲜面包(用馒头效果稍差)剥去面包皮,切成每块厚度为 1cm 左右的面包片,平铺一层于大号培养皿内,洒些水(水不要太多,避免面包变烂),盖上玻璃盖子,置于暗处 4～6d,由菌丝和孢子囊组成的根霉随后布满了整个培养皿。

(2)固定:将孢子囊柄呈白色而孢子囊呈灰黑色的根霉连同菌丝用弯头镊疏松地挑出,放入 95%酒精固定 24h 以上。孢子囊呈白色或灰白色为太幼,而孢子囊柄呈黑色为衰老,固定后均能引起收缩,故不要选用。

(3)入 1%曙红染液(80%酒精配制)30min。

(4)经无水酒精、3 级二甲苯脱水与透明,每级 45min。

(5)在双筒显微镜或肉眼观察下,用解剖针或牙签挑选孢子囊老幼合适且具假根的根霉,将其周围的乱菌丝除去,再放入 0.5%冷杉树胶二甲苯稀释液 30min。

(6)将选用的每株根霉用冷杉树胶封片。注意:根霉不能露出树胶接触空气,防止浑浊不透明。

结果：根霉均呈红色。

二、青霉装片

(1)培养：将市售的柚子或橘子用刀削去半层果皮，置于暗处，经 10d 左右，大量青霉出现。

(2)取材、固定：深蓝色青霉已衰老，其孢子极易散落，而白色较幼嫩，孢子尚未生长，这两种都不适用。灰蓝色为老幼合适的青霉，选用较好。取材时，用弯头镊从柚子皮深处略带果皮，一小块一小块地挑入 95%酒精固定并可长期保存。

(3)染色：入 2%固绿染液(用 80%酒精配制)1h。

(4)经 95%酒精、无水酒精、3 级二甲苯脱水与透明，每级 45min。

(5)封片：用解剖针将少量青霉挑在载玻片上，滴加冷杉树胶，加盖玻片封片。

结果：菌丝、孢子梗和孢子呈青蓝色。

三、颤藻装片

颤藻 *Oscillatoria* 是最常见的丝状蓝藻，生命力强，常分布于有机质丰富的湿土表层、排水沟及污水池壁的表面，四季都有生长。大量繁殖时，往往形成较厚的蓝黑色藻层。

(1)取材：2022 年 5 月，在温州大学南校区东大门对面，图书馆前的小河岸边，用铲子铲取少量呈蓝绿色的淤泥表面，放入培养皿，带回实验室。取小块样品置于放有滤纸的培养皿中，保持湿润，光照下培养约 3h，可见样品边缘的滤纸上有深绿色的藻体，即为颤藻。

(2)固定、染色：如果取新鲜材料染色制作临时制片观察，不需经过固定，直接挑取少量藻丝于清洁的载玻片上，滴加 0.1%亚甲蓝水溶液，稍染 2～3min，用水洗去染液，滴 1 滴甘油，盖上盖玻片，镜检。由于细胞的中央体内含有嗜碱性核质而被染为深蓝色，但周质却不能着色。如需制作永久封片，先将藻丝挑于小培养皿或有盖小称量瓶中，用 FAA 液固定，按常规浸洗。然后按铁矾-苏木精法染色，以 0.5%铁明矾水溶液媒染 2h，蒸馏水洗 2 次，约 5min，0.5%苏木精染色 2h，蒸馏水洗 2 次，各 5min。最后回到 0.5%铁明矾水溶液分色。在分色过程中，要随时镜检，中央体区域显示清楚时即转入自来水中。多次换水，浸洗 1～2h，洗净余色，并达到蓝化的效果。

(3)脱水、透明、封固：将已染色的材料，经梯度酒精和无水酒精(两瓶)脱水，再经 TO 型生物制片透明剂透明。最后，挑取少量藻丝置载玻片上，用吸水纸吸去多余的透明剂，滴加树胶，盖上盖玻片。用这种方法制成的装片材料比较透明，细胞结构较为清晰。

教学中也可制作颤藻的临时装片，无须染色，同样可以获得满意的效果(图 6-5)。

四、普通念珠藻(地木耳)装片

普通念珠藻 *Nostoc commune* Vauch. 属于蓝藻门念珠藻科念珠藻属。细胞圆形如念珠，单行连接成丝状。细胞列中有异形胞。体外为胶鞘包围，常组成木耳状胶质团块。多生于潮湿土表、草地或荒漠。

(1)取材：春、夏季的雨后，念珠藻属植物迅速繁殖，在潮湿土表或草地常见藻体的胶质团块。2022 年 5 月，在温州大学南校区操场的东南角，采集雨水泡发的念珠藻胶质团块。

(2)固定：用清水将胶质团块外面的泥沙污物漂洗干净，固定于 FAA 液中 24h。

(3)贴片：将固定的藻体先移入 50%酒精，再入蒸馏水中漂洗，各经 0.5h。用尖头小镊子从藻体上撕离约绿豆大小的薄片材料，置于事先涂有蛋白甘油粘贴剂的载玻片中央，加水压薄，倾去多余水分，然后移入 40℃左右恒温箱中，使其干燥。

(4)染色：将裱贴好材料的载玻片浸入蒸馏水中，经 4%铁矾水溶液媒染 2h，水洗数次，用 0.5%苏木精染 2h，2%铁矾水溶液分色片刻，自来水洗 2h，中途换水多次，直至蓝化。

(5)脱水、透明、封固：经各级酒精脱水，二甲苯透明，每级 5～10min，最后滴树胶封固。

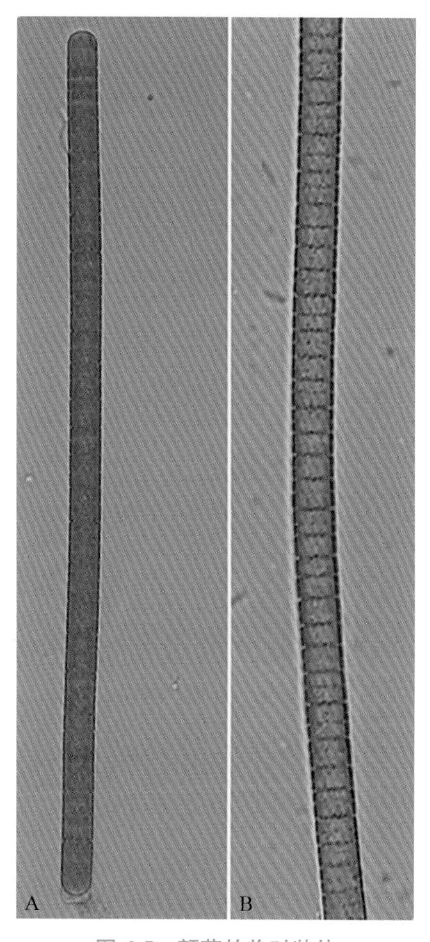

图 6-5　颤藻的临时装片

A. 颤藻的 1 个个体；B. 颤藻丝状体的一部分。可见颤藻是由 1 列扁细胞组成，细胞宽大于长

教学中也可制作临时装片。在载玻片上用锋利的刀片将念珠藻片状体切成 3mm×3mm 大小，滴 1 滴蒸馏水或甘油，盖上盖玻片观察，同样可以获得满意的效果(图 6-6)。

五、团藻、空球藻、实球藻和衣藻装片

(1)取材：这些球状藻来源于池塘、小湖、水田或沟渠，它们大量繁殖能使湖塘呈一潭绿水。采得的标本用玻璃瓶带回，用显微镜鉴别。但采集时，凭肉眼观察，也各有不同：衣藻细小呈鲜绿色；团藻稍大而呈淡绿色，略呈半透明。一般球状藻也可用离心机沉降法收集。

(2)放入 5%甲醛固定 24h。

(3)用蒸馏水洗 3 次，共 1h。

(4)分别用两种不同染色法

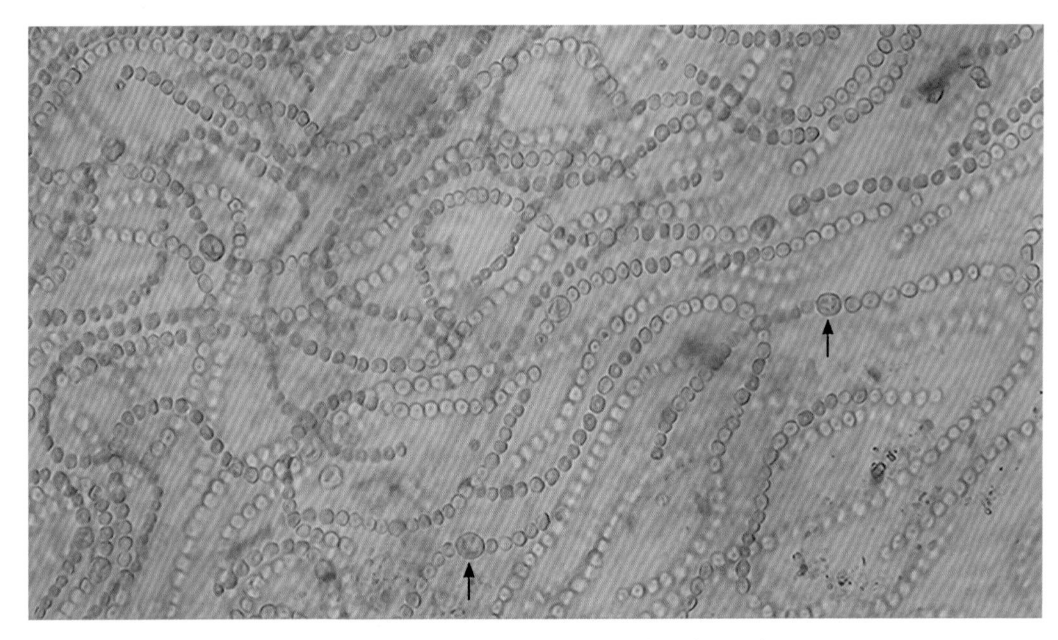

图 6-6　念珠藻装片(箭头指向丝状体中的异形胞)

1)埃利希氏苏木精染色法

①入埃利希氏苏木精染液 1h。

②更换蒸馏水数次,洗去染液余色。

③0.5%盐酸(50%酒精配制)分色。

④用水漂洗 5～6 次,共 0.5h。

⑤经蒸馏水并“上行”10 级酒精、10 级二甲苯(衣藻可按 6 级酒精、4 级二甲苯)脱水与透明。每级 4h。

2)酒精洋红染色法

①由 5%甲醛固定后,经蒸馏水,10%、20%、30%、40%、50%酒精,每级 4h。

②染酒精洋红液 1h。

③用 50%酒精洗涤 2～3 次,除去余色。

④用 0.5%盐酸(50%酒精配制)分色。

⑤再用 50%酒精洗涤 4～5 次,共 2h。

⑥依次经 70%、80%、90%酒精,无水酒精及 5 级二甲苯(衣藻按 3 级二甲苯)脱水与透明,每级 4h。

(5)将两种染法的标本(但标本相同)混合,移入 0.2%冷杉树胶二甲苯稀释液 4h,随后置于 40℃恒温箱蒸发,待树胶浓度合适时用盖玻片封固。

六、水绵装片

水绵 *Spirogyra* 是不分枝的丝状绿藻，属绿藻门、接合藻纲、双星藻科，分布极为广泛，全年均能采到。用手摸藻体有黏滑感。

(1)取材：水绵通常生长于水体清洁、水流缓慢的池沼、湖泊、水沟或稻田中。其营养时期标本全年均可采得，五六月和秋末则较易采得接合生殖时期的标本。

2022 年 5 月，在温州市瓯海区大罗山宝严寺前的小河中，在水流平缓处，可见一些丝状绿藻，用手触摸有黏滑感，即为水绵。用长镊子夹取少量藻体，放入标本瓶，加满水，带回实验室备用。

(2)培养：采回的水绵如果暂时不固定，也可在室内进行培养。培养的容器口要宽敞，用池水培养。置于窗口向光处，但不宜阳光直晒，可经常辅以较强灯光照射。当逐渐减少培养缸中的水分，并在缸外用黑纸遮挡，往往能促使水绵进行接合生殖。

(3)固定：将水绵营养时期及接合时期的丝状体分别放于培养皿中，以清水漂洗数次后，固定于 FAA 液中，固定 24h 以上。

(4)浸洗：以蒸馏水换洗多次。

(5)染色：用 4%铁矾水溶液媒染 2h，水洗 5min，0.5%苏木精液染 2h，然后用 2%铁矾水溶液分色至适度为止。分色之后，用自来水换洗多次。

(6)脱水：经梯度酒精至无水酒精脱水，每级 20min。

(7)复染：复染 0.2%固绿酒精(无水酒精配制)，约 1min。

(8)脱水、透明：经 3 级无水酒精和叔丁醇(或冬青油)混合液，直至纯叔丁醇透明，每级 20～30min。

(9)透胶、封固：将树胶逐滴加入叔丁醇中，直至树胶浓度适宜为止。在树胶内将水绵藻丝适当剪短。然后，挑取少量藻丝于载玻片上，再加胶少许，并用针拨好藻丝的位置，避免相互重叠。经镜检，若材料符合要求，即可盖上盖玻片。

教学中也可制作临时装片，方法是，在载玻片上滴 1 滴蒸馏水或甘油，挑取少量藻丝于载玻片内的水滴或甘油中，盖上盖玻片观察，同样可以获得满意的效果(图 6-7)。

七、轮藻装片(示藏精器和藏卵器)

轮藻 *Chara* 原属于绿藻门，因其植物体具有明显的主干和侧枝，两者都有节和节间，在节上有轮生的小枝；具多细胞结构的藏精器和藏卵器，且有由不育细胞构成的保护壁层；不产生孢子，没有无性生殖等特征，现已独立成 1 门——轮藻门。

轮藻呈黄绿色，在水流缓慢、水体洁净的溪沟、池塘等处容易发现。

(1)取材：取轮藻“茎”分枝，凡是枝上生藏卵器处，常有藏精器生长在一起。封片时需用眼科剪以每分枝为小段，逐一剪取。

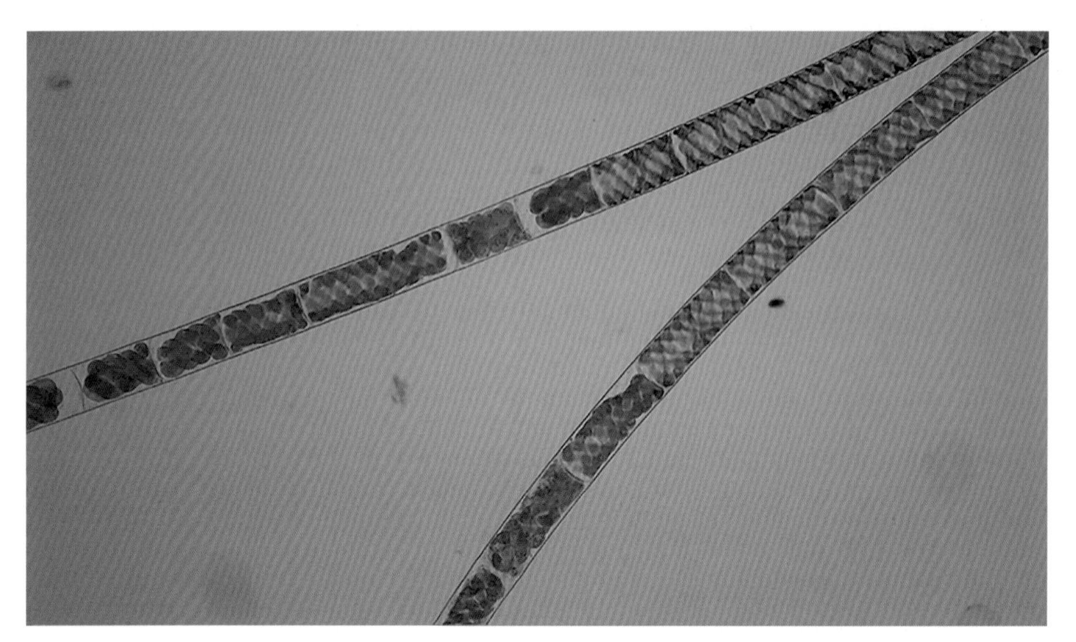

图 6-7 水绵装片
可见丝状藻体细胞内多条螺旋带状的载色体交织成网状

(2)固定:用 5%甲醛或 FAA 液固定 1 周以上。

(3)用蒸馏水洗 2 次,共 30min。

(4)用海氏苏木精染液染色。

(5)脱水、透明、封片。在 80%酒精以后,需复染 0.2%固绿。

轮藻的藏卵器位于藏精器之上,冠细胞 5 个排成 1 列。

与轮藻属极易混淆的丽藻属 *Nitella* 藏卵器位于藏精器之下,冠细胞 10 个排成 2 列。

八、硅藻多种装片

硅藻的细胞壁是由两个套合的硅质半片组成(上壳和下壳);上下壳的正面叫壳面,细胞的侧面叫环带面。凡壳面观呈圆形、辐射对称,壳面上花纹呈辐射状排列的,都属于中心硅藻纲。凡壳面观呈长形或舟形,壳面上花纹排列成两侧对称的,都属于羽纹硅藻纲。

(1)取材:硅藻生长在淡水或海水中,种类多,各种形态的硅藻种类常常混生在一起,常附于其他水生植物上,呈一层灰白色黏滑物质。采集时可用丝织网捞起,放广口瓶中。

(2)固定:往广口瓶中倒入 5%甲醛或 FAA 固定液。硅藻可在此液长期保存。

(3)清洗:将大量硅藻移入试管中,加少量盐酸,使附于硅藻上的杂质和污物分解脱落。此时若有气泡外逸,则证明有石灰质等化合物存在。浸1～2d,更换蒸馏水数次,用离心机沉淀,使标本洁净。如果采集的硅藻较纯净,可省略此程序。

(4)脱水与透明:依次经5级酒精、2级丁香油,每级30min。

(5)用解剖针在双筒解剖镜下挑选硅藻,贴于具有粘贴液的载玻片上。

(6)置于45℃恒温箱中烘干。

(7)用冷杉树胶封片。

九、蕨类孢子囊装片

蕨类植物的孢子囊是系统分类的重要依据之一。例如,莲座蕨属等原始蕨类的孢子囊粗短、无柄、囊壁厚而由多层细胞构成;膜蕨属等较进化类群的孢子囊形体较小,有短柄,囊壁薄,且有斜行而不中断的环带;蕨属、水龙骨属等最进化类群的孢子囊形体细小,有长柄,囊壁由一层细胞构成,并有纵行而下部中断的环带。

(1)取材与固定:取材应在孢子囊成熟、颜色已由灰褐色转为淡棕褐色时,选取孢子囊群最佳的孢子叶,切成3cm长的小段,浸入FAA液固定1d。

(2)染色:用水洗净固定液,经1%番红染色50min。

(3)脱水:用梯度酒精和无水酒精脱水,每级5min。在无水酒精中停留两级,每级5min。

(4)复染:用0.2%固绿(无水酒精配制)复染10s。

(5)分色与透明:在无水酒精中停留两级以褪去多余的颜色,每级5s。用二甲苯透明。

(6)镜检与封固:用体视显微镜观察,以解剖针或刀尖剔下完整的孢子囊,移置于载玻片中央,滴以树胶,加盖玻片封固。

结果:孢子囊结构完整、清晰,环带棕褐色,孢子紫红色或黄褐色,其余部分蓝绿色。

十、洋葱肉质鳞叶表皮临时装片

洋葱 *Allium cepa* L. 是百合科葱属二年生草本植物。叶有二型,营养叶管状中空;贮藏叶肉质,集生于鳞茎盘上,形成扁球形,俗称洋葱头。

取洋葱肉质鳞叶,用刀片在鳞叶内表皮划一3mm×3mm小格,用镊子撕一下薄膜状内表皮,制成临时水封片。用I-KI染色,将染液滴在盖玻片的一侧,在另一侧用吸水纸将染液吸入,这样可把染液引入载玻片内,待洋葱表皮被染成淡黄色时,可在显微镜下进行观察。

先在低倍镜下观察洋葱表皮细胞的形态和排列情况,然后选择一个比较清楚的区域,换高倍镜观察,注意以下几部分。

细胞壁：可见到一些较薄的部位，形成相对的凹陷，即初生纹孔场（图 6-8，箭头所示）。初生纹孔场是胞间连丝穿过的地方。

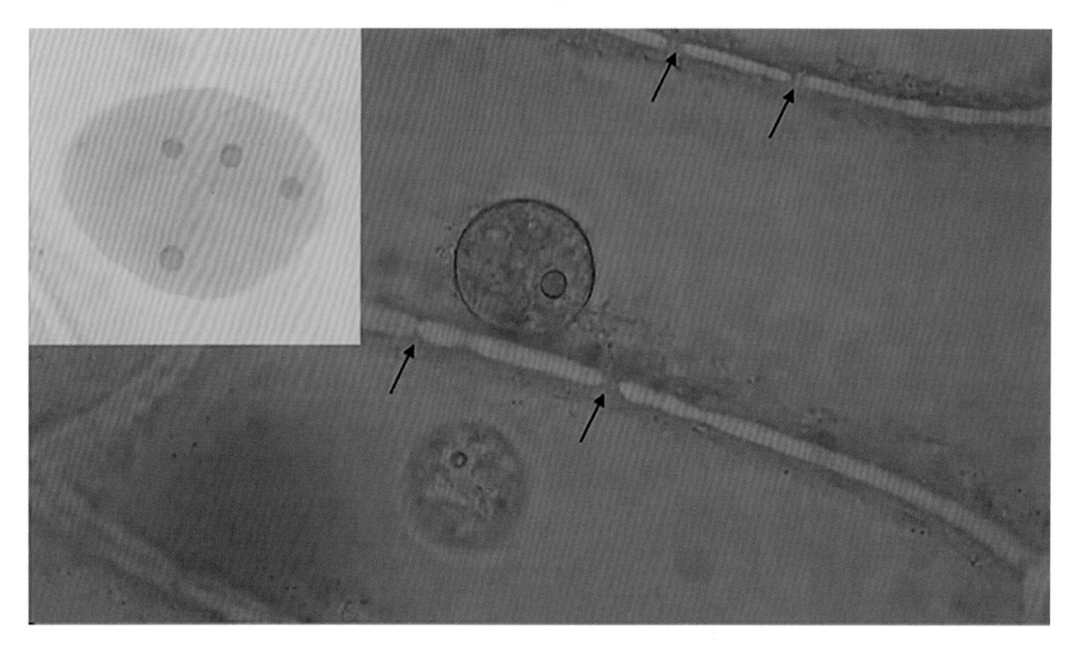

图 6-8　洋葱鳞叶表皮装片

示细胞核及其核仁（左上角插图示具 4 个核仁的细胞核）。箭头指向细胞壁上的初生纹孔场

细胞核：圆形或卵圆形球状体，内有明亮的小球体——核仁。有些细胞核可观察到 4 个核仁（图 6-8 插图）。

细胞质：位于细胞核以外，紧贴细胞壁内侧无色透明的胶状物质。

液泡：位于细胞的中央部分，为大液泡，占细胞体积的 95％以上。

十一、蚕豆叶下表皮永久装片

制作叶表皮装片是为了获得细胞形状（不规则形还是多边形）、细胞壁式样（波浪形还是平直）和气孔器类型等形态学指标。蚕豆 *Vicia faba* L. 是制作叶表皮装片的经典材料。

蚕豆是豆科野豌豆属一二年生草本植物，株高 30～180cm。蚕豆叶的上表皮几乎没有气孔。制片前，先正确区分上下表皮，颜色较深且主脉凹陷的是上表皮，颜色较浅且主脉凸出的是下表皮。蚕豆叶下表皮细胞之间的气孔器较多，是双子叶植物显示气孔的典型材料。

（1）取样：春夏季节，到蚕豆植株生长旺盛的农田，选取无病虫害、充分伸展的健康叶片，放入清水中漂洗干净，带回实验室保存备用。

（2）取材：用锋利的双面刀片在叶片上划出 3mm×3mm 小块，再用尖嘴镊小心撕取叶表皮，置于洁净的载玻片上。

（3）染色：经番红染色（滴染），染 2～5min。

(4)脱水与褪色：自 30%酒精开始，逐步增加酒精的浓度，每 2min 增加一次酒精浓度，直至无水酒精。一定要逐步增加酒精浓度，否则会引起气孔器收缩，使气孔变小或关闭。

(5)透明：经无水酒精和 TO 型生物制片透明剂(1∶1)混合液和纯 TO 透明剂，每级中浸 2min 左右。

(6)封固：经镜检合格，即滴上树胶并盖上盖玻片。

结果：可见表皮细胞呈不规则形，细胞壁呈波浪形。表皮细胞与气孔结构均清晰。细胞壁和细胞核呈深红色，细胞质颜色较浅。褪色适当，材料各部分对比鲜明。由于脱水适当，保卫细胞饱满(图 6-9)。

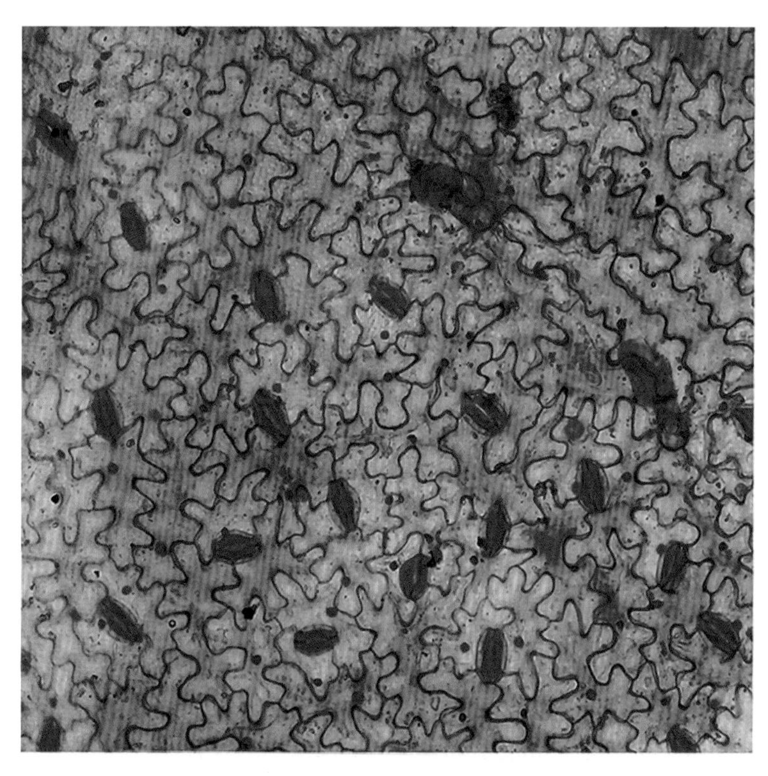

图 6-9　蚕豆叶下表皮装片

(7)实验中常见问题分析：酒精兼有脱水和褪色双重作用。掌握好酒精脱水的时间和“度”是本实验成败的关键。酒精脱水时间过短或无水酒精里含水，就会脱水不尽，产生水泡；同时褪色不够，材料各部分没有形成鲜明的对比，不利于在显微镜下观察。酒精脱水时间过长，可能引起叶表皮皱缩；同时褪色过度，染色失败。将酒精配制成一个浓度梯度来使用，是为了避免由于脱水过快、过猛引起的叶表皮皱缩、气孔器收缩、气孔变小或关闭等情况。

蚕豆叶表皮永久装片的制片问题及其改进措施见表 6-1。

表 6-1　蚕豆叶表皮永久装片的制片问题及其改进措施(敖成齐等,2023)。

制片问题	可能的原因	改进措施
产生水泡	脱水不尽	用两级无水酒精脱水,第二级无水酒精事先经无水硫酸铜吸水处理
叶表皮皱缩	脱水过快、过猛或在无水酒精中放置过久	经梯度酒精逐级脱水,循序渐进。材料经脱水后宜快速封片
材料未染上色	褪色过度,染色失败	每级酒精脱水时间都应大幅缩短
保卫细胞收缩且材料各部分对比不够鲜明	保卫细胞收缩是因为脱水过度;材料各部分对比不够鲜明是因为褪色过度	每级酒精脱水时间都应适当缩短
照片有些地方清晰,有些地方不清晰	叶表皮未展平	染色时,用解剖针将叶表皮在载玻片上轻轻展平
有些部位染色-褪色不均匀且有沉淀出现	固体染色剂未充分均匀溶解	配制番红染液时应反复摇匀,且经过过滤处理

十二、长寿花叶表皮永久装片

气孔器(stomatal apparatus)又叫气孔复合体(stomatal complex),由气孔(stoma)和副卫细胞(subsidiary cell)共同组成;而气孔是由孔口(pore)和一对保卫细胞(a pair of guard cell)共同组成的(敖成齐等,2008;敖成齐等,2023;陆时万等,1991)。气孔器类型是根据副卫细胞的数目、大小和排列关系来确定的(Prabhakar, 2004)。蚕豆的气孔周围没有副卫细胞,属于“不正常细胞型”(anomocytic)(anomo 意思是“不正常”,cytic 意思是“细胞的”)(敖成齐等,2023)。所以,严格意义上说,蚕豆没有气孔器而只有气孔,或称作没有副卫细胞的气孔器。蚕豆气孔周围没有副卫细胞,表皮细胞无规则地出现在气孔的周围,所以蚕豆的气孔器又称作无规则型。

蚕豆因材料容易获得和叶表皮容易撕取等优点,一向是植物学实验教学中观察气孔的经典材料。但正如上文所说,蚕豆的叶表皮没有副卫细胞,普通表皮细胞无规则地出现在保卫细胞周围。因此,蚕豆不是解释气孔器定义的理想材料。

长寿花 *Kalanchoe blossfeldiana* 又叫矮生伽蓝菜、圣诞伽蓝菜、寿星花,是景天科一年生多肉植物,常作为礼品馈赠亲朋好友或节日装饰花卉,在一般的苗圃或花卉市场均可买到。长寿花的叶肉质,交互对生,椭圆状长圆形,深绿色有光泽,边略带红色。其上下表皮均有较多的气孔器,且叶表皮撕取十分容易。

(1)材料:2007 年 4 月,在温州市景山花卉市场购买生长良好的长寿花植株,带回实验室盆栽备用。

(2)取样:先用双面刀片在叶片上划出 3mm×3mm 小块,用尖嘴镊小心撕取叶表皮,置于洁净的载玻片上。

(3)染色:经番红染色(滴染),染2～5min。

(4)脱水与褪色:自30%酒精开始,逐步增加酒精的浓度,每3min增加一次酒精的浓度,直至无水酒精。

(5)透明:经无水酒精∶二甲苯(1∶1)混合液和纯二甲苯,每级中浸2min左右。

(6)封固:经镜检合格,即滴上树胶并盖上盖玻片。

结果显示,由孔口和2个保卫细胞构成气孔。气孔周围围绕着3个副卫细胞,其中1个显著较另外两个大(图6-10)。长寿花的气孔器为不等细胞型或简称不等型(敖成齐等,2008)。

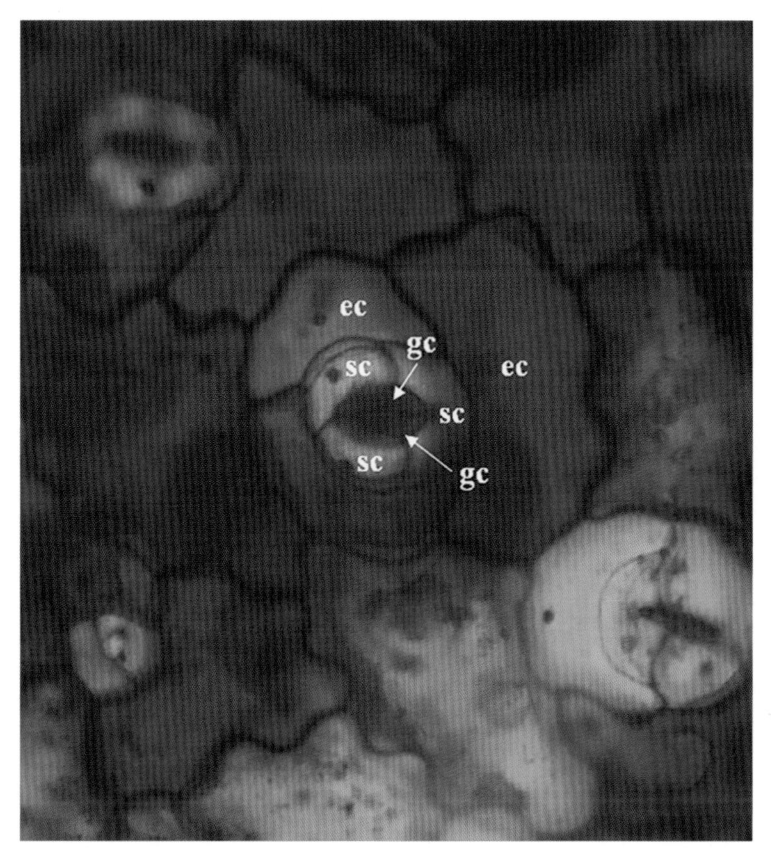

图6-10　长寿花的叶表皮装片(示气孔器)
ec: epidermal cell,表皮细胞;gc: guard cell,保卫细胞;sc: subsidiary cell,副卫细胞

十三、山茶属植物叶表皮永久装片

山茶属 *Camellia* 是山茶科的1个较大的属,约20组,共280种,分布于东亚北回归线两侧。我国有238种,以云南、广西、广东及四川较多。山茶属为常绿灌木或乔木,叶多为革质。常规的次氯酸钠离析法制作叶表皮装片效果较差,作者采用铬酸离析法,获

得较好的制片效果。

(1)取样:作者于 1999 年 11 月在中山大学植物标本馆(SYS)馆藏的腊叶标本上取健康叶片,记录种名、采集人、采集号、产地等信息(表 6-2),带回实验室保存备用。大白山茶 *Camellia albogigas* 和大苞山茶 *Camellia granthamiana* 直接从中山大学茶园的生活植株上采集叶。在叶主脉的两侧,用锋利的剪刀剪取 1cm×1cm 小块,放入 FAA 液中固定保存。实验前用梯度酒精复水备用。

表 6-2 叶片材料来源

种名	采集人与采集号	产地
普洱茶 *Camellia assamica*	张宏达 6313	英德茶厂
绿萼连蕊茶 *Camellia viridicalyx*	梁 7801134	广西
超长柄茶 *Camellia longissima*	叶创兴 20	广西龙州
川滇连蕊茶 *Camellia tsaii* var *synaptica*	张宏达峨眉山 5542	四川
金屏连蕊茶 *Camellia tsingpienensis*	曾 17053	云南
披针叶连蕊茶 *Camellia lancilimba*	广西农学院 780173	广西

(2)水煮和离析:从腊叶标本上取下的叶片,先用手术剪在叶片主脉的两侧剪下 1cm×1cm 小块,与经 FAA 液固定的叶一起,放 100℃沸水中煮 1～2h,再放入 1%铬酸溶液中离析过夜(常温)。捞出后,用自来水清洗 3 次。其间反复镜检,离析时间要恰到好处,太短则叶表皮难以剥离,太长则叶肉细胞与叶表皮一起破碎。区分叶的上、下表皮,颜色较浅且主脉凸出的是下表皮。用尖嘴镊小心撕取叶下表皮,置于洁净的载玻片上。

(3)染色:经番红染色(滴染),染 2～5min。

(4)脱水与褪色:自 30%酒精开始,逐步增加酒精浓度,每 3min 增加一次酒精的浓度,直至无水酒精。

(5)透明:经无水酒精∶二甲苯(1∶1)和纯二甲苯,每级中浸 2min 左右。

(6)封固:经镜检合格,即滴上树胶并盖上盖玻片。

结果:可见表皮细胞呈不规则形,细胞壁大多呈浅波状。表皮细胞与气孔结构均清晰。褪色适当,材料各部分对比鲜明。由于脱水适当,保卫细胞饱满(图 6-11),并且可见棒状角质入侵(图 6-11B)、气孔簇(图 6-11E)、败育气孔(图 6-11G)等特殊结构(Ao et al.,2007)。

十四、红辣椒果实表皮装片(示初生纹孔场)

(1)材料:2021 年 10 月,在温州市瓯海区茶山多祥来超市购买红辣椒(朝天椒)新鲜果实若干。

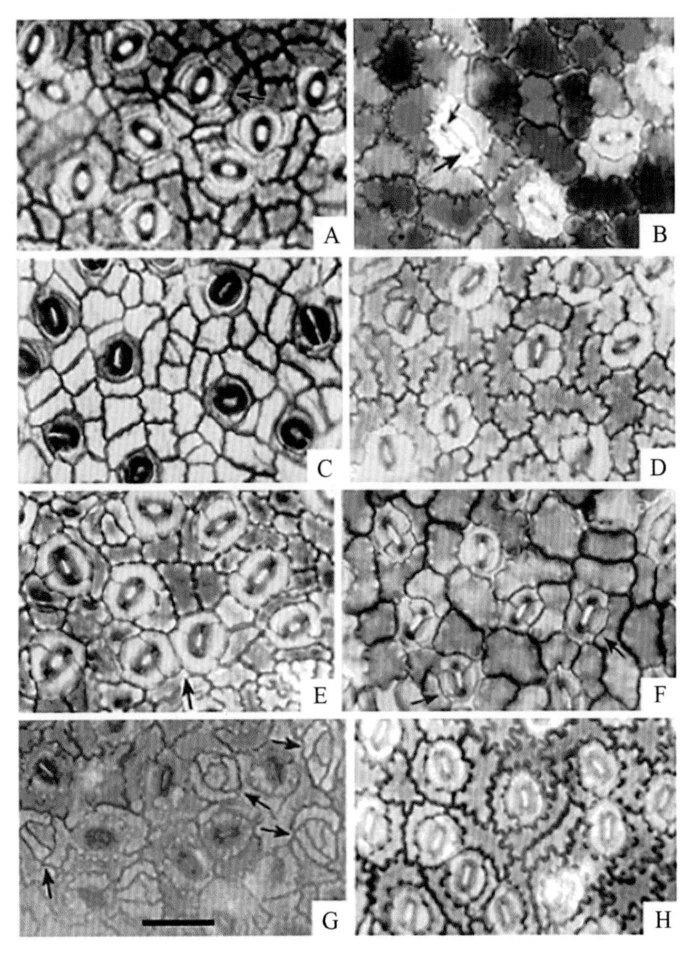

图 6-11　山茶属的叶表皮装片

A. 普洱茶；B. 绿萼连蕊茶；C. 超长柄茶；D. 川滇连蕊茶；E. 金屏连蕊茶；F. 披针叶连蕊茶；G. 大白山茶；H. 大苞山茶。可见四细胞型气孔器（A，箭头所指）、棒状角质入侵（B，箭头所指）、气孔簇（E，箭头所指）、不等型气孔器（F，箭头所指）和败育气孔（G，箭头所指）。标尺＝50μm

(2)取样：取一块红辣椒果皮，将表皮向下放在载玻片上，左手用镊子压住材料，右手用单面刀片刮去果肉细胞，仅剩下一薄层。

(3)水装片：将留下的果皮切成 3mm×3mm 小块，滴上 1 滴蒸馏水，制成临时装片，在低倍镜下找一清晰的区域，换高倍镜观察细胞壁，可见到一些较薄的部位，形成相对的凹陷，即初生纹孔场（图 6-12，箭头所指）。初生纹孔场是胞间连丝穿过的地方。

十五、山茶属成熟花粉的永久装片

1999 年 11 月，在中山大学植物标本馆(SYS)馆藏的腊叶标本上各取 3～5 个成熟花药，放在小指管里，贴上标签，记录种名、采集人、采集号、产地等信息(表 6-3)，带回实验室保存备用。尖连蕊茶 *Camellia cuspidata* 直接从中山大学茶园的生活植株上采集花药。

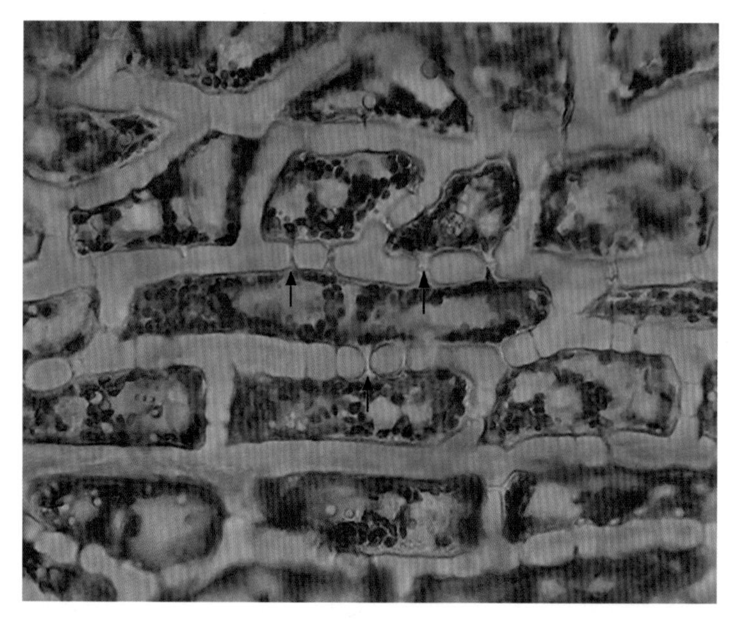

图 6-12　红辣椒果皮上的初生纹孔场(箭头所指)

表 6-3　花粉材料来源

种名	采集人与采集号	产地
金茶花 *Camellia nitidissima*	谢永泉 s. n.	广西
油茶 *Camellia oleifera*	曾怀德 17006	不详
长尾毛蕊茶 *Camellia caudata*	莫泽乾 99	广东南昆山

实验时,先用冰醋酸将花药浸软,用 50%酒精清洗 3 次。用尖嘴镊夹住花药,放在洁净的凹玻片(单凹玻片)上,于解剖镜下将花药打开,滴 95%酒精将花粉洗出。滴预先配制好的分解液(醋酸酐 9 份和浓硫酸 1 份),于室温下或 50℃恒温箱里放置 5min(具体温度和时间因花粉种类而异),反复镜检。对一些较难分解的花粉,可重复上述过程。花粉分解好后,用梯度酒精清洗,每次清洗后,将凹玻片静置 2min,用吸管吸去上清液,最后用中性树胶封片。

结果显示,山茶属花粉是三沟型,极面观呈三裂圆形,赤道面观呈椭圆形(图 6-13)。花粉外壁厚度为 1.25～2.75μm(敖成齐,2004)。

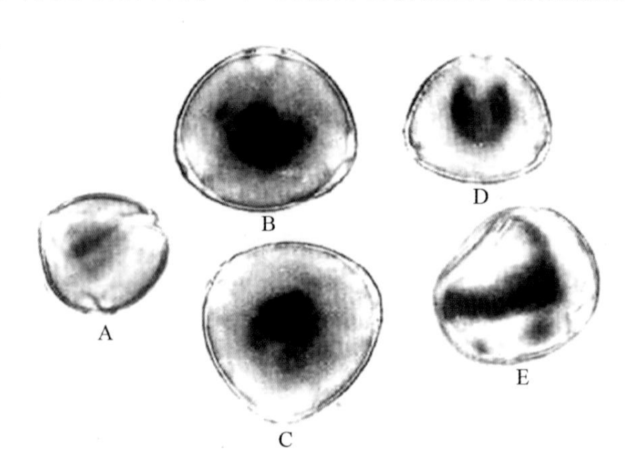

图 6-13　山茶属植物的花粉形态

A. 金茶花;B、C. 尖连蕊茶;D. 油茶;E. 长尾毛蕊茶。A～D:极面观,E:赤道面观

第四节　压片法举例

一、洋葱根尖细胞的压片(观察细胞的有丝分裂)

(1)材料:2021 年 10 月在温州市瓯海区茶山多祥来超市购得洋葱头 20 只,水培发根。待根长至 1cm 时,将根整个剪下,立即放入卡诺固定液,即无水酒精∶冰醋酸＝3∶1 溶液。固定 2h 后转 70%酒精保存。

(2)解离:将根尖用自来水清洗两次,每次 1min,然后放入盛有 20ml 1mol/L 盐酸的小烧杯中,于 60℃水浴锅中放置 3～5min。注意时间不能太久,否则会引起细胞"膨化"现象。

(3)取样:将根尖从盐酸解离液中取出,用自来水清洗两次,每次 1min。然后放在洁净的载玻片上,用锋利的刀片切除根冠,再从分生区切取一小块组织(几十个至上百个细胞)。

(4)染色:滴上 1 滴卡宝品红染液。

(5)压片:盖上盖玻片,然后轻轻挤压盖玻片,使材料成一薄层。注意垂直用力,用力均匀,不可过猛。

(6)镜检:将制好的片子于显微镜下观察,可看到处在间期和各个分裂期的细胞(图 6-14)。

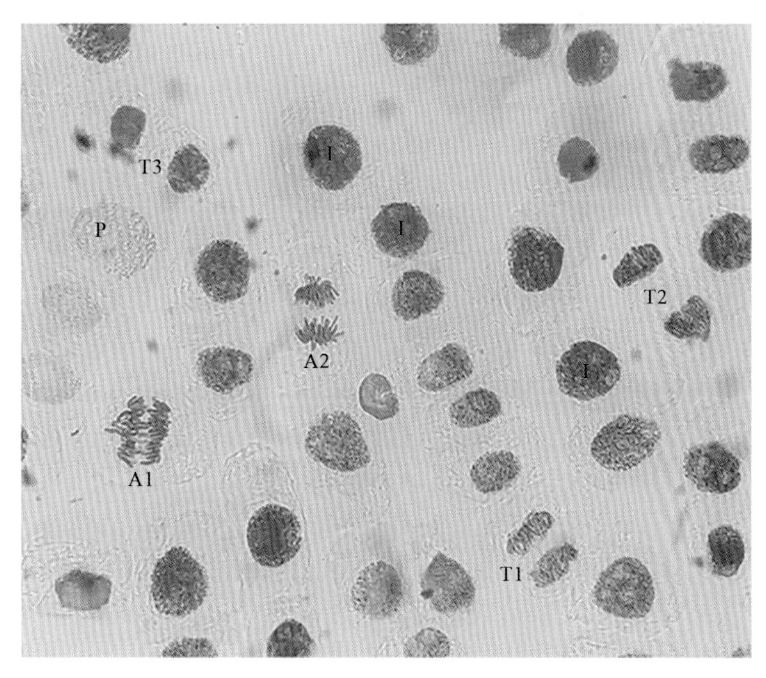

图 6-14　洋葱根尖细胞有丝分裂的各个时期

I:interphase,间期;P:prophase,前期;A:anaphase,后期,A1 是后期早,A2 是后期晚;T:telophase,末期,T1 是末期早,T2 是末期中,T3 是末期晚

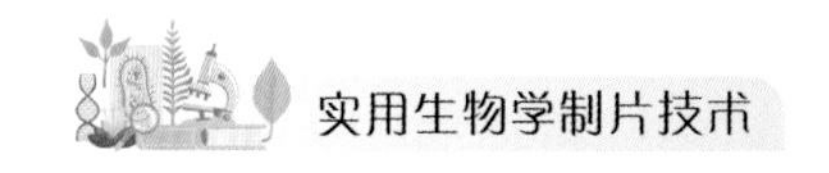

二、青甘韭根尖细胞的压片(染色体计数)

青甘韭 *Allium przewalskianum* Regel 是葱科葱属根茎组多年生草本植物，广泛分布于中国西部(云南、西藏、四川、山西、宁夏、甘肃、青海和新疆)以及印度和尼泊尔等地海拔 2000～4800m 的干旱山坡、石缝、沙土或草坡。

2005 年 7 月，选择位于青海省的两个青甘韭居群，即玉树居群(N33°00.20′ E097°09.00′,3610m)和青海湖居群(N36°33.16′ E100°43.76′,3210m)，直接取生活植株的根尖，放入 0.002% 8-羟基喹啉：0.05%秋水仙素＝1：1(体积比)的溶液中预处理 2h，然后放入卡诺固定液[即无水酒精：冰醋酸＝3：1(体积比)的溶液]中固定 1h，再转到 70%酒精中保存，带回实验室备用。实验时，根尖用 1mol/L 盐酸于 60℃恒温水浴中离析 3min，蒸馏水清洗 1min，然后置于洁净的载玻片上，用锋利的双面刀切下分生组织，用石炭酸品红溶液染色并压片。注意垂直用力，用力均匀，使染色体尽可能分散开。

结果显示，玉树居群是四倍体 $2n=4x=32$(图 6-15A)，青海湖居群是二倍体 $2n=2x=16$(图 6-15B)(Ao,2008a)。

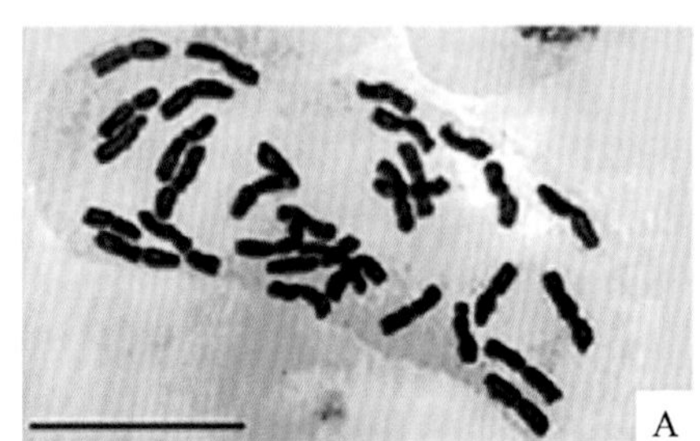

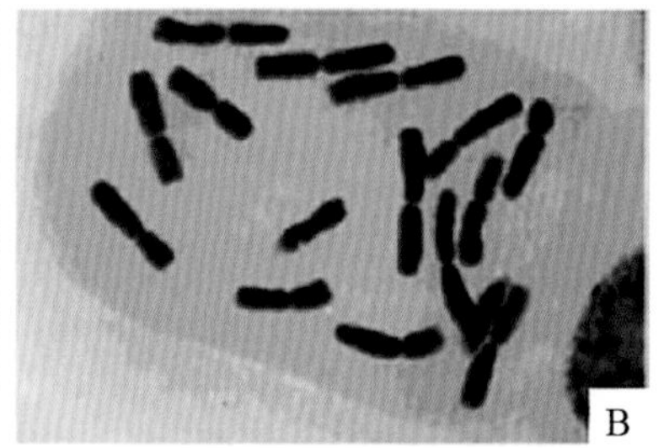

图 6-15　青甘韭根尖细胞有丝分裂中期的染色体形态

A. 玉树居群，四倍体 $2n=4x=32$；B. 青海湖居群，二倍体 $2n=2x=16$。标尺＝10μm

第五节　离析法举例

玉兰导管离析装片

玉兰 *Magnolia denudate* Desr. 是木兰科木兰属落叶乔木，分布于中国中部及西南地区，现世界各地均已引种栽培。玉兰花白色，大型、芳香，先叶开放，是中国著名的园林树种，也是北方早春重要的观花树木。

(1)取材：2022 年 6 月，在温州大学南校区校园内选取一株自然生长的玉兰，用枝剪剪取一根两年生枝条，切成2cm左右的小段带回实验室，在60℃恒温箱中烘干备用。

（2）离析：实验时，先将玉兰枝条小段剥去树皮，再用单面刀将木质部纵切成薄片，用铬酸-硝酸离析液（Jeffrey氏液）离析，溶液容量为材料的15倍。材料浸入离析液后，将容器盖好，置于45℃恒温箱内离析3d。

（3）镜检：用牙签挑取少许材料，放清水中浸洗片刻，置于载玻片中央，盖上盖玻片，以橡皮擦轻轻敲打盖玻片使材料离散。如材料已经离散，则表明离析时间已够，即可进行下一步骤。

（4）浸洗：材料用清水浸洗1h。

（5）染色：用5%番红水溶液染色1h。

（6）浸洗：蒸馏水内浸洗5min，洗去材料上多余的染液。

（7）脱水、透明、装片、封固：按常规进行。

结果可见大量的梯纹导管，其端壁上的穿孔清晰可见（图6-16）。

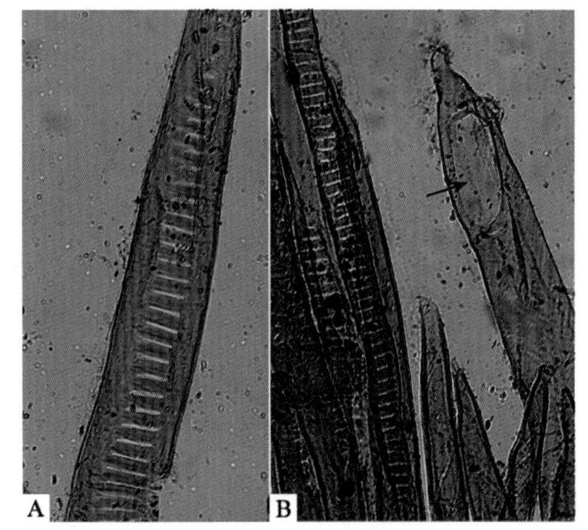

图6-16　玉兰导管装片
A. 梯纹导管；B. 导管分子端壁上的穿孔（箭头所指）

第六节　徒手切片举例

一、空心莲子草茎的横切片

空心莲子草又叫喜旱莲子草 *Alternanthera philoxeroides*（Mart.）Griseb.，是苋科莲子草属多年生草本植物。茎基部匍匐，管状。叶片矩圆形、矩圆状倒卵形或倒卵状披针形，顶端急尖或圆钝，具短尖，基部渐狭。原产巴西，中国引种于北京、江苏、浙江、江西、湖南、福建，后逸为野生，生在池沼、水沟内。2002年11月4日该种被中华人民共和国国家环境保护总局（现为生态环境部）列入中国外来入侵物种名单。

空心莲子草是校园常见杂草，茎中空，节上常可见不定根。

（1）取样：2018年4月，在温州大学南校区采集自然生长的空心莲子草植株，带回实验室备用。

（2）切片：先准备好一个培养皿，盛好清水，同时准备好显微镜、载玻片、盖玻片、刀片、尖嘴镊子、卷纸、1%番红染液等用品，然后取一段茎进行切片。连续切数片后，将切下的薄片轻轻移入盛水的培养皿中备用。

（3）装片：挑选薄而透明的切片，放在载玻片上的水滴中，滴加1%番红染液进行染色，盖上盖玻片制成临时装片进行观察。

结果显示，空心莲子草的茎包括表皮、皮层和维管柱三部分；维管柱包括维管束（图中圆圈所示）、中空的髓和宽阔的髓射线；由束间形成层和束中形成层共同组成形成层环（图 6-17）。

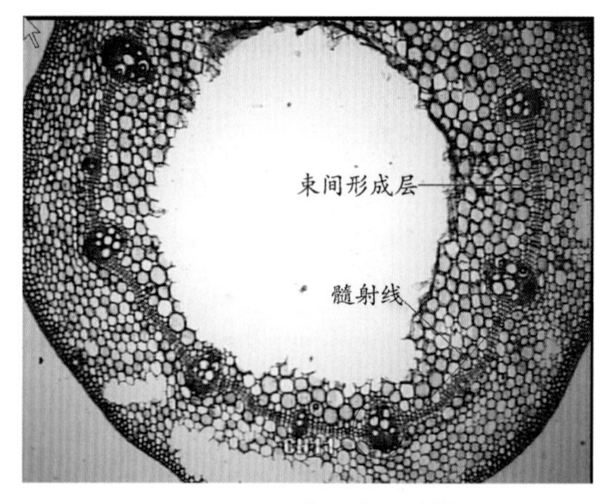

图 6-17　空心莲子草茎的横切
红色圆圈表示一个维管束

二、西芹叶柄的横切片

西芹 *Apium graveolens* Linn 又称洋芹，伞形科一年生草本植物，是从欧洲引进的芹菜品种。叶柄宽厚，实心，是观察厚角组织的好材料。

(1)取样：2015 年 4 月，从温州市瓯海区茶山农贸市场购买新鲜材料保存备用。

(2)切片：先准备好一个培养皿，盛好清水，同时准备好显微镜、载玻片、盖玻片、刀片、尖嘴镊、卷纸、1％番红染液等用品。取一段叶柄进行横切，将切下的薄片轻轻移入盛水的培养皿中备用。

(3)装片：挑选薄而透明的切片，放在载玻片上，滴加番红染液，加上盖玻片制成临时装片进行观察。

结果显示，原生质体被染成深红色，细胞壁被染成浅红色。因为细胞壁是不均匀增厚的，所以可以确定此处的细胞壁为初生壁，被观察的组织为厚角组织（图 6-18）。

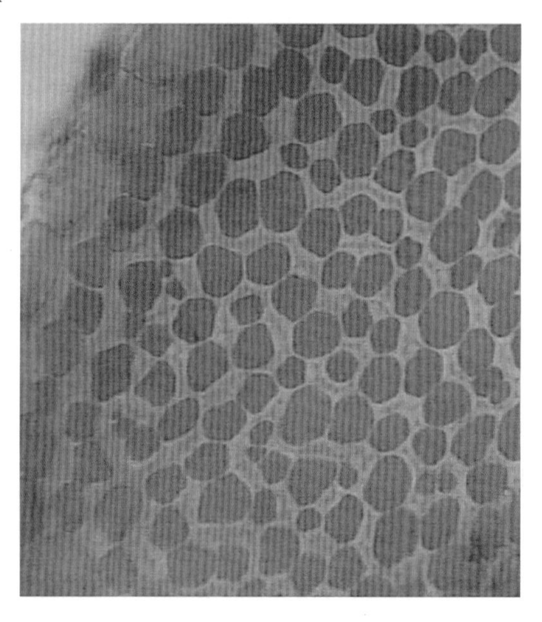
图 6-18　西芹叶柄的横切

三、柿胚乳胞间连丝制片

胞间连丝(plasmodesmata)是穿过相邻细胞的胞间层和初生壁的原生质丝。一般植物组织制片在普通光学显微镜下很难观察到它们的存在。柿胚乳组织是观察胞间连丝的好材料。

柿胚乳是一种具有生活原生质体的特殊薄壁组织——贮藏组织。组成它的薄壁细胞是将贮藏的营养物质——半纤维素沉积在细胞壁上，使其初生壁加厚。

取柿种子剥去种皮，将胚乳切成薄片。材料经 50％、70％、85％、95％酒精、无水酒精、1∶1 乙醚无水酒精、乙醚、无水酒精、95％、85％、70％、50％酒精、蒸馏水去油脂。每级中停留 2h，但在乙醚中应多浸一些时间，而且应换一两次乙醚，这样使油脂彻底脱去。

将切片置于载玻片上，加 1 滴 I-KI 溶液，盖上盖玻片。染色数分钟，待切片染成淡黄色时，再在盖玻片边缘滴 1 滴稀硫酸溶液，使切片着色较深。然后，在盖玻片边缘加 1 滴甲基蓝液染色 3min，至切片呈蓝色为止。去掉盖玻片，用滴管吸蒸馏水冲洗材料。

脱水、透明、封固按常规进行。

在显微镜下观察，可看到细胞壁呈蓝色，在较厚的初生细胞壁上可见到横贯细胞壁的细丝，这就是胞间连丝。

第七节　石蜡切片举例

一、羊栖菜叶横切片

羊栖菜 *Hizikia fusifarme* 是褐藻门马尾藻科大型藻类。藻体直立，多分枝，黄棕色，肥厚多汁。藻体可分为固着器、主干、叶片三部分。固着器由若干圆柱形假根组成。主干圆柱形，四周互生侧枝和叶。叶形多变，苗基部有 2～3 片初生叶，扁平；茎生叶多为狭倒披针形，长 20～30mm，宽 2～4mm，边缘略呈波状。

羊栖菜是暖温带至亚热带性海藻，主要生长在太平洋西北部。在中国沿海，北自辽东半岛，南到广东雷州半岛都有羊栖菜的分布。日本和朝鲜沿岸也有羊栖菜分布。20 世纪 90 年代后，浙江沿海大规模栽培，温州大学还成立了专门的羊栖菜研究所。羊栖菜含有人体所需的 18 种重要氨基酸（包括 8 种人体不能合成的必需氨基酸）以及 14 种重要微量元素，具有较高的营养保健价值。

（1）取材与固定：一年四季均可采样。取材时，用锋利剪刀将叶剪下，投入 5％甲醛或 FAA 液固定 12h 以上。

（2）清洗：用蒸馏水洗涤两次，每次 15min。

（3）染色：入 1％番红水溶液 30min。

（4）脱水和透明："上行"6 级酒精逐步脱水，两级二甲苯透明，每级 15min。

（5）渗透：三级石蜡渗透，每级 1h。

（6）包埋：常规石蜡包埋。

（7）切片：厚度 7～10μm。

（8）黏附：蛋清甘油（体积比为 1∶1）粘片，于 47℃恒温箱中烤干 24h 以上。

（9）除蜡和过渡：由二甲苯脱蜡，经等量二甲苯与无水酒精混合液过渡，每级 5min。

（10）复染：用 1％固绿（用无水酒精配制）染液复染 2～5s。

（11）分色和透明：依次经无水酒精分色和两级二甲苯透明，每级 3s。

(12)封固:用冷杉树胶封片。

也可在第 9 步二甲苯除蜡后,直接用冷杉树胶封片(单染)。

结果显示,羊栖菜叶有发达的薄壁组织和细胞间隙(图 6-19)。

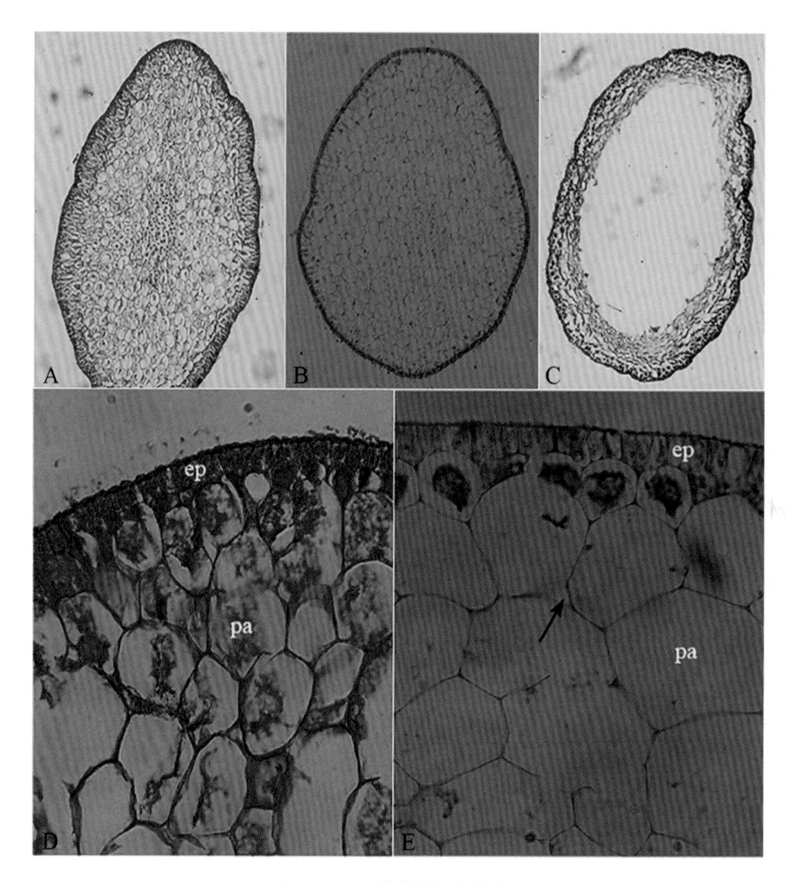

图 6-19 羊栖菜叶横切

A、B. 叶横切;C. 气囊(特化叶)横切;D、E. 叶横切的局部放大,示表皮和薄壁组织。箭头指向细胞间隙。A、D. 番红单染效果;B、C、E. 番红-固绿对染效果。ep:epidermis,表皮;pa:parenchyma,薄壁组织

二、地衣切片

(1)取材:潮湿树皮上的地衣较易获取,制片效果好。生长于坚硬岩石上的地衣较干,不易刮取,故不适用。

(2)固定:先将地衣在清水中浸泡 1~2h,轻轻将基部的沙土、杂质洗去,浸入 FAA 固定液 24h 以上。

(3)依次经 50%、70%、80%、90%酒精、无水酒精、3 级二甲苯脱水与透明,每级 1h。

(4)用 4 级石蜡浸蜡,每缸 1h。常规石蜡包埋。

(5)切片厚度:10~12μm。无纵、横切区分。

(6)用常规方法贴片与烘片。

(7)用二甲苯脱蜡15min(置55℃恒温箱),经等量二甲苯与无水酒精、无水酒精、90%酒精,每级5min。入1%番红O酒精染液(90%酒精配制)1h。

(8)滴加90%酒精迅速洗去余色。

(9)滴加2%固绿染液(无水酒精配制)2～3s。

(10)依次滴加无水酒精、2级二甲苯,每级2～3s。

(11)用冷杉树胶封片。

结果显示,菌丝层呈淡绿色,藻胞层呈深绿色,孢子呈红色。

三、地钱叶状体横切片

地钱*Marchantia polymorpha* L.属于苔藓植物门、苔纲、地钱目、地钱科,广泛分布于全国各省(区、市),生于阴湿的土坡或岩石上。人们肉眼所见的植物体是它的配子体,为绿色扁平、叉状分枝、有背腹之分的叶状体。营养繁殖时,主要是在叶状体背面生出胞芽杯,杯内产生胞芽。有性繁殖时,在叶状体背面生出生殖托。

(1)取材与固定:选择鲜绿、生长旺盛的叶状体,用流水缓慢冲洗。去净泥沙后,用锋利的刀片横切成0.4cm长的小段。若要生长有胞芽的材料,则应选择胞芽在胞芽杯内尚未脱落的叶状体,连同胞芽杯取材。材料用FAA液固定1d,换70%酒精保存。

(2)脱水:经70%酒精到无水酒精脱水,每级中浸2h。

(3)透明:3级二甲苯透明,每级中浸5min。

(4)浸蜡、石蜡包埋:按常规进行。

(5)切片:切横切面,厚12μm。

(6)展片、贴片、烤干、脱蜡、复水:按常规进行。

(7)染色:用番红-固绿双重染色。

(8)脱水、透明、封固:按常规进行。

结果:叶状体的内部解剖构造有腹背之分,细胞界限清晰,颜色鲜明。细胞核呈亮红色,鳞片呈棕褐色,其余部分呈蓝绿色或淡蓝色。

四、地钱生殖托纵切片

地钱为雌雄异株,春季进行有性生殖,配子体上产生生殖托。雄配子体产生雄生殖托,呈伞状,由托柄和托盘两部分组成,托盘中埋藏着一列球形或椭球形的精子器。雌生殖托也是由托柄和托盘两部分组成,托盘边缘具8～10条指状芒线。

制片之前熟悉生殖托的形态特征,对制片的成败极为重要。

雄生殖托的托盘初期近圆形,边缘波状浅裂,成熟期体积增大,边缘的裂片向外平展,转为深裂。托盘上表面有许多小孔,每个孔腔内有一精子器,成熟后精子器壁开裂,精子全部逸出。

雌生殖托的托盘初期为圆形帽状，以后边缘逐渐形成指状深裂。在指状裂片之间产生一列倒挂的颈卵器，每列颈卵器的两侧各有一片薄膜状的蒴苞。卵细胞受精后，合子在颈卵器内发育成胚，并进一步长成孢子体。孢子体由孢蒴、蒴柄和基足三部分组成，外观呈圆形颗粒状，用普通放大镜即可观察到。

取材时，自生殖托顶部以下 3～5mm 处切取连有托柄的托盘。再沿托柄切去相对两边的托盘边缘，使生殖托的切面呈“T”字形。切去托盘边缘部分时，应仔细观察，注意保留精子器、颈卵器或孢子体着生的最佳部位。材料用 FAA 液固定，石蜡切片法制片。纵切，雄生殖托切 8μm 厚，幼小的雌生殖托切 8μm 厚，老的雌生殖托切 10μm 厚。用番红-固绿双重染色，制成永久玻片标本。结果可见细胞核呈红色，细胞质和细胞壁为蓝绿色。

五、葫芦藓精子器和颈卵器纵切片

葫芦藓 *Funaria hygrometrica* Hedw. 属于苔藓植物门藓纲真藓目葫芦藓科，因长柄(蒴柄)的顶端生有一个葫芦状的结构(孢蒴)而得名。葫芦藓是世界广布种，在平原、田圃、住宅周围和火烧后的林地均有分布，生于有机质丰富、含氮肥较多的湿润土壤表层。春季，葫芦藓进行有性生殖，产生生殖器官，即精子器和颈卵器。

(1)取材与固定：用体视显微镜观察，雄枝顶端叶形较大，聚生成花朵状，中央着生多数精子器。精子器之间杂生隔丝，外围覆以苞叶。雌枝顶端叶形较小，聚生成渐尖的圆锥状，中央着生多数颈卵器，颈卵器之间也生有隔丝，外围覆以苞叶。选用精子器或颈卵器已增大成熟、苞叶丛中央呈鲜灰绿色的枝顶部分最为适合。颜色深绿者过幼，呈绿褐色者太老，均不甚适用。材料选好后，自枝顶端切下 4mm 长的小段，削去两侧的叶片和苞叶，使枝的两切面互相平行，用 FAA 液固定 1d。

(2)切片：用石蜡切片法，石蜡包埋后纵切，切片一般厚 6～8μm。但受精后期的颈卵器，颈部常弯曲，较难切得完整，故切 8μm 以上的厚度较为适宜。

(3)染色：用 Ehrlich 氏苏木精染色或番红-固绿双重染色。

(4)脱水、透明、封固：按常规进行。

结果：雄枝的切片能显示精子器的完整结构，雌枝的切片能显示颈卵器的完整结构。苏木精染色者，细胞核深鲜蓝色，细胞壁及细胞质淡蓝色，界限分明。番红-固绿染色者，细胞核亮红色，其余部分蓝绿色。

六、葫芦藓孢蒴纵切片

藓类植物的孢子体由孢蒴、蒴柄和基足三部分组成。孢蒴生长在蒴柄的顶端，是孢子体的主要部分。

(1)取材与固定：孢蒴幼期为鲜绿色，体积小，组织分化不多。随后体积逐渐增大，内部组织不断分化、发育成熟，颜色亦渐由绿转为黄褐色。制片材料以刚达成熟的绿色孢蒴为好。已老熟变黄的孢蒴在切片时组织容易破碎，且切片经过各种溶液时往往容易脱落。

取材时，按预定的目的，用锋利的刀片在孢蒴下方连同部分蒴柄一并切下。材料一般用FAA液固定即可。固定时有时需用真空泵抽气使材料下沉。

(2)切片(石蜡切片法)：纵切片，切6～10μm厚。

老熟的孢蒴制片时，将其两侧的蒴壁外层削去，以利药液透入。浸蜡的时间要长一些，在石蜡氯仿饱和溶液中放置1d以上。

(3)染色：用番红-固绿双重染色。

(4)脱水、透明、封固：按常规进行。

结果：孢蒴的组织结构被染上的颜色随孢蒴的成熟度不同而异，成熟的孢蒴，蒴齿绿色或棕黄色，孢子及细胞核亮红色，其余部分蓝紫色或蓝绿色。

七、石松茎横切片

(1)取材与固定：石松 *Lycopodium japonicum* Thunb.是蕨类植物门石松科多年生常绿草本植物。茎匍匐地上，细长横走；侧枝直立，密集，上斜，叶披针形或线状披针形；孢子叶阔卵形，孢子囊生于孢子叶腋。孢子在7、8月间成熟。石松茎的顶端没有典型的顶细胞，而是一堆分生组织。离茎尖5～8mm以远的较老部位，才逐渐分化出一定形式的中柱结构——编织式中柱。取材时，选取二年生的较老部位，切去四周的叶片，将茎分切成3mm长的小段，浸入FAA液中固定1d。换50%酒精浸洗后，保存于70%酒精中备用。

(2)整块染色：用1%苯胺番红液染色3d。

(3)脱水：从50%开始到无水酒精逐级脱水，每级中浸2h。

(4)透明：四级氯仿透明，每级中浸2h。

(5)浸蜡、石蜡包埋：按常规进行。

(6)切片：横切，厚12μm。切片时，如材料较脆易裂，可将蜡块削去部分石蜡，露出材料，浸入等量的甘油酒精溶液内4～5d，使材料软化后再进行切片。

贴片，烤干，脱蜡，复水至95%酒精。

(7)染色：复染固绿。

(8)脱水、透明、封固：按常规进行。

结果：表皮、皮层和中柱的细胞结构清晰。木质化细胞壁及凯氏带被染成亮红色，其余部分为蓝绿色。

八、石松孢子叶穗纵切片

春季石松从第2～3年生的营养枝上长出能育枝，5—6月间枝顶生出孢子叶穗。孢子囊从孢子叶穗基部向顶端继续发育，9—10月成熟。从一个孢子叶穗中，较容易获得观察孢子囊发生和结构的合适材料。

(1)取材与固定:从能育枝顶切取孢子叶穗,切去两旁部分,使其成为扁平体,用FAA液固定1d。

(2)切片:用石蜡切片法纵切。观察孢子母细胞减数分裂的材料,切片厚5μm左右。一般实验观察的材料,切片厚10～12μm。展片、贴片、烤干、脱蜡、复水按常规进行。

(3)染色:幼孢子叶穗中孢子母细胞减数分裂用Ehrlich氏苏木精染色效果极好。较老的孢子叶穗则以番红-固绿双重染色,或用苏木精-番红-固绿三重染色效果较佳。

(4)脱水、透明、封固:按常规进行。

结果:苏木精染色者,染色体及细胞核呈深鲜蓝色,其余部分为淡蓝色或近无色。加染番红-固绿者,木化细胞壁及较老的孢子呈红色或棕黄色,纤维素细胞壁及细胞呈蓝绿色或淡蓝色。

九、卷柏孢子叶穗纵切片

卷柏 *Selaginella tamariscina* (P. Beauv.) Spring 为蕨类植物门卷柏科多年生常绿草本植物,广布于世界各地,生于林下、溪边阴地或沟谷石缝中。通常于春季在小枝顶端生出孢子叶穗。孢子叶穗一般呈四棱形,孢子叶上着生的孢子囊至秋季相继成熟。孢子囊异型,单生于孢子叶的叶腋。每个大孢子囊内具有1～4个大孢子,每个小孢子囊内则有多数小孢子。取材时,自枝顶选取完整的孢子叶穗,切去其四棱的两对角部分,使切面平直,材料成为扁平状。材料取好后立即固定。幼孢子叶穗和较老的孢子叶穗均浸入FAA液内,固定保存。

采用石蜡切片法制片。纵切片厚6～10μm。经展片、贴片、烤干、脱蜡、复水,用Ehrlich氏苏木精或番红-固绿染色,然后脱水、透明、封固。

十、蕨地下茎横切片

蕨 *Pteridium aquilinum* (L.) Kuhn var. *latiusculum* (Desv.) Underw. ex Heller 是蕨类植物门蕨科植物欧洲蕨的1个变种,植株高可达1m。根状茎长而横走,密被锈黄色柔毛,以后逐渐脱落。蕨广布于我国各省(区、市),世界热带及温带其他地区也有。生长在荒山草坡或林缘灌丛中。蕨的地下茎具有多环式网状中柱,是观察中柱类型常用的实验材料之一。

(1)取材与固定:挖取2～3年生的根状茎,用清水冲洗,洗净泥沙,切成3mm长的小段,固定于FAA液中2d。

(2)软化:材料自FAA液中取出,用50%酒精和蒸馏水各浸洗2次,每次1h。移入盛有15%氢氟酸水溶液的塑料瓶内,浸泡7d。

(3)浸洗:将材料放入自来水中浸洗1d。换蒸馏水洗两次,每次1～2h。然后经50%酒精过渡至70%酒精中保存。

(4)脱水、透明、石蜡包埋:按常规进行。

(5)切片:切横切面,厚 12μm 左右,一般都很容易获得成功。

(6)染色:用番红-固绿双重染色。

(7)脱水、透明、封固:按常规进行。

结果:能显示多环式网状中柱的完整结构。维管束内的木质化细胞壁被染成深亮红色,栓质化细胞壁、内皮层及机械组织呈棕褐色,丹宁细胞呈棕色或棕黄色,淀粉粒呈粉白色,其余部分则呈淡蓝色或蓝绿色。

十一、蕨孢子叶横切片

蕨类植物孢子繁殖阶段,植物体上都生有孢子叶。孢子囊通常在孢子叶上聚生成孢子囊群。蕨的孢子叶是制作孢子囊切片的好材料。

(1)取材与固定:蕨的孢子囊开始成熟时呈淡棕色,选取孢子叶上孢子囊群聚生较多的部位,用锋利的刀片将它切成 5mm 长的小段,固定于 FAA 液中 1d 以上。

(2)浸洗、软化:用 70%酒精浸洗数次,每次 1h。经各级酒精逐步复水至蒸馏水。然后用 10%氢氟酸水溶液浸泡 4～6d,使材料软化。再用自来水浸洗 1d,其间换水 3 次,最后换蒸馏水浸洗 2 次。

(3)整块染色:用 1%苯胺-番红染色液染色 2～3d。

(4)脱水:经 50%酒精至无水酒精脱水,每级浸 1h。

(5)透明:经 4 级氯仿透明,每级经 1h。

(6)浸蜡、石蜡包埋:按常规进行。

(7)切片:切横切面,厚 8～12μm。

(8)展片、贴片、烤干、脱蜡、复水(至 95%酒精)。

(9)染色:复染固绿(用 95%酒精配制)。

如果切片的红色较淡,复染固绿前可经苯胺-番红染色液加染 5min。

(10)脱水、透明、封固:按常规进行。

结果:孢子叶横切面能显示孢子囊、孢子囊柄和囊群盖等的完整结构,颜色鲜明。木质化细胞壁及细胞核呈红色,环带呈蓝褐色或棕褐色,孢子呈淡紫或黄棕色,其余部分呈蓝绿色。

十二、松针叶横切片

松属 *Pinus* L. 是裸子植物门松柏纲松柏目松科常绿乔木。叶有两型:鳞叶(原生叶)单生,螺旋状着生;针叶(次生叶)螺旋状着生,辐射伸展,常 2 针、3 针或 5 针一束。

松针叶的角质层较厚,表皮及下皮层的细胞壁均木质化,质地坚韧,其内部的叶肉细胞壁薄,质地较软。制片时,材料经脱水后组织硬而脆,切片容易碎裂。若采用下述方法,则可获得良好的效果。

(1)取材与固定:当年生新叶最适于制片。夏季,在针叶刚成熟时,选取叶片中部,切成3mm长的小段,浸入FAA液内固定1周;移入70%酒精内浸洗数天,每天换酒精1次,溶去叶片内的叶绿素和树脂。

(2)浸洗与复水:经50%酒精复水至蒸馏水,每级中浸2h。

(3)抽气:用真空泵抽气,使材料彻底沉入水底。

(4)软化:浸入15%氢氟酸水溶液内15d左右。

(5)浸洗:自来水浸洗24h,多换几次水,最后用蒸馏水换洗两次。

(6)脱水、透明、浸蜡。

(7)切片:切横切面,厚12μm。

(8)脱蜡、染色:番红-固绿对染。

(9)脱水、透明、封固:按常规进行。

结果:可见表皮、下皮层、Casparian氏带、管胞呈红色;叶肉细胞呈蓝紫色;单宁细胞呈紫红色;传输薄壁细胞、韧皮部和其他薄壁细胞均呈绿色。制片过程中经双氧水漂白的切片,染色后木质化的细胞壁呈亮红色,叶肉等薄壁细胞均呈绿色或蓝绿色,颜色鲜明。

十三、水稻叶片横切片

水稻*Oryza sativa* L.是禾本科一年生草本植物,世界主要的粮食作物。水稻叶片的结构比较复杂,表皮细胞外壁不仅角质化,而且高度硅质化或栓质化,形成乳突或刚毛,使表皮坚硬粗糙。上表皮位于两个叶脉间还有一些泡状细胞,当天气干燥或叶片断离稻株时,由于叶片水分蒸腾过度,泡状细胞失水萎蔫,以收敛叶片向内卷曲呈筒状。因此,制片过程中必须适时取材。

(1)取材与固定:水稻孕穗期,在阴天或晴天上午太阳未直射稻株时,选择稻秆基部近水面伸展健直的叶片中段,用锋利的刀片横切成4mm长的小段,放入FAA液中固定1d。

(2)浸洗与复水:经50%酒精复水至蒸馏水。每级中浸2h。

(3)抽气:用真空泵抽气,使材料彻底沉入水底。

(4)软化:浸入15%氢氟酸水溶液内15d左右。

(5)浸洗:自来水浸洗12h,多换几次水,最后用蒸馏水换洗两次。

(6)脱水、透明、浸蜡、包埋:按常规进行。

(7)切片:切横切面,厚12μm。

(8)脱蜡、染色:番红-固绿对染。

(9)脱水、透明、封固:按常规进行。

结果:表皮细胞有多种类型,叶肉无栅栏组织与海绵组织的区别。表皮乳状突起及刚毛呈紫蓝色或紫色,机械组织及导管呈亮红色,其余部分呈绿色。

十四、蛛网萼花药横切片

(1)取材与固定:蛛网萼属 *Platycrater* Sieb et Zucc 是绣球花科的一个单型属,只包括 1 个东亚特有的稀有濒危种——蛛网萼 *P. arguta*。这种植物是多年生落叶灌木,高 0.5～1m,不连续地分布于中国东部(浙江、安徽、江西和福建)和日本,生长在海拔 200～600m 处(Ao,2008b)。

2006 年 10 月,从浙江雁荡山大龙湫风景区的 1 株自然生长的灌木上采集不同发育阶段的花芽,固定并保存在改良的 FAA 液(5ml 福尔马林、6ml 乙酸、89ml 50%酒精)中。

(2)浸洗:从标本瓶中取出部分实验材料,用 50%酒精浸洗 3 次,每次 0.5h。

(3)脱水:用梯度酒精脱水,每级 1h。

(4)透明:用广西岑溪市松香厂研制的 TO 型生物制片透明剂代替二甲苯进行透明。分 3 级透明,即无水酒精∶TO 透明剂=1∶1 混合液(12h)、TO 透明剂 1(12h)、TO 透明剂 2(12h)。

(5)渗透与包埋:常规石蜡法。

(6)切片:切横切面,厚 4～11μm。

(7)脱蜡:常规法。

(8)染色:铁矾-苏木精染色,固绿或番红复染。

(9)脱水、透明、封固:按常规进行。

(10)观察、照相:在奥林巴斯(Olympus)BH-2 显微镜下用 Lucky 黑白胶片(SHD100)观察切片并拍照(图 6-20)。

十五、金盏菊管状花横切片(示花粉母细胞减数分裂)

金盏菊 *Calendula officinalis* L. 为菊科多年生草本植物,原产地中海地区,18 世纪后引入我国。金盏菊的头状花序包括两性的管状花(盘花)和雌性的舌状花(边花)(Ao,2007)。

2006 年 5 月在温州师范学院(现温州大学学院路校区)校园的盆栽植株上采集不同发育时期的花序,用尖嘴镊子摘取不同发育时期的管状花,放在改良的 FAA 液(5ml 福尔马林、6ml 乙酸、89ml 70%酒精)中固定保存。实验时,材料用 50%酒精清洗 3 次,每次 15min,用 Ehrlich 氏苏木精整体染色,盐酸-酒精分色。从脱水开始的其余步骤同本节的十四(蛛网萼花药横切片)。切片厚 5～10μm。观察、照相在奥林巴斯 BX40F-3 显微镜下用 Lucky 黑白胶片(SHD100)进行(图 6-21)。

十六、小果菝葜子房的纵切片(观察成熟胚囊的结构)

小果菝葜 *Smilax davidiana* A. DC. 是菝葜科多年生落叶灌木,主要分布在中国东部和南部以及越南、老挝和泰国的森林或灌木丛中(Ao,2013a)。

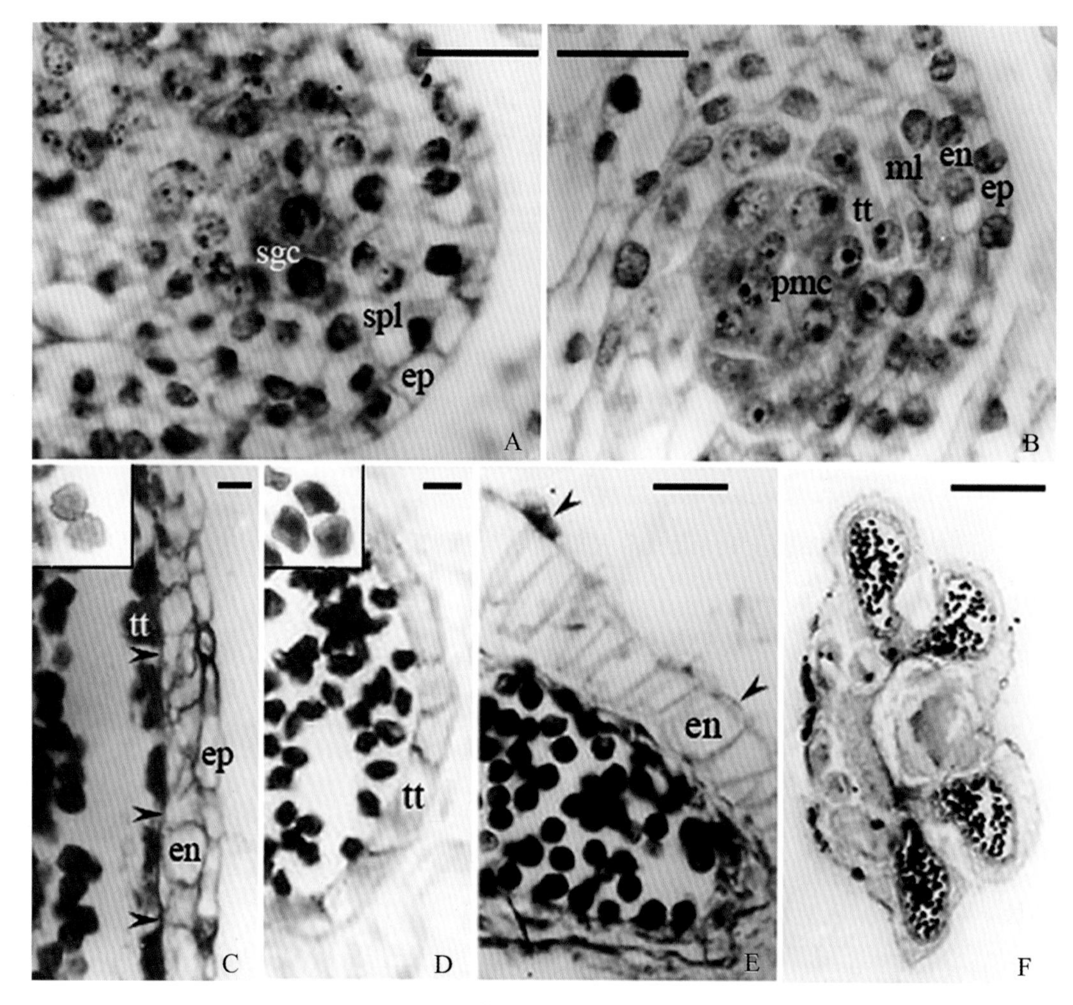

图 6-20 蛛网萼不同发育时期花药的横切

A. 花药壁包括表皮、2 层次生壁细胞和造孢细胞，标尺＝20μm。B. 花药壁包括表皮、药室内壁、1～2 层中层和绒毡层，而造孢细胞已发育成花粉母细胞，标尺＝25μm。C. 绒毡层不连续，显示已在原位解体，导致正常的单核花粉粒产生(插图)。注意中层已退化(箭头)，标尺＝10μm。D. 绒毡层不解体，引起花粉败育。插图是形状不规则的无核败育花粉，标尺＝15μm。E. 成熟药室内壁具纤维状加厚，箭头指向表皮的残余，标尺＝40μm。F. 四室花药，标尺＝140μm。en：endothecium，药室内壁；ep：epidermis，表皮；ml：middle layer，中层；pmc：pollen mother cell，花粉母细胞；sgc：sporogenous cells，造孢细胞；spl：secondary parietal，次生壁；tt：tapetum，绒毡层(Ao，2008b)

植株依靠托叶卷须攀缓。花单性，雌雄异株，伞形花序。花被片 6，离生或多少合生成筒状，排成两轮，每轮 3 枚。雌花常有 3～6 退化雄蕊，3 心皮合生，子房上位，3 室，每室有 1～2 颗悬垂胚珠。浆果。

(1)取材与固定：取开花期的雌花，去除花的其他部分，仅保留子房，直接放入 FAA 液中固定保存。

(2)切片：用石蜡法包埋。纵切，切片厚 8～12μm。

(3)染色：用铁钒苏木精染色，番红复染。

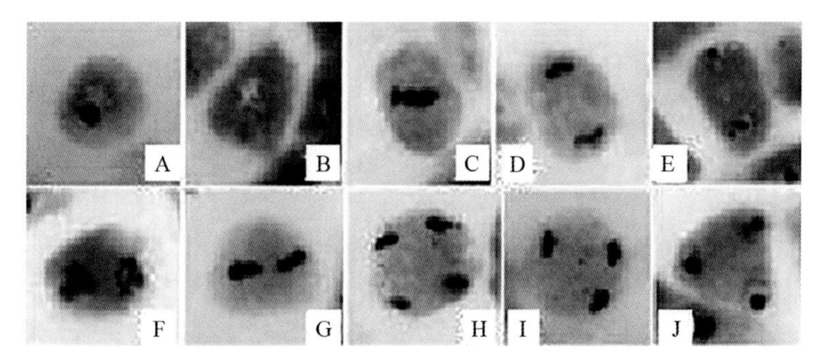

图 6-21　金盏菊花粉母细胞减数分裂的不同时期

A. 花粉母细胞；B. 减数分裂前期Ⅰ；C. 中期Ⅰ；D. 后期Ⅰ；E. 末期Ⅰ；F. 前期Ⅱ；G. 中期Ⅱ；H. 后期Ⅱ（决定左右对称型四分体）；I. 后期Ⅱ（决定四面体型四分体）；J. 末期Ⅱ

(4)脱水、透明、封固：按照常规方法进行。

结果见图 6-22 说明。

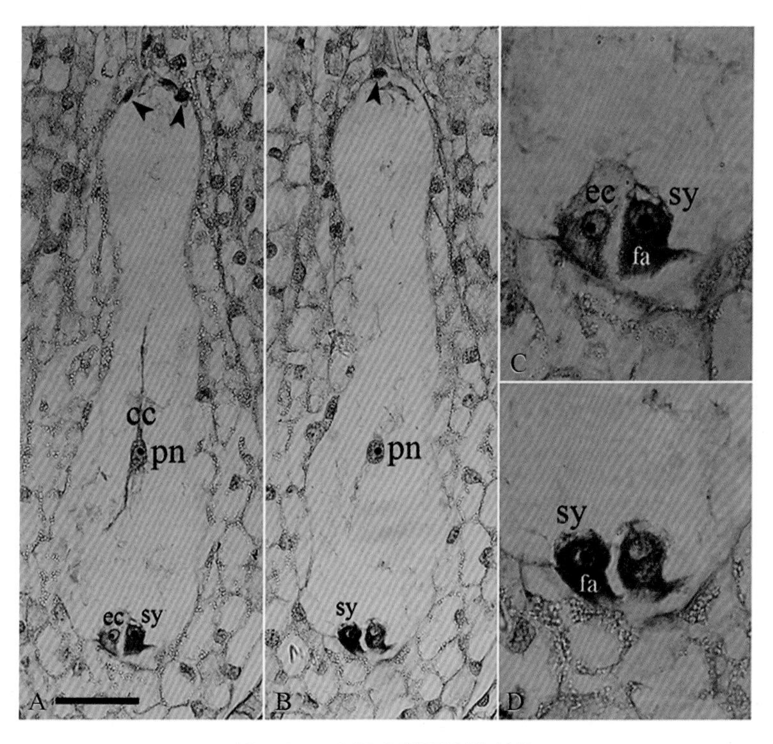

图 6-22　小果菝葜胚囊的结构

所有照片的珠孔端在下，合点端在上。A、B. 两张连续切片示 7 细胞—8 核成熟胚囊的结构；C 和 D 分别是 A 和 B 的局部放大，显示卵细胞和助细胞的一些细节。cc：central cell，中央细胞；ec：egg cell，卵细胞；fa：filiform apparatus，丝状器；pn：polar nucleus，极核；sy：synergid 助细胞。箭头指向正在退化的反足细胞。标尺＝60μm(Ao，2013b)

十七、葱兰子房的纵横切片

(一)葱兰子房结构的观察

葱兰 *Zephyranthes candida* (Lindl.)Herb. 是石蒜科多年生草本植物。花大,单生,雪白色。花被片 6 枚,排成两轮,每轮 3 枚[见 Fig. 1 in Ao (2018)]。子房下位,长可达 1cm,3 室。中轴胎座,胚珠多数,排成 6 列,每室 2 列。子房横切面可见胚珠 6 个,纵切面可见胚珠 6~10 个。葱兰是观察胚珠构造和胚囊发育的好材料。

(1)取材与固定:取材时,用锋利的刀片将子房切成长 0.4cm 左右的小段,放入 FAA 液内固定 1d。然后用 50%酒精浸洗两次,再移入 70%酒精中保存。

(2)切片:用石蜡法包埋。横切和纵切,切片厚 8~12μm。

(3)染色:用铁钒苏木精染色,番红复染。

(4)脱水、透明、封固:按常规方法进行。

结果见图 6-23 说明。

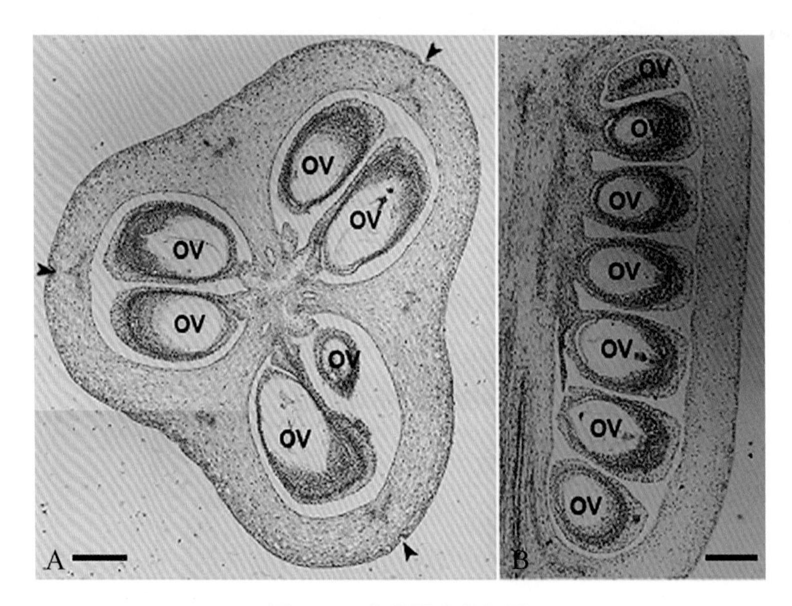

图 6-23 葱兰子房的切面

A. 横切面,可见雌蕊是由 3 心皮构成,子房 3 室,中轴胎座,胚珠多数,排成 6 列,每室 2 列。横切面可见胚珠 6 个(每室 2 个)。B. 纵切面,可见胚珠 7 个。ov:ovule,胚珠。箭头指向心皮的背缝线。标尺=150μm(Ao,2019)

(二)葱兰的双受精及初生胚乳核行为的观察

材料和方法同上。

在上述观察的基础上,深入细致地观察葱兰胚囊的结构,观察葱兰的双受精及初生胚乳核的行为(图 6-24;Ao,2018)。

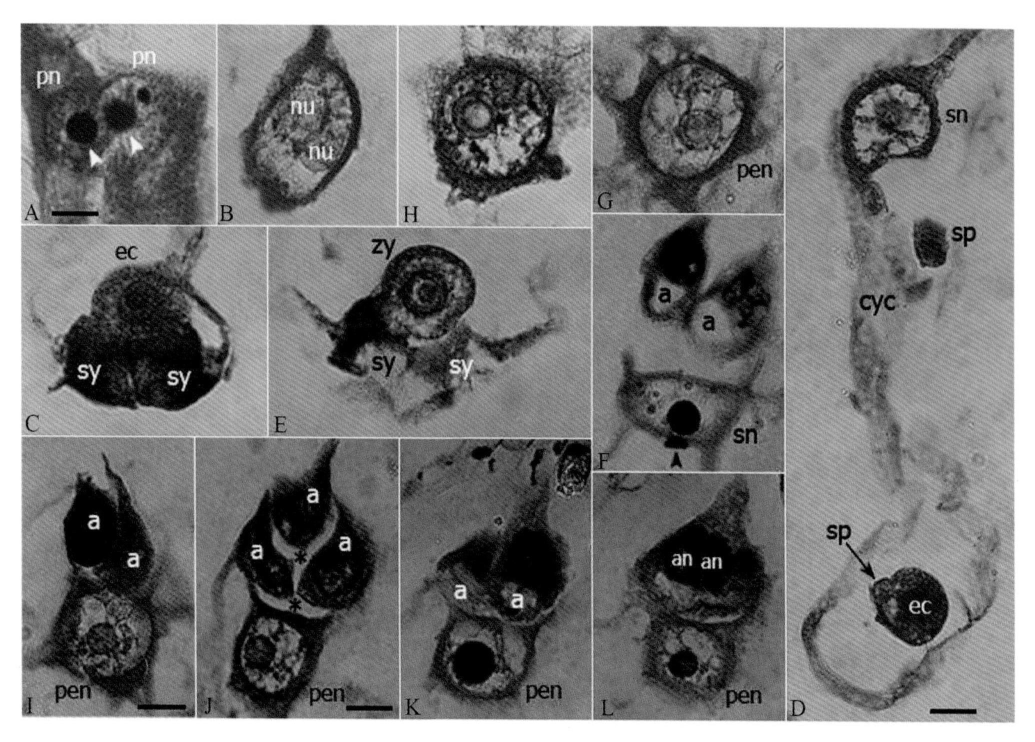

图 6-24　葱兰的双受精及初生胚乳核的行为

所有照片的珠孔端在下，合点端在上。A. 两个极核正在融合，注意两个核仁正在靠近(箭头)；B. 两个极核的核质已完全融合，核仁正在融合；C. 由卵细胞和 2 个助细胞组成的卵器；D. 花粉管中释放的 2 个精子一个正在与卵细胞融合，另一个正在接近次生核；E. 合子，注意两个助细胞均已退化；F. 精核(箭头)附着在次生核上，一起朝反足细胞移动；G. 初生胚乳核；H. 初生胚乳核，核仁中可见 1 个大的孔洞；I. 初生胚乳核开始接触反足细胞；J. 初生胚乳核和反足细胞紧密接触，胼胝质(星号)在接触带清晰可见；K、L. 随着胼胝质壁的逐渐退化，反足细胞开始融合，先是细胞质融合，然后细胞核融合。标尺：A、B、C、E 为 15μm；D、F、G、H 为 20μm；I、K、L 为 25μm；J 为 35μm。a：antipodal cells，反足细胞；an：antipodal nucleus，反足细胞核；cyc：cytoplasm cord，细胞质索；ec：egg cell，卵细胞；nu：nucleolus，核仁；pen：primary endosperm nucleus，初生胚乳核；pn：polar nucleus，极核；sn：secondary nucleus，次生核；sp：sperm cell，精细胞；sy：synergid，助细胞；zy：zygote，合子

十八、荠菜角果纵切片

荠菜 *Capsella bursa-pastoris* (L.) Medic. 为十字花科一年生草本植物，广泛分布于全世界温带地区，我国南北各省(区、市)常见。3—5 月开花结实，总状花序，花蕾按照自下而上顺序开放。短角果倒三角形或心状三角形，也是自下而上先后成熟。采一个果枝即可得到胚胎发育各个不同时期的材料。

取材后，将材料浸入 FAA 液内固定 1d，换入 70％酒精保存。采用石蜡法包埋切片，切纵切面，切片以较薄为宜，切 6～8μm 厚。用铁矾苏木精-固绿双重染色，也可用番红-固绿双重染色。经各级酒精脱水，二甲苯透明后，用树胶封固。

结果：胚体比其他部分着色深。用苏木精-固绿双重染色者，细胞核呈深蓝色，其余部分呈蓝绿色。用番红-固绿双重染色者，细胞壁呈红色，其余部分呈紫蓝色或蓝绿色。

十九、小麦颖果纵切片

小麦颖果由果皮和种皮的愈合层、胚乳和胚三部分组成。胚乳的最外层是糊粉层，由一层近方形的细胞组成，细胞内充满混有脂肪滴的蛋白质内含物。靠近胚处的糊粉层则完全消失。糊粉层以内是许多不同形态的大型薄壁细胞，细胞内充满大小不等的淀粉粒。颖果到达乳熟期，胚乳细胞中积累极多的淀粉粒。这时胚的各部分已分化完全，颖果体积停止增大而质地尚较柔嫩，适于取材制片。材料用 FAA 液固定后，切去胚体两侧少量果皮，以利制片过程中药液浸透。用石蜡切片法制片；纵切片厚 8μm，番红-固绿双重染色。结果可见胚体染色较深，种皮与果皮次之，胚乳染色较浅。细胞壁及细胞质呈淡蓝色或蓝绿色，细胞核呈蓝紫色，核仁为红色。淀粉粒的淀粉层呈白色，脐点为红色或紫红色。

二十、铜锈环棱螺肝胰腺切片

铜锈环棱螺 *Bellamya aeruginosa* 是我国淡水区域常见的软体动物，属于软体动物门、腹足纲、中腹足目、田螺科，广泛分布于湖泊、沼泽、水库、池塘及溪流等处。

将采集的铜锈环棱螺肝胰腺样品浸没于 4%多聚甲醛溶液，4℃静置固定 48h，随后用流水冲洗 4～6h 去除组织中的固定液。通过梯度酒精脱水（70%—11h，80%—1h，95%—45min，95%—45min，100%—30min，100%—30min），浸泡于两级二甲苯中，共 15min，随后将组织置于包埋机中浸蜡包埋。包埋好的组织切割成 6μm 的薄片，置于载玻片上自然风干并使用两级二甲苯脱蜡，共 15min。脱蜡后的样品材料再经梯度酒精复水，用苏木精-伊红染色液（Hematoxylin-Eosin staining，H. E.）进行染色，经过梯度酒精脱水（70%—5min，80%—5min，95%—2min，100%—2min），浸泡于两级二甲苯中，共 15min。待二甲苯挥发后用中性树胶封片，通过显微镜（×40）观察组织结构并拍照（图 6-25）。

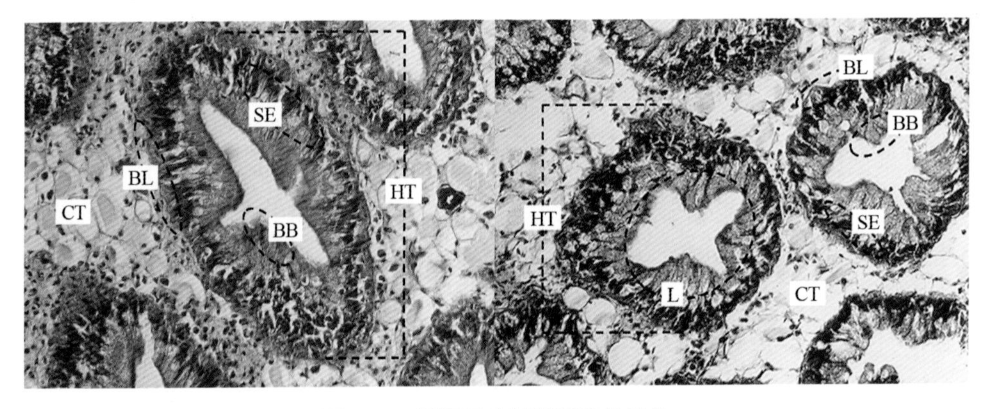

图 6-25　铜锈环棱螺肝胰腺的结构

BB：brush border，刷状缘；BL：basal layer，基底层；CT：connective tissues，结缔组织；HT：hepatic tubule，肝小管；L：lumen，内腔；SE：structured epithelium，结构化上皮

二十一、灰背椋鸟十二指肠横切

灰背椋鸟 *Sturnus sinensis* 在中国各地均有分布，属于脊索动物门、鸟纲、雀形目、椋鸟科，常在村落附近的树林、草地、田野间集小群活动。

将采集的灰背椋鸟十二指肠样品浸没于 4%多聚甲醛液中，常温固定 48h，从低浓度酒精开始进行梯度脱水（70%—20min，80%—20min，95%—15min，95%—15min，100%—10min，100%—10min）。将脱水后的组织于两级透明剂中放置 10min，随后进行浸蜡包埋。包埋好的组织切割成 6μm 的薄片，置于载玻片上自然风干并使用两级二甲苯脱蜡，共 15min。脱蜡后的样品材料再经梯度酒精下行复水（100%—100%—95%—90%—80%—75%—50%，每次 5min），自来水冲洗 10min。用苏木精-伊红染色液（H. E.）进行染色，经过梯度酒精脱水（70%—15s，80%—15s，90%—15s，95%—2min，95%—2min，100%—3min，100%—3min），浸泡于两级二甲苯中，共 10min。待二甲苯挥发后用中性树胶封片，通过显微镜观察组织结构并拍照（图 6-26、图 6-27、图 6-28）。

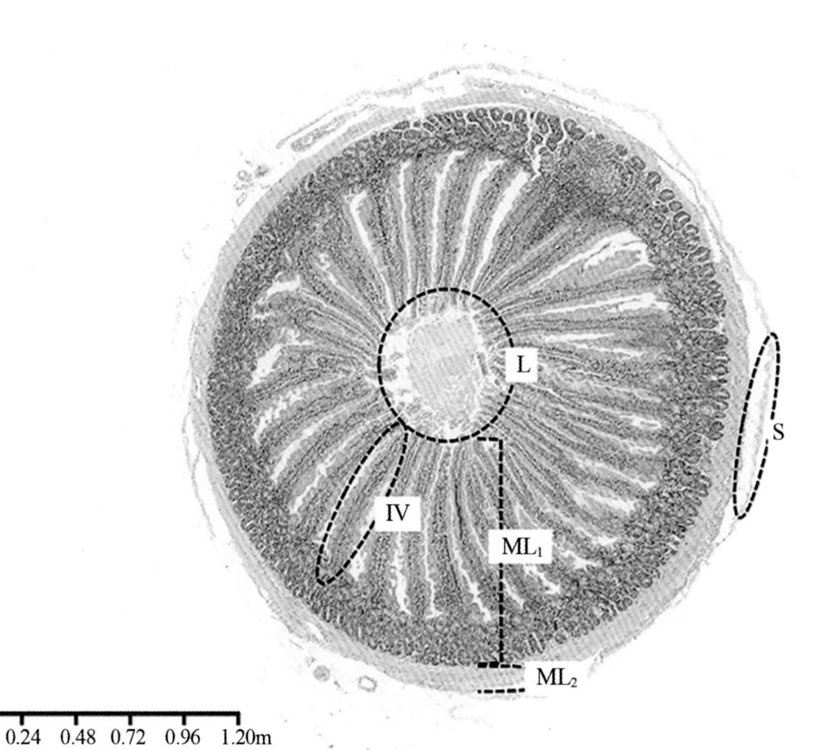

图 6-26　灰背椋鸟健康个体十二指肠显微结构（横切，2.5×）（柳劲松教授提供）

L：lumen，肠腔；ML_1：mucous layer，黏膜层；ML_2：muscle layer，肌肉层；IV：intestinal villi，小肠绒毛；S：serosa，浆膜

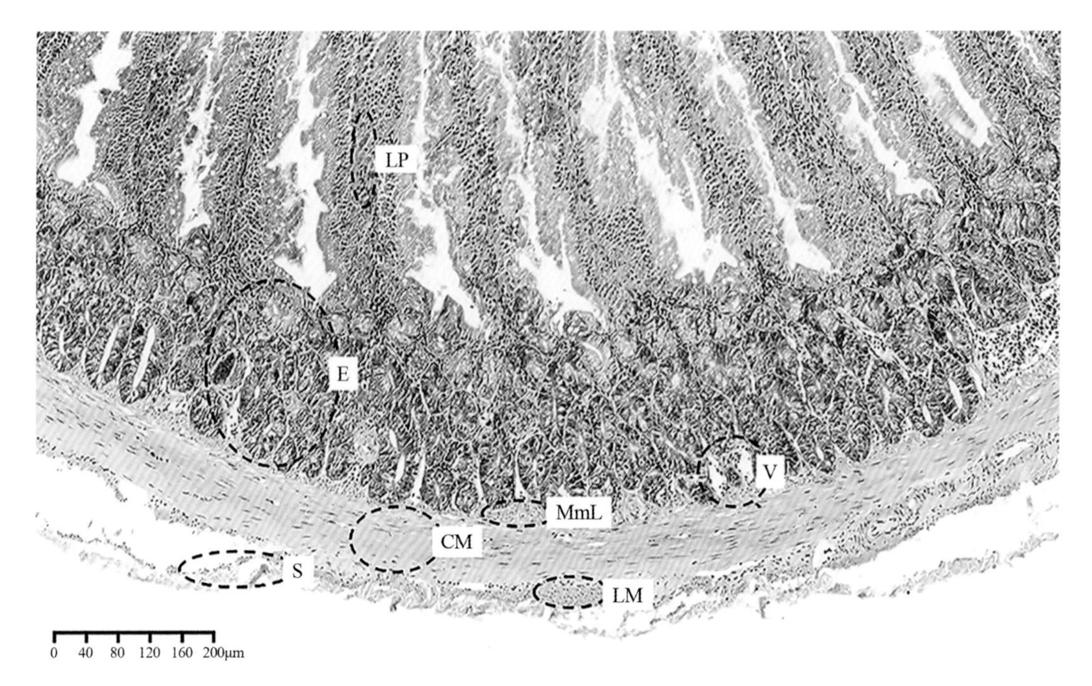

图 6-27　灰背椋鸟健康个体十二指肠显微结构(横切,10×)(柳劲松教授提供)

E:enteraden,肠腺;MmL:mucosa-associated muscle layer,黏膜肌肉层;CM:circular muscle,环行肌;LM: longitudinal muscle,纵行肌;V: Venule,微静脉;LP: lamina propria,黏膜固有层;S: serosa,浆膜

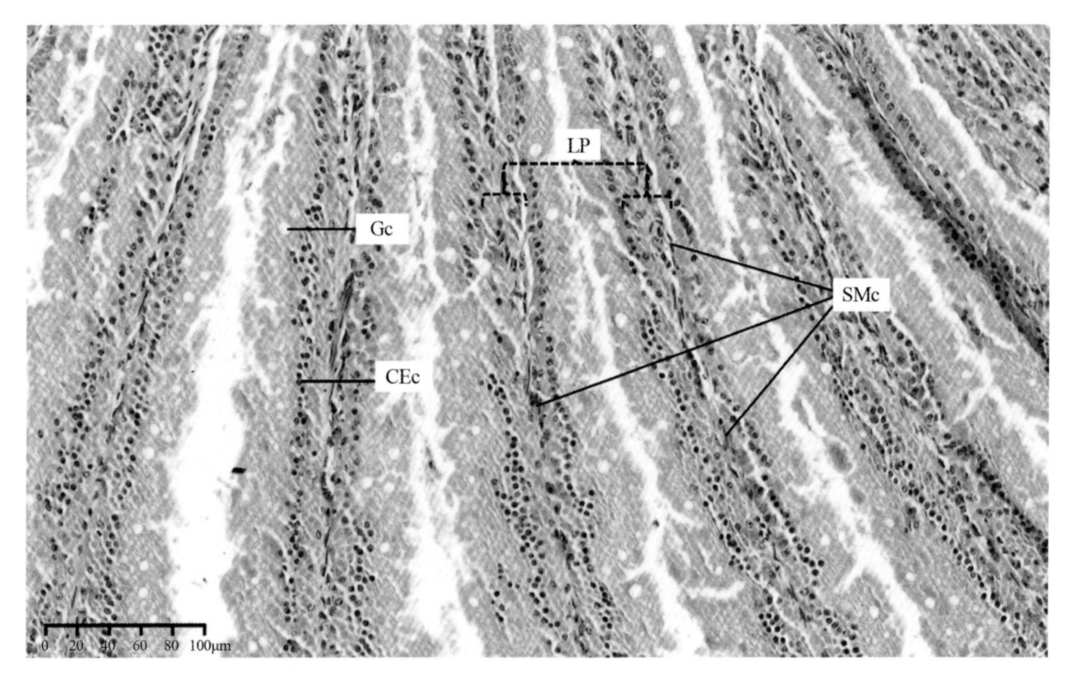

图 6-28　灰背椋鸟健康个体十二指肠显微结构(横切,20×)(柳劲松教授提供)

CEc:columnar epithelial cell,柱状上皮细胞;Gc:goblet cell,杯形细胞;LP:lamina propria,黏膜固有层;SMc:smooth muscle cell,平滑肌细胞

第八节　火棉胶切片举例

青霉切片

(1)培养液配制

甲液(土豆汁):

　土豆　3 个

　自来水　100ml

　白糖　2g

乙液:

　琼脂　2g

　自来水　100ml

先将土豆切成丝,与自来水加热煮成土豆汁,用 3～4 层纱布过滤,再加白糖调匀配成甲液,置于三角烧瓶内。另外将琼脂和自来水混合加热溶化,煮成乙液入大号培养皿内。用高压灭菌锅将甲液和乙液灭菌消毒,冷却后,将适量甲液倾入乙液。

(2)培养:将柚子上的青霉或纯净菌种均匀撒入培养液,加盖后,置 37℃恒温箱培养 7～10d,其液面大量出现青霉。

(3)取材、固定:将液面上老幼合适的青霉固定于 95%酒精 1d。

(4)经无水酒精、1∶1 乙醚与无水酒精,每级 12h。

(5)再依次经 2%、4%、6%、8%火棉胶,每级 24h。

(6)用 8%火棉胶包埋。按常规方法将火棉胶包埋块硬化、修整,固定于台木。

(7)用推拉式切片机切削,切片厚度为 25～30μm。

(8)将火棉胶切片置于 80%酒精,随后经 70%、50%酒精,每级 30min。

(9)用埃利希氏苏木精染色液染 4h。

(10)用蒸馏水洗涤数次,除去染液余色。

(11)用 0.5%盐酸(用 50%酒精配制)分色。

(12)用蒸馏水洗涤 2 次,再入自来水洗涤 3～4 次,使标本呈蓝色。

(13)再依次经蒸馏水,30%、50%、70%、80%、90%、100%酒精,2∶1 无水酒精与三氯甲烷、1∶1 无水酒精与三氯甲烷、纯二甲苯,每级 45min。

(14)用冷杉树胶封片。

结果:青霉呈蓝色。孢子梗、孢子和菌丝的排列较整齐。

第九节　Technovit 切片举例

一、青荚叶花药横切片

青荚叶 *Helwingia japonica* (Thunb.) Dietr. 是山茱萸科落叶灌木，俗称“叶上珠”。初夏开花，雌雄异株。花小，黄绿色，生于叶面中央的主脉上。果实常 1～3 枚，生于叶面中央主脉上，近球形。花期 4—5 月，果期 8—10 月（Ao and Tobe，2015）。

(1)取材与固定：2011 年 7 月，在日本京都市郊，找到自然生长的青荚叶植株。采集不同发育时期的雄花，直接浸入 FAA 液中固定保存，带回实验室备用。

(2)浸洗：材料用 50%酒精浸洗 3 次，每次 20min。

(3)脱水：在体视显微镜下打开小花，用小镊子将花药从花丝上取下，从 70%酒精开始，经 85%、95%和无水酒精脱水，每级 1h。无水酒精放置两级。

(4)渗透：材料依次经过无水酒精∶Technovit 基础液（1∶1）混合液和 Technovit 基础液渗透，每级 12h。往 100ml 基础液中放入 1g 固化剂 1（hardener Ⅰ），充分摇匀后制成预备液。材料转入预备液中继续渗透 2 级，每级 12h。

(5)包埋：在 12ml 预备液中加入 1ml 固化剂 2（hardener Ⅱ），充分摇匀，用移液器吸入 1～3ml 放到包埋模（Histoform S）的凹槽中。用洁净的解剖针或牙签将渗透好的标本材料放入凹槽中，按要求定位。常温下包埋聚合过夜。次日将包埋模转入 62℃恒温箱 1d（久置对制片并无影响）。

(6)切片：切横切面，厚 4μm。

(7)展片、贴片、烤干：在电加热器上进行。

(8)染色：用番红-铁钒苏木精双重染色。

(9)观察、拍照：染色后的标本滴上 1 滴蒸馏水，盖上盖玻片，置显微镜下观察拍照。

(10)脱水、透明、封固：按常规进行。

结果见图 6-29 和图 6-30 说明。

二、青荚叶子房纵横切片

青荚叶子房卵圆形或球形，由 3～5 心皮组成，3～5 室，每室里有 1 枚悬垂胚珠。

2011 年 7 月，在日本京都市郊找到自然生长的青荚叶植株。采集不同发育时期的雌花，直接浸入 FAA 液中固定保存，带回实验室备用。

解剖出子房，用 50%酒精清洗 3 次，每次 15min。

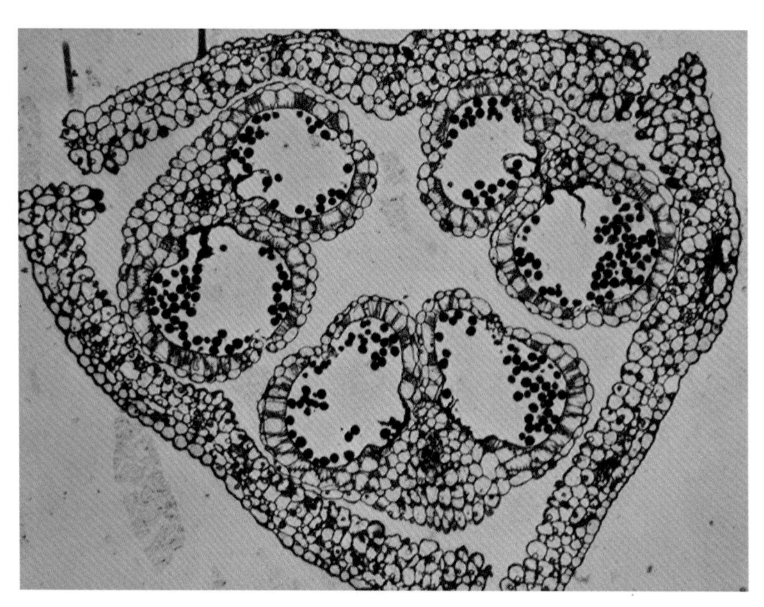

图 6-29　青荚叶雄花横切

青荚叶的雄花为单被花，有 3 枚雄蕊。可见花药已接近成熟

随后的实验方法同青荚叶花药横切片（Technovit 法）。由于子房比花药要大得多，所以每级处理时间延长 1～3 倍。

结果见图 6-31 和图 6-32 说明。

三、铁皮石斛子房纵横切片

双受精是被子植物的特有现象（Ao，2021）。双受精现象的发现者、俄国伟大植物学家纳瓦兴（Nawaschin，1900）第一个注意到兰科植物的第 2 个精子与极核缺乏融合，并假设这一现象是兰科的一般特征。120 多年来，兰科是否有双受精问题一直存在着争议，因为多人声称在兰科植物材料中看到了双受精现象。例如，梁汉兴（1984）报道了天麻 *Gastrodia elata* 的"双受精正常进行"，Li 等（2016）在天麻的同一胚囊中观察到 3 细胞胚和初生胚乳核，暗示着双受精的存在。然而，他们提供的初生胚乳核与珠心细胞核（二倍核，$2n$）或胚细胞核（$2n$）相比，大小无异，而且，在这两项研究中都未能观察到早期胚乳，使得人们对初生胚乳核的真实性产生了怀疑（Chen et al.，2018）。

兰科植物子房中数不清的微小胚珠对二甲苯的透明作用以及石蜡渗透、包埋过程中的高温环境十分敏感，传统的石蜡切片法无法观察到初生胚乳核。这是兰科是否有双受精长期存在争议的主要原因。初生胚乳核是花粉管中的第 2 个精子与胚囊中的两个极核融合的产物，是被子植物双受精的证据。初生胚乳核（受精极核）是三倍核（$3n$），明显大于周围珠心组织的细胞核（$2n$）。用 Technovit 法制作铁皮石斛（兰科）子房纵横切片，可以获得满意的效果。

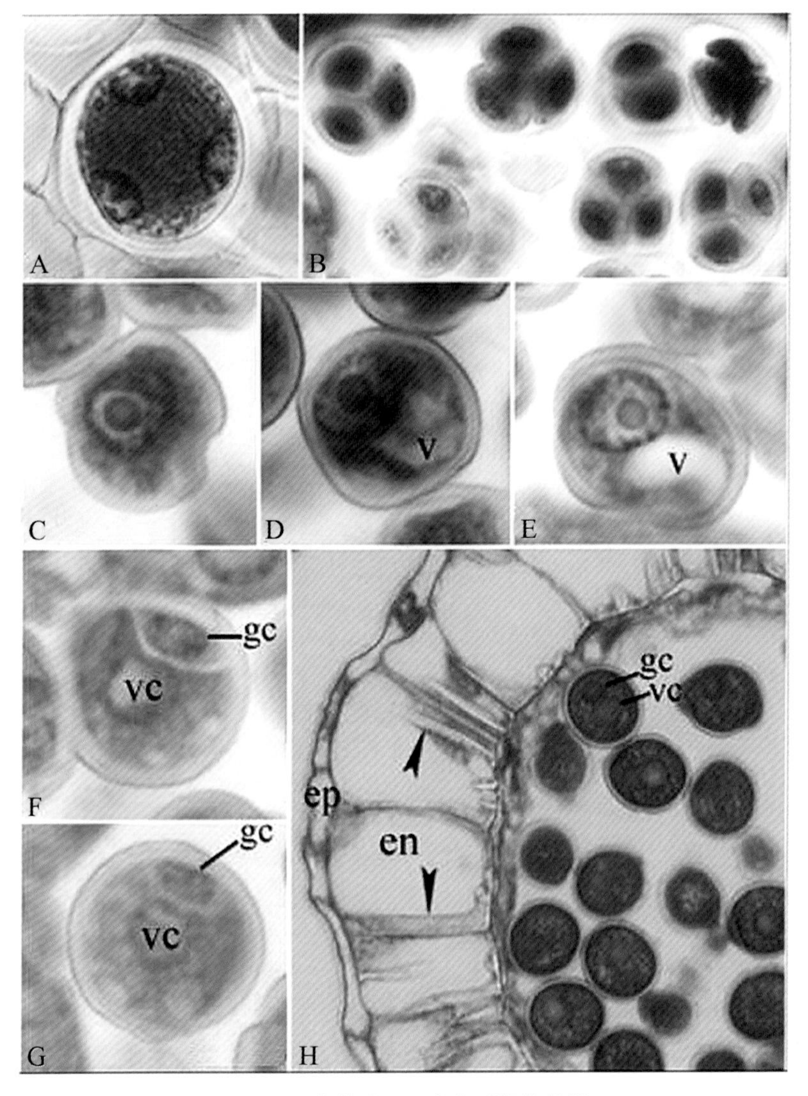

图 6-30　青荚叶不同发育时期的花粉

A. 花粉母细胞的减数分裂(胞质分裂同时型);B. 四面体型四分体;C、D、E. 单核花粉,可见随着花粉的逐渐成熟,液泡化程度逐渐增大;F. 营养细胞和透镜状的生殖细胞,两者之间有弧形细胞壁;G. 生殖细胞脱去细胞壁,成为一个裸细胞;H. 成熟的二细胞型花粉(箭头指向药室内壁的纤维状加厚)。en:endothecium,药室内壁;ep:epidermis,表皮;gc:generative cell,生殖细胞;v:vacuole,液泡;vc:vegetative cell,营养细胞

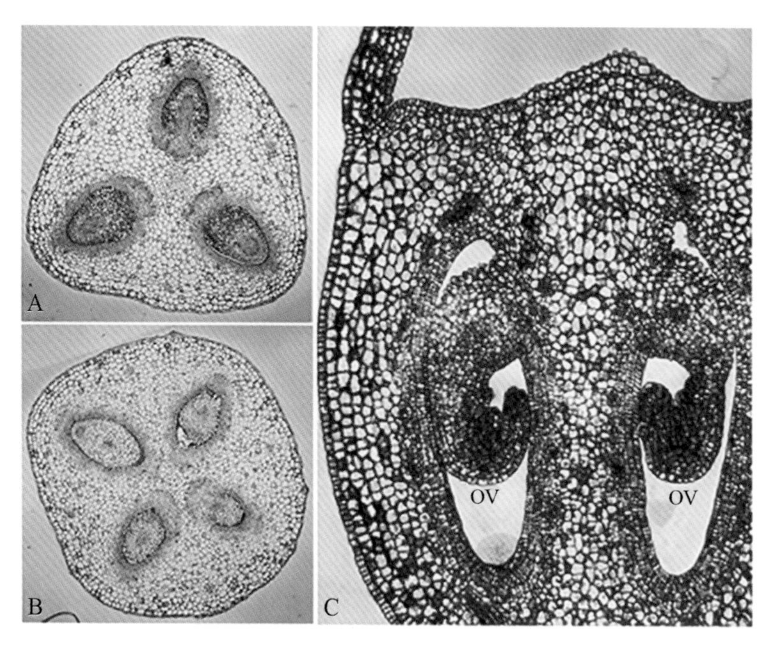

图 6-31　青荚叶子房纵横切(A、B 横切,C 纵切)

A. 3 心皮子房,3 室,每室 1 胚珠;B. 4 心皮子房,4 室,每室 1 胚珠;C. 每个子房室里有 1 枚悬垂的倒生胚珠。ov:ovule,胚珠

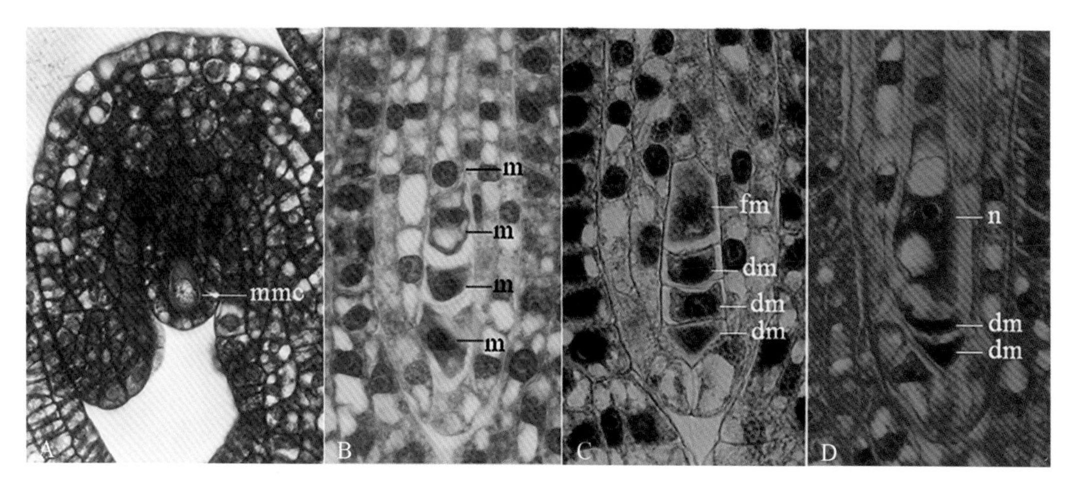

图 6-32　青荚叶胚珠纵切

所有照片的珠孔端在下,合点端在上。A. 倒生胚珠,单珠被,可见珠心表皮下的大孢子母细胞,显示薄珠心类型;B. 直线形排列的 4 个大孢子;C. 功能大孢子和 3 个退化大孢子;D. 单核胚囊和 2 个退化大孢子。dm:degenerating megaspore,退化大孢子;fm:functional megaspore,功能大孢子;m:megaspore,大孢子;mmc:megaspore mother cell,大孢子母细胞;n:nucleus,核

(1)取材与固定：铁皮石斛 *Dendrobium catenatum*(原名 *Dendrobium officinale* Kimura et Migo)为兰科多年生附生草本，生于海拔 1600m 的山地半阴湿的岩石上，主要分布于中国安徽、浙江、福建等地，在浙江温州乐清市有广泛栽培。铁皮石斛是国家濒危中药材。其茎入药，具有滋阴清热、生津益胃、润肺止咳、抗肿瘤、抗氧化、增强人体免疫力和降低血糖等作用。

对于绝大多数被子植物而言，在开花时胚囊已发育成熟，卵细胞处于"待受精"状态。传粉(授粉)只不过是受精的前奏，或者说，传粉后很快就发生了受精事件。但在铁皮石斛中，授粉是触发胚珠发育的刺激因素，就像大多数兰花一样，只有在授粉后才能启动孢原细胞的生长和随后的大孢子的发生和雌配子体的发生。而等这一系列生长过程结束、胚囊发育成熟后，满园尽是累累蒴果。所以，观察铁皮石斛的双受精，不能采集刚刚开放的花，而应采集中等大小的果实。采用两种方法收集果实。①采集人工授粉结出的果实。用 1 根牙签将 1 朵花的花粉块转移到另一朵花的柱头上，轻轻触碰几下，1d 后看到被授粉的花花瓣萎蔫，表示授粉成功。再过 7～15d 即可采到不同大小的果实。②采集自然生长的果实。在立体栽培情况下，长在高处的花的花粉块在风力作用下会被吹落，有时候碰巧落到下面花的柱头上，完成传粉[见 Fig. 1 in Chen et al. (2018)和 Fig. 2 in Chen et al. (2021)]，结出果实。以这种方式采集的果实是本研究的主要材料来源。

2017 年 6 月，在浙江聚优品生物技术有限公司(浙江乐清)的温室中，采集附生在杉木树干上的铁皮石斛不同发育时期的蒴果，用锋利的刀片切开(腰斩)，浸入 FAA 液中固定保存，带回实验室备用。

(2)浸洗：材料用 50%酒精浸洗 3 次，每次 20min。

(3)脱水：用小镊子将胎座取下，从 70%酒精开始，经 85%、95%和无水酒精脱水，每级 4h。无水酒精放置两级。

(4)渗透：材料依次经过无水酒精：Technovit 基础液(1：1)混合液和 Technovit 基础液渗透，每级 12h。往 100ml 基础液中放入 1g 固化剂 1(hardener Ⅰ)，充分摇匀后制成预备液。材料转入预备液中继续渗透 2 级，每级 12h。

(5)包埋：在 12ml 预备液中加入 1ml 固化剂 2(hardener Ⅱ)，充分摇匀混合。往包埋模中倒入 1～3ml 混合液，用吸管将渗透好的标本材料放入包埋模中，使材料全部浸入混合液中。根据切片需要进行定位，先常温下静置 12h，然后转入 60℃恒温箱聚合 1d。

(6)切片：在旋转切片机上切片，厚 4μm。

(7)展片、贴片、烤干、复水：按常规进行。

(8)染色：用番红-铁钒苏木精双重染色。

(9)观察、拍照：染色后的标本滴上 1 滴蒸馏水，盖上盖玻片，置显微镜下观察拍照。

使用 Technovit 法制作的切片，清楚地显示初生胚乳核要比珠心组织的细胞核($2n$)大得多(图 6-33A、B、C)，显然是三倍核($3n$)，从而为铁皮石斛的第二次受精提供了有力证据。2 细胞胚乳(图6-33D、E)和 4 细胞胚乳(图 6-33F)的存在则进一步证实了第二次受精的存在(Chen et al.，2018)。

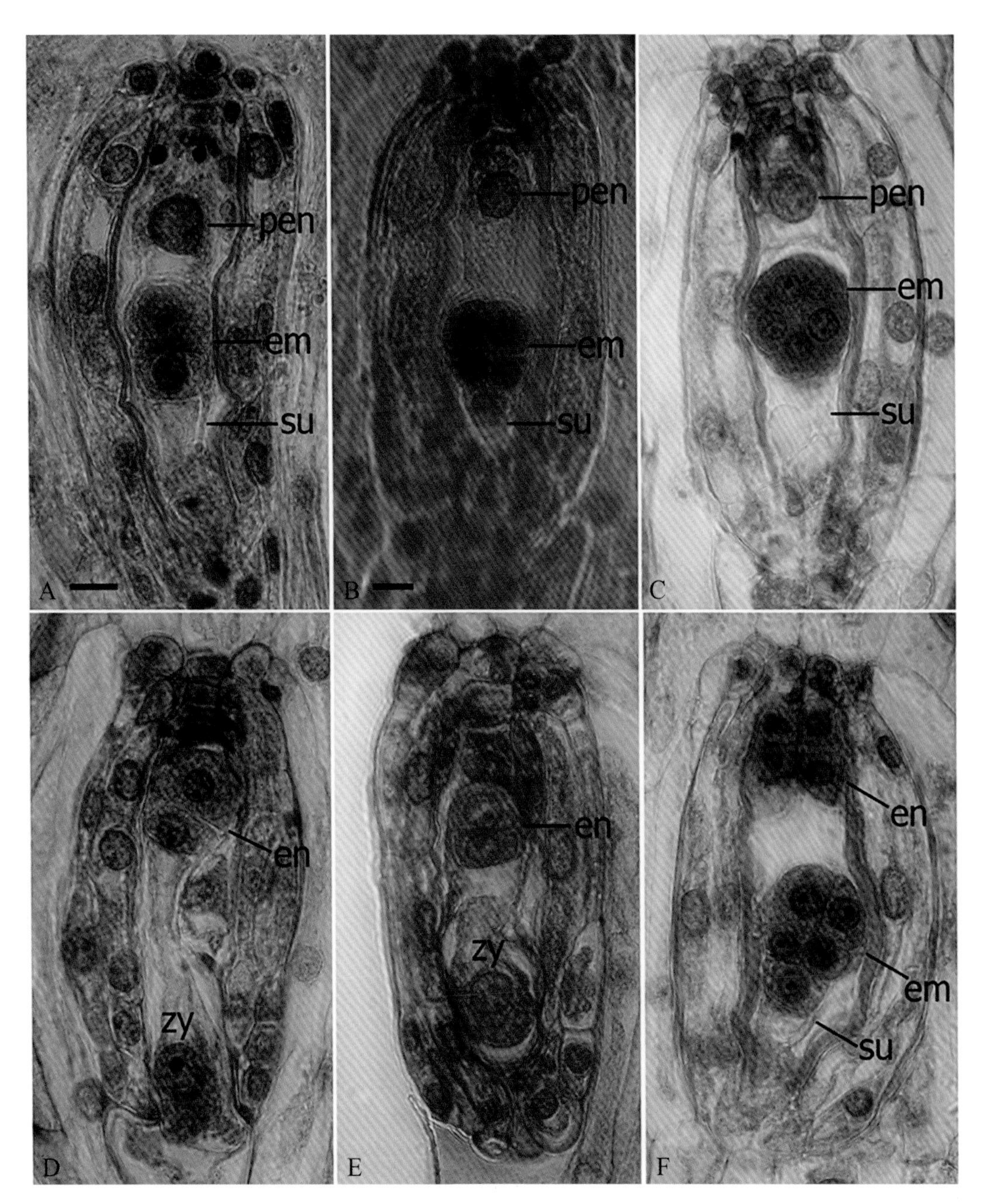

图 6-33　铁皮石斛的初生胚乳核、早期胚乳、合子和早期胚

所有照片的珠孔端在下，合点端在上。A. 初生胚乳核和 2 细胞原胚，标尺＝10μm 且适合于 C～F；B. 初生胚乳核和 8 细胞原胚，标尺＝10μm；C. 初生胚乳核和球形胚；D、E. 2 细胞胚乳和合子；F. 4 细胞胚乳和 8 细胞原胚。em：embryo proper，胚体；en：endosperm，胚乳；pen：primary endosperm nucleus，初生胚乳核；su：suspensor，胚柄；zy：zygote，合子

第十节　超薄切片举例

一、葱兰花药的超薄切片(树脂包埋/透射电镜观察)

(1)取材与前固定:从植株上取下花药后立即投入用 0.1mol/L 磷酸缓冲液(PBS)配制的 2.5%戊二醛固定液中(pH=7 且事先预冷)。

(2)漂洗与后固定:吸去前固定液,用缓冲液漂洗过夜,次日再用缓冲液漂洗 30min(中间换液 1 次),然后用缓冲液配制的 1%锇酸固定液(pH=7)中于室温下固定 2h,再用缓冲液漂洗 1～2 次,每次 30min。

(3)脱水:经 PBS 漂洗过的花药,用 30%→50%→70%→80%→90%→100%→100%乙醇脱水,每级 1h。

(4)过渡:经无水乙醇∶环氧丙烷=1∶1 的混合液过渡 1h,无水乙醇∶环氧丙烷=1∶3的混合液过渡 1h,纯环氧丙烷过渡 1h。

(5)渗透、包埋与聚合:所用包埋剂为 Epon812 环氧树脂,适合包埋花药的配方是(按体积比)Epon812∶DDSA∶MNA=5.8∶1∶4.6,最后加入总体积的 1.5%的 DMP-30,充分搅拌后置于干燥器中备用。脱水、过渡后的花药经以下溶剂渗透。

环氧丙烷∶包埋剂=1∶1 混合液渗透 2h,环氧丙烷∶包埋剂=1∶3 混合液渗透 2h,纯包埋剂渗透 24h 或过夜。用烘干的牙签将花药转入胶囊中,注入纯包埋剂进行包埋,在 63℃恒温箱中聚合 1d 便得到包埋块。

(6)切片:先用刀片将包埋块头修整成一个锥体,再将锥体顶面修整成梯形面。然后将修整好的包埋块头放到超薄切片机上,用一块玻璃刀进行预切片,直至包埋块头光滑后便可换上钻石刀,对好刀口后即可进行切片。用睫毛针将适宜厚度的切片拨到一起,用镊子夹住铜网边缘并使膜面向下接近切片,使切片黏附在铜网上。

(7)染色:在一蜡盘上滴入醋酸双氧铀染液,把载有切片的铜网(膜面向下)浸泡在染液中染色 10min。染完后用镊子将铜网取出,依次在盛有蒸馏水的小烧杯中清洗 3～4 次,放到干净的滤纸上吸干水分,再放到滴有柠檬酸铅的蜡盘中复染 10min。取出铜网,在上述盛有水的烧杯中洗 4～5 次,吸干多余水分,便可在电镜下观察。

二、可口革囊星虫体腔细胞的超薄切片(树脂包埋/透射电镜观察)

可口革囊星虫(*Phascolosoma esculenta*)属于星虫动物门(Sipuncula)、革囊星虫纲(Phascolosomatidea)、革囊星虫目(Phascolosomaliformes)、革囊星虫科(Phascolosomatidae),俗称海泥虫、海丁、海蚂蟥、泥丁、土笋等,主要分布在浙江、福建沿海滩涂。成年个体于2006年5—9月以及2007年3—4月间采自浙江乐清西门岛潮间带的软泥中。体腔细胞置于2.5%戊二醛溶液(以pH 7.4磷酸缓冲液配制)，于4℃冰箱中固定2h，用磷酸缓冲液漂洗3次后，再用1%锇酸固定。系列酒精脱水后，包埋于618Spurr树脂。LKB-2088型超薄切片机切片，醋酸铀-柠檬酸铅双重染色后，用JEOL-JEM-1200EX型透射电镜观察并拍照(Ying et al.,2010)。

结果见图6-34说明。

三、多疣壁虎精子的超薄切片(树脂包埋/透射电镜观察)

多疣壁虎*Gekko japonicus*属于脊索动物门、爬行纲、有鳞目、壁虎科，体型中等，头体扁平，头体长52～57mm，尾长54～57mm。雄性多疣壁虎于2014年5月初捕自浙江温州(27°23′N,119°37′E)，处死后迅速解剖，取其附睾并切成2mm×2mm×2mm的小块，用PBS(pH 7.2)漂洗。附睾样品浸入2.5%戊二醛固定液置于4℃冰箱过夜固定，固定后的样品用0.1mol/L PBS(pH 7.2)漂洗后移入装有1%锇酸固定液的离心管内后固定1h。然后用0.1mol/L PBS(pH 7.2)漂洗后加入1%醋酸铀染色液染色约2h。弃除醋酸铀染色液，依次加入70%～100%丙酮溶液各脱水15min，最后用环氧树脂进行包埋。包埋块凝固后，利用超薄切片机进行切片，用铜网捞片制成超薄切片。制备好的超薄切片用柠檬酸铅染色30s，双蒸水洗涤，用6%醋酸双氧铀染色4min，用双蒸水洗涤，用柠檬酸铅复染2min后用双蒸水充分洗涤切片，吸干水分，置于样品盒中，于45℃烘箱内烘干保存。利用日立7500透射电镜观察切片(Hao et al.,2015)。

结果见图6-35说明。

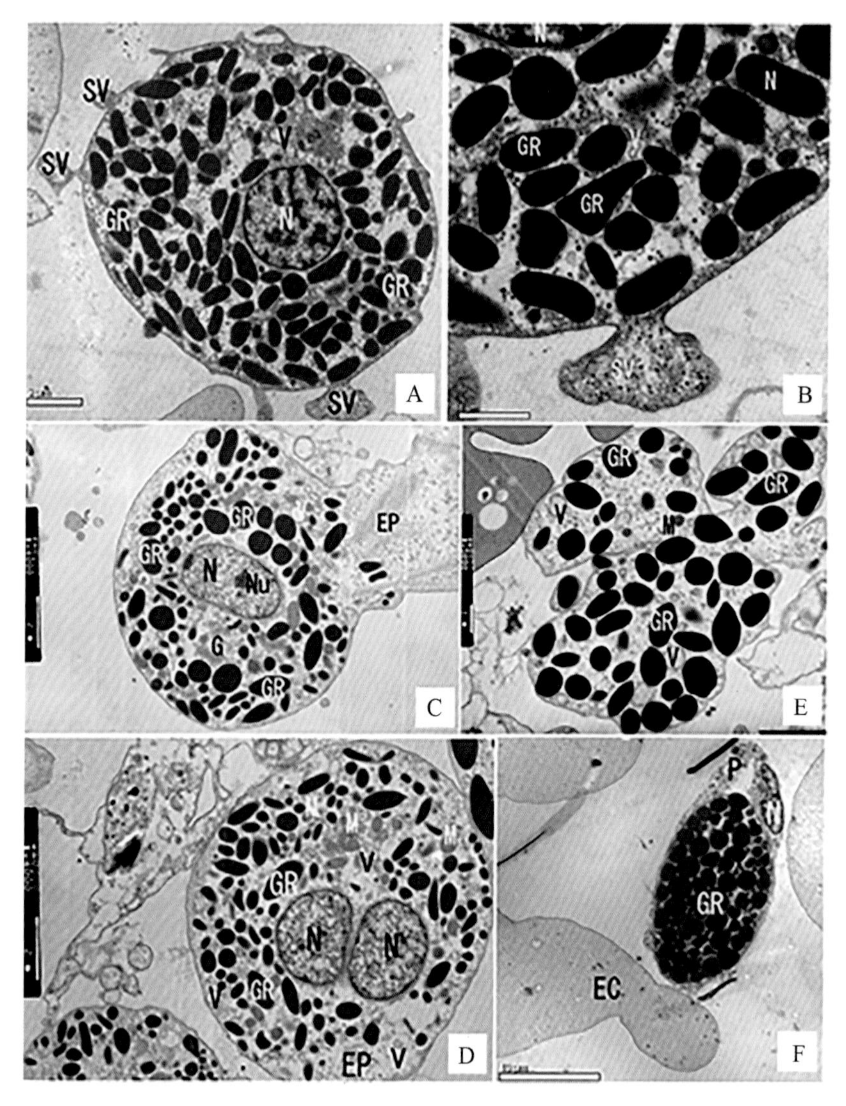

图 6-34　可口革囊星虫体腔细胞的超微结构(应雪萍教授提供)

A. Ⅰ型粒细胞,示细胞核、囊泡、颗粒和分泌小泡;B. Ⅰ型粒细胞放大,示囊泡、颗粒和分泌小泡;C. Ⅱ型粒细胞,示细胞核、颗粒、细胞器和外质;D. Ⅱ型粒细胞的双核,示双核、细胞器和颗粒;E. Ⅲ型粒细胞,示细胞、细胞器和颗粒的形状;F. 细胞复合体,示粒细胞、足细胞和细胞核。EC:erythrocyte,红细胞;EP:ectoplasm,外质;G:golgi complex,高尔基复合体;GR:granule,颗粒;M:mitochondria,线粒体;N:nucleus,核;Nu:nucleolus,核仁;P:podocyte,足细胞;SV:secretory vesicle,分泌小泡;V:vesicle,囊泡

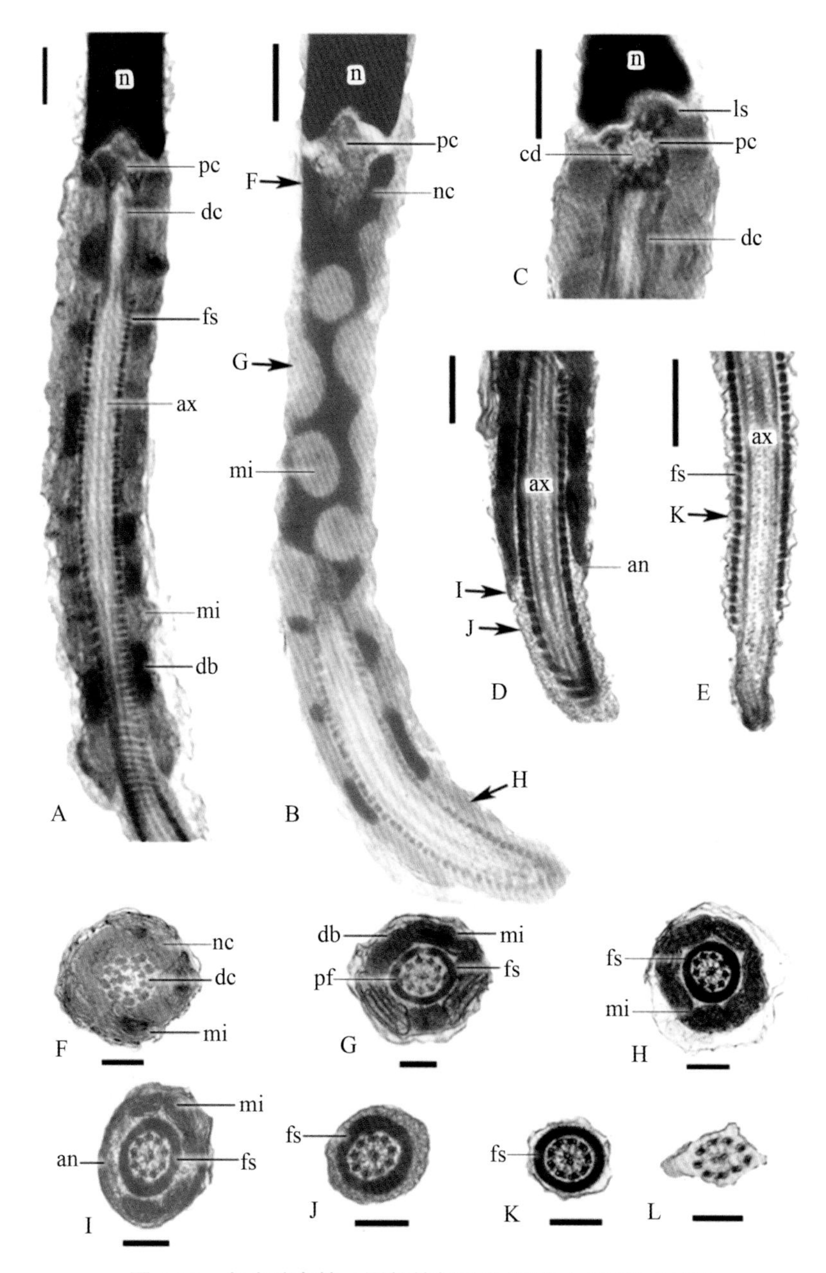

图 6-35　多疣壁虎精子尾部的超微结构(张永普教授提供)

A. 精子颈部纵切,示细胞核、核陷窝、近端中心粒、远端中心粒、颈领、轴丝、纤维鞘、线粒体;B. 精子颈部纵切,示近端中心粒、颈筒、致密体和线粒体排列;C. 精子颈部纵切,示片层结构、近端中心粒、远端中心粒;D. 中段后部和主段前区纵切,示终环和轴丝;E. 主段后部到末端的纵切,示轴丝和纤维鞘;F. 颈部纵切,示近端中心粒、远端中心粒、纤维鞘;G. 中段横切,示致密体、线粒体和轴丝;H. 颈部环前的横切,示线粒体和轴丝;I. 终环位置的横切,示终环、线粒体和轴丝;J. 主段前区横切,示纤维鞘;K. 主段横切,示纤维鞘;L. 末端横切。A～E 的标尺＝0. 5μm;F～L 的标尺＝0. 2μm。an: annulus,终环;ax: axoneme,轴丝;cd: central dense body,中心致密体;db: dense body,致密体;dc: distal centriole,远端中心粒;fs: fibrous sheath,纤维鞘;ls: laminar structure,片层结构;mi: mitochondria,线粒体;n: nucleus,核;nc: neck cylinder,颈领;pc: proximal centriole,近端中心粒;pf: peripheral fibers 3 and 8,第 3 和 8 对外周致密纤维

第七章

组织化学技术(生物显微化学鉴定)

组织化学技术(生物显微化学鉴定)是在生物制片技术基础上,利用化学反应显色而发展起来的一种技术,要求严格地保存细胞内的化学物质,同时又要使这些物质定量、准确地定位在原有位置上,以显示其性质。

生物显微化学鉴定是利用化学试剂处理生物的器官、组织、细胞,通过化学反应,在显微镜下直接观测、鉴别细胞组分,以及细胞中后含物的种类、性质和分布的一种快速定性、定位方法。此法综合应用了有关化学、解剖学及生物显微技术等方面的知识和技术,能够较好地鉴别细胞中微量后含物,反应的灵敏性高,也较简便,对于了解生物生长发育过程中物质的代谢变化、动植物资源的利用,以及亲缘关系的研究等方面都有重要意义。

组织化学在研究结构与机理之间关系方面用途相当广泛,尤其在病理检验中,它是观察病理变化以及诊断疾病的一种极为重要的方法。

进行此项工作,常要注意以下几点:

(1)各种用具器皿必须保持高度清洁,尤其是各种玻璃容器,应经清洁液浸泡、流水洗涤,最后用双蒸水洗 1～2 次,并在恒温箱中烘干备用。

(2)所用药品应该采用优质品级。蒸馏水也应该是用双重蒸馏器制取的纯品。

(3)组织块不宜太大,一般为 1～3mm^3 大小,以避免药物渗透缓慢而发生化学物质自溶或位移。

(4)有时组织化学虽能显示,但往往还不能决断某种物质的存在与否,故常制作对照切片以比较或借助普通化学分析,求得准确结果。

(5)不少固定液能使蛋白质等物质变性,尤其能使酶的活性受到影响,因为酶本身就是一种蛋白质。为了避免这些问题,应选取新鲜组织块,常用冰冻干燥法或冰冻替代法。

①冰冻干燥法:通常将新鲜标本修整为 1mm^3 左右小块,置于小铝箔片上,放入盛有异戊烷的小容器内,随即再将小容器置于－170℃的液氮中骤冷,待异戊烷变稠为止,然后将温度升至－50℃进行冰冻真空干燥 1～2d。以后在室温中,按常规方法做石蜡切片

或冰冻切片。

将 1～3mm^3 的新鲜组织块入盛有丙烷∶异戊烷＝3∶1 混合液的小容器内，再置于－170℃液态氮中骤冷，随后将组织块移入替代液：1％锇酸（用丙酮配制）或 1％氯化汞（用酒精配制）或 5％苦味酸（用酒精配制），并置于－75℃的冰冻干燥机干燥 1 周左右。以后移至室温中，按常规方法做石蜡切片或冰冻切片。

②冰冻替代法：此法简便又无需高级设备。方法是：先往丙酮内大量投入干冰（即固体 CO_2），待干冰不再溶解，温度即已降达－75℃（可用低温计测温）。此时，把组织块放入盛有异戊烷的试管内，再一起置于其中。数分钟后，将纯丙酮或无水酒精换入试管内，并将试管置于有干冰的玻璃瓶内，使酒精或丙酮冷至－4℃以下（一般可达－70℃），然后将瓶放入冰箱内，放置 3～4d，这样组织块中的水分逐渐被丙酮或酒精（更换 2～3 次）所置换。以后，将组织块从试管中取出，使温度回升达室温，再按常规石蜡切片或冰冻切片进行。

第一节　细胞中后含物的鉴定

后含物（ergastic substance）是细胞原生质体新陈代谢后的产物，是细胞中无生命的物质，其中有的是贮藏物质，有的则是废物。细胞中后含物的种类很多，有糖类（碳水化合物，carbohydrate）、蛋白质（protein）、脂质（lipid）（包括脂肪、角质、栓质、蜡质、磷脂等）、无机盐和其他有机物（如鞣质、树脂、树胶、橡胶和植物碱等）。这些物质有的存在于原生质体中，有的存在于细胞壁上。许多后含物对人类具有重要的经济价值。

一、无机物质

（一）钙

1. 醋酸铜-硫酸铁法（示草酸钙）

（1）取材、固定：将大丽菊根（菊科）、大黄叶（蓼科）、颠茄叶（茄科）修剪成 3mm 宽的小片，放入 FAA 液固定 12h。开始入固定液时，需用 0.5L/s 真空泵抽气 30min 左右，除去标本内空气。

（2）按常规法做石蜡切片。

（3）切片厚度 7μm。用玻璃条展平粘贴法贴附。

（4）用二甲苯脱蜡 15min 后，“下行”6 级酒精至蒸馏水，每级 5min。

（5）滴入醋酸铜水饱和溶液 10min。此时镜检，如果有草酸钙存在，则已溶解，生成的草酸扩散到细胞间隙形成草酸铜晶体。

(6)加几滴硫酸铁溶液后，可镜检观察。

硫酸铁溶液配法如下：

硫酸铁　5g

醋酸　20ml

蒸馏水　80ml

结果：草酸钙呈黄色晶体。

2.硝酸银法

(1)至(4)程序与上法相同。

(2)入1%硝酸银水溶液，置于暗处5min。

(3)用蒸馏水洗涤1min。

(4)入还原液，置于暗处约2min。

还原液配法如下：

没食子酸　2g

4%甲醛　5ml

蒸馏水　100ml

(5)用滴瓶操作。经无水酒精洗涤，依次经2级二甲苯透明，每级5s。

(6)用冷杉树胶封片。

结果：草酸钙(或其他钙质)呈黑色。

3.茜素红S法

(1)取材，用新鲜大鼠支气管(钙化气管)、肾(钙化肾)。

(2)入90%酒精固定。按常规方法做石蜡切片。

(3)经二甲苯脱蜡15min，"下行"6级酒精至蒸馏水，每级5min。

(4)用茜素红S液染2min。

茜素红S液配法如下：

甲液：

蒸馏水　45ml

茜素红S　0.5g

混合后搅拌，使其溶解。

乙液：28%氨水($NH_4 \cdot H_2O$)，pH 6.3～6.5。

临用时，将甲液1ml与乙液100ml混合。

(5)用蒸馏水洗5～10s。

(6)入分色用的酸性酒精洗15s左右。酸性酒精配法：将10^{-3}mol/L盐酸加到95%酒精内(按100∶0.01配制)。

(7)用滴瓶操作。经95%酒精、无水酒精，2级二甲苯脱水与透明，每级5s。

(8)封片。

结果:钙沉淀呈橘红色,无机铁呈紫色。

(二)钾

1.硝酸钴-亚硝酸钠法

(1)取材、切片:将胡萝卜块根或马铃薯块茎用徒手切片法制成薄片,置于载玻片中央。

(2)将下液滴于薄片上2～3min,即可镜检。该液配法如下:

硝酸钴　20g

亚硝酸钠　35g

蒸馏水　65ml

冰醋酸　10ml

结果:钾质呈黄色晶体。

2.格什(Gersh)氏法(Crout、Jennings改良,1957)

(1)将新鲜心肌组织进行冰冻干燥切片,切片厚度7～15μm,再在室温下直接移入石油醚(更换2次)。

(2)把切片置于载玻片上,可用吸管或滤纸吸去石油醚,在空气中晾干。

(3)将载玻片入冰冻的亚硝酸钴溶液15s。该液配法如下:

甲液:

亚硝酸钴　25g

蒸馏水　50ml

醋酸　12.5ml

乙液:

亚硝酸钠　120g

蒸馏水　180ml

将210ml乙液加入甲液,并使空气通入混合液,至所有氧化氮全都被除去为止(1～2h)。贮存于冰箱,使用时过滤。

(4)在冰水中洗2次共约15s,将黄色余液洗去。

(5)用无水酒精脱水,二甲苯透明。按常规法封片。

结果:钾质呈淡黄或棕色颗粒,但定位不够可靠。

(三)铁

1.铁氰化钾法

(1)取材、固定:将小块地衣 *Lichens* 放入80%酒精中固定48h以上。

(2)制作石蜡切片。

(3)入盐酸-铁氰化钾溶液约30min。该液配法如下：

1%盐酸水溶液　60ml

2%铁氰化钾(或亚铁氰化钾)溶液　20ml

(4)用蒸馏水洗10s。

(5)滴瓶操作。滴染1%番红(Safranine O)液(用50%酒精配制)1min。随后，依次经70%酒精、95%酒精、无水酒精，2级二甲苯脱水与透明，每级3s。

(6)按常规法封片。

结果：铁质呈蓝色，细胞核呈红色。

2. 硫酸铵法

(1)取材、固定及石蜡切片方法与上法程序(1)至(2)相同。

(2)入2%硫酸铵水溶液5min，使切片呈深绿色为止。

(3)依次经梯度酒精、1%番红酒精(用无水酒精配制)、无水酒精及2级二甲苯脱水、透明，每级3s。

(4)用常规法封片。

结果：铁质呈深绿色，细胞核呈红色。

3. 脱姆-施梅尔逊(Tirman-Schmeltzer)氏法

(1)取材：肉芽肿性淋巴结。

(2)用10%中性甲醛固定。按常规方法做石蜡切片及贴附。

(3)由二甲苯脱蜡15min，“下行”6级酒精至蒸馏水，每级3min。

(4)入1%硫化铵水溶液1～3h。

(5)用蒸馏水洗3次。

(6)入临用时配制的20%铁氰化钾及1%盐酸等量混合液10～20min。

(7)用蒸馏水洗。

(8)用滴瓶操作。依次经蒸馏水、50%酒精、70%酒精、95%酒精、无水酒精、2级二甲苯，每级3～5s。

(9)封片。

结果：亚铁及转变成的正铁均呈深蓝色。

4. 硫酸镉法示铁蛋白(Granick，1946)

铁在动物组织中主要是以铁蛋白形式而不是以含铁血黄素的形式贮存的，含铁血黄素贮存的是过量的铁。

(1)取材：铁蛋白存在于脾、骨髓、肝、睾丸、肾、卵巢和淋巴结。在室温下，将新鲜组织拨离部分(约重0.2g)进行冰冻切片。

(2)入 10%硫酸镉水溶液过夜。此程序应在有封闭环的容器内进行,亦可在密封的玻璃瓶内进行。

结果:铁蛋白变为镉-铁蛋白络合物,呈黄色八面体结晶。

注:标本应避免接触生锈的铁器。如果修整或移动组织块,可用不锈钢刀片与不锈钢镊子操作。

(四)钠

下面介绍醋酸铀-盐酸法。

(1)取材、切片:将新鲜菠菜茎制作徒手切片,并置于载玻片上。

(2)加 1 滴醋酸铀水饱和液和 1 滴盐酸,静置 2~8h,使药液慢慢蒸发(或置于干燥器内蒸发),随即用显微镜观察。

结果:钠质呈四角形或菱形淡黄色结晶。

注:钠在海水植物中含量最为丰富。

(五)磷酸盐

1. 钼酸铵-硝酸法

(1)取材:洋葱鳞茎薄膜组织,用镊子撕下后,置于载玻片上。

(2)在标本上加 1 滴钼酸铵溶液,随后用显微镜观察。该液配法如下:

钼酸铵　1g

蒸馏水　38ml

硝酸　12ml

钼酸铵溶解于蒸馏水后,再加入硝酸。

结果:磷酸盐呈浅黑色。

2. 钼酸铵-硫酸法(Cheng 氏法,1956)

(1)取材:取含有巨噬细胞的淋巴结。

(2)将 1mm 厚之新鲜组织块入 50%中性甲醛固定。

(3)制作冰冻切片,切片厚度 40μm。

(4)用 0.1mol/L 醋酸缓冲液(pH=4)洗涤。

(5)移入酸性钼酸铵溶液并置于 37℃恒温箱孵育 10min。

该液配法:用 0.0025mol/L 硫酸溶液配制 1.5%钼酸铵(用醋酸缓冲液调整 pH 为 4)。

(6)将切片置于载玻片上,晾干,加 1 滴 2%维生素 C 溶液(用醋酸缓冲液调整 pH 为 4),加盖玻片后立即镜检。

结果:无机磷酸盐呈蓝色。

二、碳水化合物

(一)淀粉

植物淀粉粒有单粒、复粒、半复粒三种类型,如蚕豆种子的淀粉为单粒,水稻种子的淀粉为复粒,而马铃薯具有三种类型淀粉粒,故选用后者制作标本较好。

(1)取材:将马铃薯块茎制作徒手切片,置于载玻片上。

(2)用医用碘酒 1 份、蒸馏水 5 份稀释液滴入标本上,加盖玻片后用显微镜观察。

结果:淀粉呈蓝色。也可用单面刀刮取马铃薯块茎汁液,制成涂片,不经碘酒染色,直接盖上盖玻片观察淀粉粒(见前文)。

(二)葡萄糖、果糖、麦芽糖和蔗糖

1. 盐酸苯肼法

(1)试剂准备

甲液:

盐酸苯肼(phenylhydrazine hydrochloride)　1g

甘油　10ml

混合前,盐酸苯肼用研钵磨细,待完全溶于甘油之后,过滤,置于棕色瓶内。

乙液:

醋酸钠　1g

甘油　10ml

待醋酸钠充分溶解后,过滤,置于另一棕色瓶内。

(2)取材:将甜菜块根或甘蔗幼茎修切成小块,用徒手切片法制成薄片,并置于载玻片上。甘蔗幼茎徒手切片时,应顺着纤维方向作纵切。

(3)将甲液与乙液各 1 滴加在切片上混合,用酒精灯加温 10min,随后用显微镜观察。

结果:葡萄糖呈密集的深黄色或枯黄色针形结晶;果糖呈稀疏的鲜黄色针形结晶,麦芽糖集成柠檬色扇形或宽针形结晶。蔗糖水解也能产生结晶,跟葡萄糖形成的结晶相似。

2. Fehling 反应法

葡萄糖和果糖都是还原性单糖,是植物细胞中重要的营养物质,以溶解状态存在于细胞中。许多植物的根、茎、果实内含量丰富。通常用硫酸铜-酒石酸钾钠法(Fehling 反应法)鉴定。

硫酸铜-酒石酸钾钠配方如下:

A液：

硫酸铜　34.6g

蒸馏水　500ml

B液：

酒石酸钾钠　175g

氢氧化钠　50g

蒸馏水　500ml

以上二液如不够清澈，要分别过滤。临用前才将A液和B液等量混合。

取混合液2～3滴，滴于载玻片上的切片材料上面，然后将此载玻片于酒精灯上缓缓加热至微沸。冷却后镜检。由于单糖分子中具有醛基和酮基，在碱性溶液中能还原铜试剂中的Cu^{2+}成为Cu^{+}，因此当细胞中含有葡萄糖和果糖时，在切片中即出现砖红色的氧化亚铜沉淀。

(三)菊糖(水合氯醛法)

(1)取材、固定：将大丽菊块根修切成15mm小块，入70%酒精固定2～4d。

(2)切片：制作徒手切片，并置于载玻片中央。

(3)加1滴5ml水合氯醛与2ml蒸馏水的稀释液，此时若有菊糖存在，则显示有层次的结晶体。

(4)加1滴15%麝香草酚酒精溶液和1滴浓硫酸，随即用显微镜观察。

结果：菊糖结晶呈红色，但数分钟后结晶色泽即消失。

(四)糖原

糖原(肝糖)等多糖类物质的检验有许多方法，较著名的有贝斯特(Best)氏洋红法、鲍尔-孚尔根(Bauer-Feulgen)氏法及谢(Schiff)氏高碘酸法等。

糖原大多存在于肝细胞与肌细胞的细胞质中，易分解，故组织块必须新鲜，其厚度也不应超过3mm。作石蜡包埋时还要避免高温。

1. 贝斯特(Best)氏洋红法

(1)取材：取豚鼠或其他动物新鲜肝脏、肌肉或软骨。

(2)固定：将组织块放入卡诺氏液固定24h。固定时可置于冰箱内进行。

(3)按常规方法制作石蜡切片，切片厚度为8μm。

(4)由二甲苯脱蜡，经无水酒精、90%、80%、70%、50%酒精，每级5min。

(5)入埃利希(Ehrlich)氏苏木精染液15min。

(6)用0.5%盐酸(50%酒精配制)适度分色。

(7)用蒸馏水洗4次，共10min。

(8)放入贝斯特(Best)氏洋红染色液30min。

贝斯特(Best)氏洋红贮存液配法如下：

洋红　2g

碳酸钾　1g

氯化钾　5g

蒸馏水　60ml

此液缓缓煮沸数分钟，冷却后加氨水20ml，放置1d后成熟，贮存于冰箱内，夏天能保存1个月，冬天能保存3个月。

贝斯特(Best)氏洋红染色液配法如下：

贝斯特(Best)氏洋红贮存液(应过滤)　20ml

氨水　30ml

甲醇　30ml

(9)不经水洗，直接入分色液分色。

分色液配法如下：

无水酒精　80ml

甲醇　40ml

蒸馏水　100ml

(10)经80%、95%酒精、无水酒精，2级二甲苯脱水与透明，每级5min。

(11)用冷杉树胶封片。

结果：糖原呈红色，细胞核呈蓝黑色。

2.鲍尔-孚尔根(Bauer-Feulgen)氏法

(1)取材、固定：同上法。

(2)按常规法制作石蜡切片，切片厚度5～7μm。

(3)由二甲苯脱蜡15min，经6级酒精降至蒸馏水，每级5min。

(4)入4%铬酸水溶液1h或用1%铬酸浸12h。

(5)流水洗5min。

(6)用孚尔根氏法之谢氏液(配方见下页)浸10～15min。

(7)入1/20mol/L酸性亚硫酸钠溶液洗3次，共5min。

下液1份加蒸馏水19份即成1/20mol/L酸性亚硫酸钠溶液：

无水亚硫酸氢钠($NaHSO_3$)　104.06g

蒸馏水　1000ml

(8)经流水洗涤10min。此时肝糖、黏液等成分才显示出深紫红色或红色。必要时，用苏木精染液复染细胞核。

(9)用滴瓶操作。经50%、80%、95%酒精、无水酒精、2级二甲苯脱水与透明，每级

3s。最后封片。

结果:肝糖呈红色。若复染苏木精液,细胞核呈蓝黑色。

3.霍奇斯基(Hotchkiss)氏法(periodic acid Schiff 染色,简称 PAS)

(1)药液配制:

①高碘酸酒精液配法如下:

高碘酸　0.8g

蒸馏水　20ml

1/5mol/L 醋酸钠溶液(即醋酸钠 2.72g 加入蒸馏水 1000ml)　10ml

95%酒精或无水酒精　70ml

②谢(Schiff)氏酒精液配法如下:

谢氏液　11.5ml

1mol/L 盐酸　0.5ml

无水酒精　23ml

③亚硫酸水溶液配法如下:

10%亚硫酸氢钠溶液　10ml

1mol/L 盐酸　10ml

蒸馏水　180ml

(2)取材:同上法。

(3)固定:用卡诺(Carnoy)氏液固定 1d 以上。

(4)制作石蜡切片,切片厚度 5～7μm。需用 70%酒精贴片。

(5)用二甲苯脱蜡 15min。经无水酒精、95%酒精、80%酒精下行至 70%酒精,每级 5min。

(6)入高碘酸酒精液 10min。

(7)用 70%酒精洗涤。

(8)入谢氏酒精液 15min。

(9)依次入 3 缸亚硫酸水溶液洗 3 次。

(10)用自来水洗 10min 后,再入蒸馏水。

(11)如必要可用埃利希氏苏木精复染细胞核。再按常规方法脱水、透明、封片。

结果:糖原呈红色,细胞核呈蓝黑色。

4.血液 PAS 反应法

(1)将血涂片干燥后,在 95%酒精中固定 10min。

(2)用蒸馏水洗 10s。

(3)入 1%高碘酸水溶液 10min。

(4)用蒸馏水洗 3 次。

(5)入谢(Schiff)氏液。

(6)用自来水洗涤 5min。

(7)用哈里斯(Harris)氏苏木精液复染 1min,使细胞核着色。

(8)用自来水洗 1min。晾干后,镜检。

结果:糖原呈红色颗粒状。

(五)纤维素

下面介绍碘-氯化锂法。

此法应用于鉴定植物纺织品与纸浆等各种纤维。

(1)药液准备

甲液:

碘化钾　5g

碘　2g

甘油　0.5ml

蒸馏水　200ml

乙液:

氯化锂水饱和液。

(2)纤维是细胞壁的骨架,如棉花秆、麻类茎中纤维极为丰富。将纤维撕成细丝置于载玻片上或用常规法制备石蜡切片。

(3)加 2～3 滴甲液于标本上,约 10s 后用滤纸吸干。

(4)再加 1 滴乙液,加盖玻片,镜检。

结果:棉花、稻草纤维呈淡蓝色,菠萝纤维呈深蓝色,亚麻纤维呈蓝绿色,剑麻纤维呈黄绿色,大麻纤维呈黄色,木棉纤维呈柠檬色,黄麻纤维呈黄褐色。

(六)木质

1.莫尔特斯特(Mauletest)法

(1)取材、固定:取一二年生落叶植物或松柏类的茎,用单面刀片分成 3cm 长小段入 FAA 液固定 1 周以上。

(2)软化:浸入 95%酒精与甘油等量混合液 2 周以上。

(3)用推拉式切片机切片,切片厚度为 25～30μm。随后,将切面置于 80%酒精中。

(4)依次经 70%、50%、30%酒精、蒸馏水,每级 15min。

(5)将切片置于载玻片中央,加 2～3 滴 1%中性高锰酸钾溶液 15～20min,使木质素有二氧化锰生成。

(6)用蒸馏水洗 5min。

(7)滴入2%盐酸(相对密度1.06)约5min,使酸与二氧化锰作用。

(8)用蒸馏水洗。

(9)滴加氨水或5%碳酸氢钠溶液后镜检。

结果:落叶植物韧皮纤维细胞壁中木质素呈红色反应,松柏类的木质素呈不明显的棕色反应。

2. 间苯三酚法

此为显示木质素最常用的方法。

(1)将各种双子叶植物(如南瓜 *Cucurbita moschata*)的茎、单子叶植物(如玉米 *Zea mays*)的茎制作徒手切片。

(2)将切片置于载玻片上,滴加1%间苯三酚溶液(用95%酒精配制)1min。

(3)再滴加少许2.5%盐酸,加盖玻片后,用显微镜观察。

结果:木质化的细胞壁呈红色或紫红色。

(七)果胶质

下面介绍钌红显示法。

(1)试剂准备

钌红(ruthenium red) 0.02g

蒸馏水 100ml

此染液要避日光保存。配制后,应置于棕色瓶内。

(2)取材:将苎麻 *Boehmeria nivea* (L.) Gaudich 或大麻 *Cannabis sativa* L. 的茎用单面刀片分切成5mm长小段。随后,再用双面刀片在茎皮部分,顺着纤维方向制作徒手切片。

(3)将切片置于载玻片上,加1滴钌红染液30min。

(4)用蒸馏水洗涤。

(5)用甘油胶封片。

结果:果胶质呈红色。

三、蛋白质

蛋白质是组成原生质的主要成分。植物细胞中有生命的蛋白质呈胶体状态,如细胞膜中跨膜运输的蛋白质。细胞中贮藏的蛋白质生理活性稳定,可以是结晶的或是无定形的。结晶蛋白质具有晶体和胶体的二重性,所以称拟晶体。无定形的胶状蛋白质常被一层膜包裹成圆球状的颗粒,称为糊粉粒。糊粉粒较多地分布于植物种子的胚乳或子叶中,有时它们集中分布在某些特殊的细胞层中,称为糊粉层。

鉴定蛋白质的方法甚多,现介绍如下。

(一)碘-碘化钾法

挑选待测的切片,经蒸馏水和梯度酒精,每级 5min。尽量除去可能产生类似蛋白质反应的物质,然后将切片置载玻片上,加碘-碘化钾溶液,盖上盖玻片,镜检。细胞中的糊粉粒被染为淡黄色。

(二)曙红法

将切片浸染于 0.5%曙红水溶液中,经 10min,用水迅速洗去余色,再以甘油封藏,在显微镜下观察鉴定。糊粉粒被染成红色。细胞中如同时含淀粉粒也可稍微着色,但色淡,易与糊粉粒区别。

(三)硫酸铜-氢氧化钠法(双缩脲反应法)

蛋白质具有双缩脲基,在碱性溶液中与硫酸铜作用,产生双缩脲反应,呈紫红色。

将切片置入 1%硫酸铜水溶液中约 30min,用水漂洗后,移于玻片上,在材料上加 1 滴 40%氢氧化钠水溶液,浸 1h 后镜检。蛋白质被染成暗红至蓝紫色。

(四)曙红-苦味酸法

(1)药液准备

曙红-苦味酸染色液配法如下:

曙红　1g

苦味酸饱和溶液(用 95%酒精配制)　50ml

(2)取材与制片:将水稻、小麦 *Triticum aestivum* L. 和玉米种子制作常规石蜡切片。

(3)由二甲苯脱蜡 15min,再经无水酒精、95%酒精,每级 5min。

(4)加 1 滴曙红-苦味酸染色液,随即镜检,如果糊粉粒的基质显蓝色,即加几滴无水酒精,停止其作用。

(5)经丁香油透明,最后封片。

结果:蛋白质(糊粉粒)结晶呈黄色,球蛋白呈粉红色,基质呈暗红色。

(五)耶苏莫-奥托卡瓦(Yasuma-Otchikawa)氏法

(1)取材:肾、十二指肠(绒毛部分)修切成小块。

(2)放入卡诺氏液固定 12h。

(3)按常规制作石蜡切片、贴附,切片厚度约 5μm。

(4)二甲苯脱蜡 15min。经无水酒精 5min。

(5)入 0.5%茚三酮(ninhydrin)无水酒精溶液,并置 37℃恒温箱中 24h。

(6)经 6 级酒精复水,流水缓缓冲洗。

(7)将切片入谢(Schiff)氏液 25min。

(8)流水洗 10min。必要时,用迈耶(Mayer)氏苏木精染色液复染细胞核,经蒸馏水洗去余色,再用 0.5%盐酸(用 50%酒精配制)分色适宜。随后,用蒸馏水洗 3 次,共 10min。

(9)用滴瓶操作。依次经 50%、70%、95%酒精、无水酒精、2 级二甲苯,每级 3s。

(10)用冷杉树胶封片。

结果:有 α-氨基的氨基酸呈红色。

(六)偶联反应法(Daniell,1950)

(1)药液准备

双偶氮联苯胺溶液配法如下:

2mol/L 盐酸　3ml

联苯胺　0.06g

5%亚硫酸钠水溶液　8 滴

5%氨基磺酸铵(ammonium sulfamate)溶液　1ml

碳酸钠水饱和溶液　10ml

蒸馏水　50ml

用一个干净染色缸浸于冰块中(加粗盐,力求把温度降低到 4℃左右),加入 2mol/L 盐酸、联苯胺、5%亚硫酸钠水溶液,迅速搅拌 10min,使药液充分溶解。随后,加入冷的 5%氨基磺酸铵和冷的碳酸钠水饱和溶液。当停止产生气泡后,应成为深黄色透明溶液(若产生沉淀则不可用),最后加蒸馏水稀释。此液使用不能超过 1h。

(2)取材:用肾或十二指肠作为材料。

(3)固定:经冰冻干燥,由 10%甲醛固定。

(4)按常规法制作石蜡切片,切片厚度为 5μm。

(5)由二甲苯脱蜡 15min,“下行”6 级酒精降至蒸馏水,每级 3min。

(6)入双偶氮联苯胺溶液 15min。

(7)用蒸馏水洗 3 次。

(8)用巴比妥-醋酸盐缓冲液(pH9.2)洗 3 次,每次 2min。

(9)水洗 3min。

(10)按常规脱水、透明、封片。

结果:色氨酸、酪氨酸、组氨酸呈棕红色。

(七)坂口(Sakaguchi)反应法(Deitch,1961)

(1)药液准备

①Deitch 氏液

甲液:4%氢氧化钡溶液　25ml

乙液:5%次溴酸钠(市售产品的浓度为20%,与蒸馏水按1∶3比例配制)　5ml

丙液:2,4-二氯-2-苯酚　75mg ⎫
　　叔丁醇　5ml ⎭ 5ml

临用时,将甲、乙、丙液混合。

②脱水剂:5%三丁胺(用叔丁醇配制)

③透明剂:5%三丁胺(用二甲苯配制)或5%苯胺油。

(2)取材:用肾或十二指肠作为材料。

(3)固定:用卡诺(Carnoy)氏液固定。

(4)常规石蜡切片,切片厚度为5μm。

(5)由二甲苯脱蜡,经6级酒精降至蒸馏水,然后用滤纸吸干、干燥。

(6)将Deitch氏液置于染色缸中,在室温下浸泡10min。

(7)用5%三丁胺脱水剂更换3次,每次5s,充分搅拌。

(8)用5%三丁胺透明剂或5%苯胺油透明2次,每次30s。

(9)用冷杉树胶封片。

结果:有精氨酸的蛋白质呈橘黄色。

四、脂类

脂类分为甘油三酯和类脂。一般地,把在15℃左右呈固态的称为脂,在15℃左右呈液态的称为油。

由于脂类物质溶解于酒精、乙醚、三氯甲烷、二甲苯、苯,所以不能用石蜡或火棉胶包埋切片。而冰冻切片不需要使用这些药液,故用此法较好。

用拨散法染脂肪时,常用的油溶性苏丹染料有苏丹Ⅲ、苏丹Ⅳ、苏丹黑、尼罗蓝,而且大多与70%酒精配成饱和液或用丙酮和70%酒精等量混合液配制饱和液。封片可用甘油、甘油胶或PVP封固剂。

(一)脂肪

1.苏丹染色法(示中性脂肪)

(1)药液准备

有三种常用染液,可任选一种。

①苏丹Ⅲ(或苏丹Ⅳ、苏丹黑)酒精饱和溶液或1%苏丹Ⅲ酒精溶液。均用70%酒精配制。

②Herxheimer氏液:用等量丙酮与70%酒精混合,加苏丹配制成饱和溶液。

③Rinehart氏液:由无水酒精与苏丹染料配制成的饱和液。临用时,将此液与蒸馏

水按 6∶4 配成稀释液。

(2)取材:用动物脂肪组织或肾。

(3)固定:将标本入 10%甲醛溶液 1d。

(4)如果是组织块,则制作冰冻切片,切片厚度为 10~15μm;如果是皮下脂肪组织,可在固定前置于载玻片中央,用解剖针将脂肪均匀铺一薄层。

(5)经蒸馏水洗后,入哈里斯氏苏木精染液 3min。

(6)用蒸馏水速洗 3 次。如果细胞核着色较深,用 0.5%盐酸酒精分色到适宜。

(7)流水洗 1min。

(8)入苏丹染液 10min。

(9)用 70%酒精分色到适宜。

(10)用蒸馏水速洗 5s。

(11)用甘油或甘油胶、油派胶封片。

结果:苏丹Ⅲ染脂肪呈橘黄色,用苏丹Ⅳ者呈猩红色,用苏丹黑者呈黑色。

2. 氢氧化钾法(皂化法)

这是一种检查细胞中脂肪的好方法,它与苏丹Ⅲ法配合应用可提高鉴别油脂的准确性。

氢氧化钾溶液配方如下:

A 液:

氢氧化钾饱和量

蒸馏水 20ml

B 液:

20%氨水 20ml

等量 A 液和 B 液混合,保存于棕色玻璃瓶中。

将切片置载玻片上,滴 1 滴上述混合液,盖好盖玻片,用石蜡密封盖玻片的边缘。经 2~3d 后,细胞中的脂滴被皂化,逐渐出现针状或羽毛状结晶——脂肪酸钾盐(肥皂)。据此判断油脂的存在。某些其他物质(生物碱、酒石酸等)也可形成结晶,但这些物质的结晶在短时间内就能发生,同时在整个视野中分散存在,而油脂形成结晶所需的时间较长,至少一昼夜,同时脂肪酸钾盐呈局部分布。

(二)脂肪酸

1. 尼罗蓝(Nile blue)法(Lillie,1965)

(1)药液准备:

尼罗蓝 0.05g

蒸馏水 99ml

浓硫酸　1ml

(2)取材:用动物脂肪坏死组织(以显示脂肪酸结晶)。

(3)制作冰冻切片,切片厚度为 12μm。

(4)入尼罗蓝染液,置于 37℃恒温箱内 20min。

(5)流水洗 10min。

(6)用甘油或油派胶封片。

结果:脂肪酸呈深蓝色,中性脂肪呈粉红色。

2. 飞谢尔(Fischler)氏法

(1)药液准备

①韦格特(Weigert)氏锂苏木精液:

甲液:

10%苏木精酒精溶液(无水酒精配制)。

乙液:

碳酸锂水饱和液　10ml

蒸馏水　90ml

临用时,甲与乙液按 1∶1 比例混合。

②韦格特(Weigert)氏硼砂铁氰化钾分色液:

硼砂　20g

铁氰化钾　25g

蒸馏水　1000ml

(2)取材:用动物脂肪坏死组织。

(3)入 10%甲醛固定 12h 以上。

(4)制作冰冻切片,切片厚度为 12μm。

(5)入醋酸铜水饱和液,置于 37℃恒温箱内 12h。

(6)蒸馏水洗。

(7)入韦格特氏锂苏木精液 20min。

(8)蒸馏水速洗。

(9)用韦格特氏硼砂铁氰化钾分色液分色到适宜,使红细胞无色。

(10)蒸馏水洗。必要时,可用苏丹染色液染中性脂肪。

(11)用甘油或油派胶、甘油胶封片。

结果:脂肪酸呈蓝黑色,中性脂肪呈红色。

注:如果显示钙皂,可将切片放入等量乙醚与无水酒精混合液中溶去脂肪酸,然后用无水酒精洗去乙醚,经 80%酒精逐步下行至蒸馏水。尔后,切片中只有钙皂存在,再经醋酸铜水饱和液并置于 30℃恒温箱 2h,水洗,用韦格特氏锂苏木精染液染色即可显现。

(三)胆固醇(Schultz 法)

胆固醇为缺角的长方形或方形结晶,无色透明,可溶于氯仿和乙醚。

(1)取材:豚鼠或其他动物肾上腺或脂肪性肝脏。

(2)入 10%甲醛固定。

(3)制作冰冻切片,切片厚度为 30μm。

(4)入 5%硫酸铁铵并置于 37℃恒温箱 3d。

(5)用蒸馏水洗,再用滤纸吸干。

(6)缓慢地滴加等量醋酸与硫酸混合液。该混合液配法如下:

先在小烧杯内注入 4ml 冰醋酸,浸冰水后,再慢慢加入等量硫酸(98%以上浓度)。

(7)加盖玻片后,用显微镜观察。

结果:如有胆固醇存在,在加酸后 2～3s 即可显示绿色,再过半小时则由绿色变为棕色。

(四)其他脂类

1. 贝克(Baker)氏酸性苏木精法示磷脂类

(1)药液准备

①甲醛-钙固定液

甲醛　10ml

10%氯化钙溶液　10ml

蒸馏水　80ml

②重铬酸-钙液

重铬酸钾　5g

氯化钙　1g

蒸馏水　100ml

③酸性苏木精液

苏木精　0.05g

蒸馏水　49ml

1%碘酸钠溶液　1ml

此液配制要十分精确,注入烧杯中加温到煮沸为止,冷后再加冰醋酸 1ml。此液应临时(当日)配制。

④韦格特氏硼砂铁氰化钾分色液

(2)取材:动物骨髓、脑或血液。

(3)将小段组织块入甲醛-钙固定液固定 6h。

(4)入重铬酸-钙液,置于室温中 18h。更换 1 次后,再置于 60℃恒温箱中 1d。

(5)蒸馏水洗。

(6)冰冻切片,厚度为 10μm 左右。

(7)入 60℃的重铬酸-钙液媒染 1h。

(8)蒸馏水洗。

(9)入酸性苏木精液,置于 37℃恒温箱中 5h。

(10)蒸馏水洗。

(11)用韦格特氏硼砂铁氰化钾分色液分色到适宜。

(12)蒸馏水洗。用甘油胶或油派胶封片。

结果:磷脂类如卵磷脂、脑磷脂、神经磷脂或鞘磷脂(髓磷脂)和核蛋白呈深蓝或黑色;脑苷脂类(在脑组织中)呈淡蓝色;黏蛋白、血纤维蛋白原呈深蓝色。

对照试验:将标本先用 60℃吡啶(pyridine)浸 1d,使磷脂全部脱掉,再做上述反应。

2. 缩醛酯反应(Hayes,1949)

(1)取材:肾上腺皮质或神经组织髓鞘。

(2)冰冻切片,切片厚度为 15μm。

(3)入 1%氯化汞 5min。

(4)蒸馏水洗。

(5)入谢(Schiff)氏液 5min。

(6)入亚硫酸钠水溶液,更换 3 次,每次 2min。

(7)蒸馏水洗。

(8)按常规脱水、透明后用冷杉树胶封片。

结果:缩醛酯呈红紫色。

对照试验:只要不经过程序(3),其反应结果应绝对无色;或利用苏丹黑 B 染色,证明缩醛酯来自脂类。

第二节　细胞中色素的鉴定

高等自养植物的某些器官呈现颜色是由于细胞中含有色素,有的色素位于质体内,有的色素则溶解于细胞液之中。

一、叶绿体色素

绿色植物的叶肉细胞、幼茎的近表层细胞,以及其他见光器官的某些细胞中,常含有扁圆粒状的叶绿体。叶绿体中含有两类色素,即叶绿素(叶绿素 a、叶绿素 b)和类胡萝卜素(胡萝卜素和叶黄素),它们与植物光合作用关系密切。

叶绿素是一种双羧酸酯类,可与碱类化合物起皂化作用,最后形成皂化叶绿素。将切片制成临时玻片标本置显微镜下,当观察到细胞中含有绿色颗粒之后,用吸水纸吸去水分,再从盖玻片的一侧滴入氢氧化钾饱和水溶液。不久,绿色颗粒变成褐色,约经15~30min又重新返绿(加热可加速返绿速度),则证明这种绿色颗粒含有叶绿素,颗粒本身即为叶绿体。

用氢氧化钾饱和水溶液1份、50%酒精2份和蒸馏水2份(体积比)配制成氢氧化钾酒精溶液。将待检切片浸于氢氧化钾酒精溶液中,保存在暗处24h,直到叶绿素从叶绿体中完全析出。然后以蒸馏水换洗数次,洗去析出的叶绿素。再把切片移于载玻片上,用滤纸吸去多余水分,滴加浓硫酸1滴于切片上,盖上盖玻片,镜检。如细胞中有深蓝色出现,则表明存在叶黄素与胡萝卜素。

二、花菁素

花菁素属于葡萄糖苷类物质,通常溶解于细胞液中,并随细胞液的酸碱度不同而表现不同颜色,细胞液呈酸性时,呈红色,碱性时,呈蓝色,中性时,呈紫色。花菁素常存在于花、果、幼嫩茎和叶中,甚至根中亦有含花菁素细胞。

将待检材料制成临时玻片标本,先在显微镜下观察,初步了解颜色细胞的分布情况。然后滴加5%氨水溶液于切片上,颜色细胞呈蓝色反应。随后,以蒸馏水多次洗涤,再用1mol/L盐酸酸化处理切片,颜色细胞又由蓝色转成红色。如果再滴以2%食盐水溶液,引起细胞的质壁分离,含色素的液泡围缩起来,十分明显。这种色素就是花菁素。

第三节 细胞中核酸的鉴定

核酸是由核苷酸单体聚合成的生物大分子化合物,为生命的最基本物质之一,也是生物体遗传信息的携带者。核苷酸单体由五碳糖、磷酸基和含氮碱基组成。如果五碳糖是核糖,则形成的聚合物是核糖核酸(RNA);如果五碳糖是脱氧核糖,则形成的聚合物是脱氧核糖核酸(DNA)。了解植物体中核酸的分布和变化状况,对于进一步认识、掌握植物的生命活动和遗传变异的规律有着重要意义。

一、脱氧核糖核酸

脱氧核糖核酸(DNA)绝大部分分布于细胞核内,是染色体的主要成分,但在线粒体、叶绿体和细胞质中也有少量存在。

Schiff试剂用于检测醛基(—CHO)。在酸化的品红溶液中加入亚硫酸或亚硫酸盐,品红被还原为无色的亚硫酸品红,即Schiff试剂。Feulgen染色原理是,使用盐酸水解,从DNA分子的脱氧核糖骨架上去除嘌呤。新暴露的脱氧核糖具有一个醛基,然后用Schiff试剂与游离的醛基进行结合形成紫红色化合物。Feulgen染色法是鉴别细胞中DNA存在的一种特异的细胞化学显色反应,只要有DNA存在,就会呈现紫红色。

1. 孚尔根(Feulgen)氏法示洋葱根尖细胞DNA

(1)材料与培养:洋葱根尖如果置于黑暗处培养,则除了秋末冬初外,其他季节均能获得细胞分裂的良好效果。用不透光的瓷杯盛满清水,将洋葱基部架于杯口,浸入水中,置暗处3~4d(每天换清水1次)。当基部生长的根尖达到1.5~2cm时即可取样。

(2)固定:用手术剪剪取1cm长根尖,放入卡诺氏液固定2h。

(3)用95%酒精洗2次,每次5min。

(4)经梯度酒精“下行”复水。

(5)入1mol/L盐酸(分析纯品级),在60℃恒温箱内或恒温水浴锅中解离3min。

(6)蒸馏水漂洗1次,约5s。

(7)入Schiff氏液3h(置于暗处效果较好),使根尖部变为红色或紫红色。

Schiff氏液配法如下:

碱性复红　0.5g

蒸馏水　100ml

1mol/L盐酸　10ml

无水亚硫酸氢钠($NaHSO_3$)　0.5g

先将碱性复红与蒸馏水煮沸,并用洁净玻璃棒搅拌,待冷却至50℃时进行过滤,加入1mol/L盐酸,待继续冷至25℃时,再加无水亚硫酸氢钠或无水亚硫酸钠(Na_2SO_3),经过滤密封于棕色试剂瓶内,置于暗处12h后方能使用。此液应近似无色或淡黄色,若稍带红色或紫色则不能应用,但如果加少许活性炭变成无色液后,则仍可应用。

(8)入亚硫酸钠漂洗液3次,每次10min。该液配法如下:

10%无水亚硫酸氢钠溶液　5ml

1mol/L盐酸　5ml

蒸馏水　100ml

此液应在临用时混合。

(9)用蒸馏水洗涤15min。

(10)将根尖横置于载玻片中央,用单面刀片切除未着色部分。取另一枚载玻片纵压根尖上面(与前一枚载玻片呈十字形交叉,用轻重适当的力拉,使根尖散成均匀薄层,且坚固地贴附于前一枚载玻片上)。

(11)依次经50%酒精、80%酒精、0.1%固绿染液(用80%酒精配制)、95%酒精、95%酒精∶正丁醇=1∶1混合液、纯正丁醇(更换1次),每级3s。

(12)用冷杉树胶正丁醇稀释液封片。

结果:DNA 呈红色,细胞质呈淡绿色,细胞壁呈深绿色。

2. 孚尔根氏法示肝细胞 DNA

(1)取材、固定:用大鼠肝脏,入冷的卡诺氏固定液固定 6h。

(2)经无水酒精脱水,3 级二甲苯透明,每级 1h。

(3)用常规法制备石蜡切片,切片厚度为 5～7μm。

(4)经脱蜡与“下行”各级酒精至蒸馏水后,在室温中入 1mol/L 盐酸 1min,再入 60℃的 1mol/L 盐酸中 10min,最后仍置于室温中 1min。

(5)用蒸馏水速洗,入谢氏液,置于黑暗处 2h。

(6)用水洗涤。

(7)入亚硫酸钠漂洗液速洗。

(8)流水洗 5min。

(9)用滴瓶操作。经 50%酒精、70%酒精、0.5%亮绿(用 80%酒精配制)、95%酒精、无水酒精,2 级二甲苯脱水与透明,每级 3s。

(10)用冷杉树胶封片。

3. 孚尔根氏法示白细胞 DNA

(1)将新鲜血液涂片在 37℃恒温箱中干燥 10min。

(2)入卡诺氏固定液 30min。

(3)用 80%酒精洗 2 次,“下行”各级酒精至蒸馏水,共 3min。

(4)用蒸馏水洗 2 次,共 3min。

(5)入 1mol/L 盐酸 3min,然后再置于 60℃恒温箱内 10min。

(6)蒸馏水速洗。

(7)入谢氏液 1h,置于暗处。

(8)用亚硫酸钠溶液漂洗 3 次,每次 5min。

(9)复染 0.1%亮绿 3s。

(10)水洗,晾干。

(11)用冷杉树胶封片或不封片。

结果:脱氧核糖核酸呈红色或紫红色。

二、核糖核酸

核糖核酸(RNA)分子中的戊糖为核糖。RNA 完全水解所得到的碱基为腺嘌呤、鸟嘌呤、胞嘧啶和尿嘧啶。RNA 主要分布于细胞核外如核糖体上。此外,在线粒体、叶绿体等细胞器中也有少量存在,还有少数则呈游离状态分散于细胞质中。虽然在细胞核内也有分布,但仅集中在核仁上。

1. 甲基绿-派罗宁法(Brachet 法)

主要根据 RNA 和 DNA 分子中具有磷酸根,利用不同的碱性染料与其结合产生不同的显色反应来分别检验 RNA 与 DNA 的存在。试剂中的甲基绿较派罗宁对 DNA 的亲和力更大,故出现甲基绿主要染 DNA,派罗宁主要染 RNA 的分色作用。

甲基绿-派罗宁液配方如下:

甲基绿　0.15g

派罗宁 B　0.25g

醋酸盐缓冲液(pH 4.7)　100ml

甲基绿提纯方法:市售的甲基绿中常混有一定量的甲基紫,使用前要进行提纯。将市售甲基绿溶于水,加入适量氯仿或乙醚,盛入分液漏斗中,充分摇荡,使甲基紫溶于氯仿(最好放置 1～2d),重复更换氯仿数次,直至新换氯仿中不再显紫色为止。将水溶液部分过滤,然后连同滤纸置干燥器中干燥,干燥后所得粉末即为纯甲基绿。

醋酸盐缓冲液(pH 4.7)配制方法:将醋酸钠 1.65g 和盐酸 10ml 加入 1000ml 蒸馏水中,调整 pH 至 4.7。用前稀释 4 倍。

将贴有蜡片材料的载玻片经二甲苯脱蜡,再经各级酒精下行复水至蒸馏水,然后浸染于甲基绿-派罗宁液中 20min,迅速通过蒸馏水洗去余色。切忌水洗时间过长,以免褪色过浅。如染色过深,可适当增加水洗时间。经过水洗的材料浸入丙酮脱水、分色,换 2 次,共约 0.5min,再以二甲苯透明,树胶封固。

凡含有 DNA 的结构部分(细胞核的染色质)均呈蓝绿色反应,含 RNA 的结构部分(核仁和细胞质)均呈红色反应。

2. 甲绿-焦宁法示白细胞 RNA

(1)将干燥后的新鲜血液涂片入卡诺氏固定液 30min。

(2)用 80%酒精洗 3min。

(3)经 70%酒精、50%酒精、30%酒精下行至蒸馏水,洗 2 次,共 2min。

(4)入甲绿-焦宁液与醋酸缓冲液等量混合液 30min。

(5)蒸馏水速洗,在室温下干燥。

(6)用冷杉树胶封片或不封片。

结果:核糖核酸呈红色,脱氧核糖核酸呈绿色。

第四节　细胞中酶的鉴定

酶是生活细胞所产生的、具有特殊催化功能的蛋白质。生物体内各种生物化学反应都是在酶的催化作用下进行的。了解酶在生物体中的活性、分布等,对于进一步深入理解和研究生命活动规律有重要意义。

一、细胞色素氧化酶

细胞色素氧化酶(cytochrome oxidase)存在于线粒体中。生活细胞对氧的消耗主要通过细胞色素氧化酶的催化活动得以实现。因此,细胞色素氧化酶的活性与呼吸作用关系密切。

测定细胞色素氧化酶的方法:萘酚-对氨基二甲基苯胺法。

试剂配方:

A液:

磷酸缓冲液(pH 5.8)

0.1mol/L 磷酸二氢钾溶液　45ml

0.1mol/L 磷酸氢二钠溶液　5ml

B液:

α-萘酚　1g

蒸馏水　100ml

25%氢氧化钾水溶液

C液:

盐酸对氨基二甲基苯胺　1g

蒸馏水　100ml

将 1g α-萘酚溶于 100ml 蒸馏水中,煮沸,并逐滴加入 25%氢氧化钾水溶液,直至α-萘酚完全溶解为止。

临用时,取等量 B 液和 C 液混合。鉴定细胞中酶的存在与分布时,待检材料必须尽量保持新鲜冰冻切片或徒手切片,尽量减少手温对材料的影响。

切片放入用低温冷藏的蒸馏水中,挑选薄片转置磷酸缓冲液(pH 5.8)内,在室温下浸泡 5~10min,然后用干净的细玻璃棒将切片移入 1% α-萘酚和 1%盐酸对氨基二甲基苯胺的等量混合液中处理约 5min。最后,把切片挑至载玻片上,滴加蒸馏水,盖上盖玻片,镜检。由于对氨基二甲基苯胺遇 α-萘酚,在细胞色素氧化酶的催化作用下,会产生蓝色的吲哚酚蓝,所以根据切片中蓝色部位的出现,可鉴定该处存在细胞色素氧化酶。

二、碱性磷酸酶(AKP)

以下介绍勃斯顿(Burstone)氏法示植物细胞 AKP。

(1)取材:植物根尖、茎尖分生组织或幼叶。

(2)用冰冻干燥、冰冻替代法或 10%甲醛(4℃)固定 18h。

(3)制作冰冻切片,切片厚度为 5~20μm。也可制作石蜡切片,但冰冻切片能制备酶定位的优良标本。

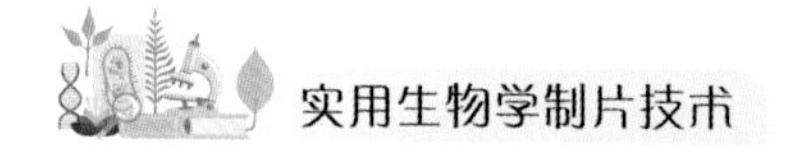

(4)入孵育液(约 20℃)8min。其配法如下：

萘酚-As-Mx-磷酸　5mg

N,*N*-二甲基替甲酰胺溶液　0.5ml

二乙基巴比妥酸-醋酸缓冲液　25ml

坚牢蓝 RR　25mg

先将萘酚-As-Mx-磷酸加入 *N*,*N*-二甲基替甲酰胺溶液中充分溶解,再依次加后两种药液,过滤后使用。

(5)蒸馏水洗 5min。

(6)入 1%硫化铵溶液 5～10min。

(7)经蒸馏水洗,用甘油胶封片。

结果:碱性磷酸酶活性呈蓝色。

三、三磷酸腺苷酶

三磷酸腺苷酶(ATPase)广泛存在于植物体中,与植物生命活动的光合磷酸化,以及能量的贮藏、释放与转移有着极为密切的关系。

以下介绍硝酸铅-硫化铵法。

(1)取材与固定:取植物根尖、茎尖分生组织、幼叶等。将新鲜材料立即放入 10%甲醛固定 12h 以上,用 50%酒精清洗 2 次,每次 15min,在 50%酒精中保存备用。

(2)溶液的配制:

A 液(ATP 液):取三磷酸腺苷钠盐 125mg,溶于 100ml 蒸馏水中配制而成。

B 液(0.2mol/L Tris-HCl 缓冲液,pH 7.2):用 0.2mol/L 三烃甲基氨基甲烷(Tris)缓冲液 25ml 与 0.1mol/L 盐酸 45ml 混合,定容至 100ml。

将下列溶液或溶剂充分混合后,取上清液备用。

A 液　20ml

B 液　20ml

2%硝酸铅溶液　3ml

0.1mol/L 硫酸镁溶液　5ml

蒸馏水　2ml

(3)制片与镜检:将植物材料的冰冻切片或徒手切片投入上述混合液,放入 37℃恒温箱,2h 后取出,用蒸馏水洗涤,转入 1%硫化铵中显色 1min,再经蒸馏水漂洗,用水封固,镜检。

三磷酸腺苷遇硝酸铅、硫化铵,经酶促作用,最后形成棕黑色的硫化铅沉淀。根据切片中出现棕黑色的部位,可以鉴定该处有三磷酸腺苷酶的存在。

四、酸性磷酸酶(ACP)

戈梅里(Gomori)氏法示植物细胞 ACP。

(1)取材:用植物根尖、茎尖、幼叶。

(2)制作徒手切片或冰冻切片,也可先用冰冻干燥法或冰冻替代法,再制作冰冻切片。切片厚度为 5～15μm。

(3)入 10%甲醛固定。

(4)蒸馏水洗。如果制作石蜡切片,在此程序前需经纯二甲苯脱蜡、"下行"无水酒精、70%、50%、30%酒精至蒸馏水。

(5)入孵育液并置于 37℃恒温箱内 6h。

孵育液配法:

甲液:0.1mol/L Tris 缓冲液(pH 5)　1 份

乙液:

　β-甘油磷酸钠　1.25g

　蒸馏水　100ml　1 份

丙液:0.2%硝酸铅水溶液(用 1mol/L 盐酸调节到 pH=5)　1 份

加入硝酸铅溶液时要慢,并不时搅拌,使溶液保持澄清。如果发生浑浊,则不能使用。

(6)蒸馏水洗 3～4 次,每次 2～5min。

(7)入 1%硫化铵溶液 1～3min。

(8)蒸馏水洗 2 次,每次 2～5min。

(9)用甘油胶或 PVP 封固剂封片。

结果:酸性磷酸酶活性呈黑色沉淀。

五、过氧化物酶

过氧化物酶大量存在于过氧化物酶体和叶绿体中,与植物的光呼吸作用有密切关系。

1.联苯胺-过氧化氢法

联苯胺-过氧化氢液配方如下:

A 液:

　0.1mol/L 磷酸缓冲液(pH 7.2)　50ml

　0.1mol/L 磷酸二氢钾溶液　12ml

　0.1mol/L 磷酸二氢钠溶液　38ml

B液：

钼酸铵　0.1g

蒸馏水　100ml

C液：

联苯胺　0.1g

蒸馏水　100ml

30%过氧化氢溶液　1滴

将联苯胺溶于蒸馏水，煮沸。冷却后加1滴30%过氧化氢溶液，盖紧瓶塞。此液不能久存。

将植物材料的冰冻切片或徒手切片浸入磷酸缓冲液，继续保持4℃左右5min。然后把切片放入0.1%钼酸铵溶液，在室温下处理5min，再转入0.1%联苯胺溶液中，经0.5～1min之后，将切片挑至载玻片上，滴加蒸馏水，盖上盖玻片镜检。

由于联苯胺遇过氧化氢，在过氧化物酶的作用下脱氢而产生蓝色的络合物，因而根据切片中出现蓝色的部位，可以判断该处存在过氧化物酶。

2.伯斯顿-杰森(Burstone-Jensen)氏法示植物细胞过氧化物酶

(1)取材：用植物根尖或茎尖分生组织、幼叶等。

(2)徒手切片或冰冻切片。

(3)将切片入孵育液15～60min。该液配法如下：

p-氨基二苯胺(p-aminodiphenyl amine)　10mg

m-甲氧基-p-氨基二苯胺(m-methoxy-p-aminodiphenyl amine)　10mg

无水酒精　0.5ml

蒸馏水　35ml

0.2mol/L Tris缓冲液(pH 7.4)　15ml

3%过氧化氢溶液　0.25ml

先用无水酒精0.5ml与p-氨基二苯胺、m-甲氧基-p-氨基二苯胺充分溶解，随后再依次加其他药液。

(4)再入醋酸钴液60min。该液配法如下：

10%醋酸钴(用10%甲醛配制)　100ml

0.2mol/L醋酸缓冲液(pH 5.2)　5ml

(5)蒸馏水洗。

(6)甘油胶封片。

结果：过氧化物酶活性呈浅蓝色。

六、琥珀酸脱氢酶(SDH)

纳杰勒斯(Nachlas)氏法示植物细胞琥珀酸脱氢酶。

(1)取材:用植物根尖或茎尖分生组织、幼叶等。

(2)将新鲜组织块在－70℃中冰冻,然后在－20℃中制作冰冻切片,切片厚度为8～15μm。

(3)入孵育液30～60min。孵育液配法如下:

甲液(0.2mol/L琥珀酸钠缓冲液):

A液:磷酸二氢钠($NaH_2PO_4 \cdot H_2O$)　2.7g

　　蒸馏水　100ml

B液:磷酸氢二钠($Na_2HPO_4 \cdot 7H_2O$)　5.36g

　　蒸馏水　100ml

将A液12ml与B液88ml混合成磷酸缓冲液。

C液:琥珀酸钠($Na_2C_4H_4O_4 \cdot 6H_2O$)　5.4g

　　蒸馏水　100ml

将磷酸缓冲液与琥珀酸钠液等量混合即为甲液。此液可在冰箱中保存3～4个月。

乙液:

　硝基四氮唑蓝BT(Nitro BT)　10mg

　蒸馏水　10ml

再将甲液与乙液等量混合即成孵育液。

(4)用蒸馏水洗30s。

(5)入10%中性甲醛(用0.1mol/L氢氧化钠溶液调节pH到7)固定10min。

(6)依次经30%、50%、70%、80%、90%酒精、无水酒精和2级二甲苯,每级2min。用冷杉树胶封片。

结果:琥珀酸脱氢酶活性呈蓝色沉淀。

第八章

毒理学技术

第一节　毒理学原理和方法

一、毒理学原理

毒理学(toxicology)是一门研究外源因素(化学、物理、生物因素)对生物系统的有害作用的应用型学科,是研究化学物质对生物体的毒性反应、严重程度、发生频率和毒性作用机制的学科,也是对毒性作用进行定性和定量评价的学科,是预测其对人体和生态环境的危害、为确定安全限值和采取防治措施提供科学依据的科学。毒理学研究的基本原理有以下几个方面。

1. 剂量-效应关系原理

毒物的效应与暴露的剂量之间存在一定的关系。一般而言,随着剂量的增加,毒物对生物体的毒性效应也会增强。剂量-效应关系可以是线性的,也可以是非线性的,甚至可能存在剂量阈值效应,即只有在超过某个剂量阈值后才会出现明显的毒性效应。

2. 暴露-反应关系原理

不同个体对同一毒物的反应可能存在差异,这取决于暴露的时间、频率、途径,以及个体的遗传特征、年龄、性别、健康状况等因素。不同个体对同一毒物的反应可以呈现出多样性,包括敏感性、抵抗性,以及个体间的差异。

3. 毒物作用机制原理

毒物可以通过多种途径对生物体的分子、细胞、组织和器官产生毒性作用,如干扰细胞信号传导、破坏细胞膜完整性、影响基因表达和蛋白质合成等。了解毒物的作用机制有助于深入理解其毒性效应，为毒物风险评估和毒物防控提供科学依据。

二、毒理学研究方法

由于现代毒理学本身包括众多分支学科，分别在相应的学科领域建立了自己的研究方法，现归纳为两大类。

（一）实验研究（微观研究）

动物实验方法仍是现代毒理学研究的重要方法之一，传统的毒理学通过整体动物实验已为人类提供了大量的以剂量-效应（反应）为主的数据，结合人群接触水平对许多化学物质进行了安全性（危险度）评价。

由于外源物的数量巨大，整体动物实验需要消耗大量的时间和经费，也不能满足数以万计的外源化学物质的毒性评价要求。为了保护动物，尽量减少动物的使用，由过去以整体动物实验占主导地位逐步转向以体外实验为主导地位。但也需指出，体外实验的发展并不排斥整体实验的重要性，两者相互补充，互为验证才能为科学研究提供可靠数据。随着生命科学的发展，分子生物学的理论及技术被引入现代毒理学，近年来在分子水平上建立了许多新方法。

1. 体内实验

动物体内实验也称整体动物实验，一般包括急性毒性实验、亚急性毒性实验、亚慢性毒性实验和慢性毒性实验，以及特殊毒性实验，如哺乳动物致突变实验、致畸实验、致癌实验。常用的实验动物有大鼠、小鼠、豚鼠、地鼠、家兔、狗、猴等。检测环境污染物的毒性实验，常选用鱼、蚤类或其他水生生物。

近年来为了从分子水平探讨致突变和致癌机制，转基因动物已开始在毒理学实验中应用。转基因动物是一种集整体水平、细胞水平和分子水平于一体的实验动物，更能体现生命整体研究的效果。

2. 体外实验

利用游离器官、培养细胞、细胞器和微生物等进行毒性研究的方法称为体外实验。体外实验多用于观察外源物对生物体特殊毒性的初步筛检和作用机制以及代谢转化过程的深入研究。

体内与体外实验各有优点和局限性，应根据实验目的和要求，选择一组实验，才能互相弥补优缺点。

（二）人群调查（宏观研究）

人群调查也称为人群毒理学，是在人群中研究外源物对人体产生毒害作用的规律，为人群检测和制定预防措施提供比动物实验更直接、更可靠的毒理学资料。

1.中毒临床观察

常见于偶然发生的事故，如误服、自杀、毒性灾害等。通过急性中毒事故的处理和患者的治疗，可直接观察到中毒的症状并分析可能的毒效应。

2.志愿者试验

在不损害人体健康的原则下，有时可设计一些不损害人体健康的受控试验，仅限于低剂量、短时期的接触以及毒性作用可逆的化学品。目前，国际上提倡健康志愿者的毒性试验，减少由动物实验结果带来的不确定性。特别是一些神经毒物出现的毒性效应，如头晕、目眩等需要表达的中毒症状，只有人才能真实地反映出来。

3.流行病学调查

将动物实验的结果进一步在人群调查中验证，可以从人群的直接观察中取得动物实验所不能获得的资料。其优点是接触条件真实，观察对象是一个大的群体，为人群检测和制定防治措施提供比动物实验更直接、更可靠的科学资料。但是也存在许多难点：①人群中观察外源物的毒性效应大多数为慢性毒性效应，特别是人类致癌物质，其致癌效应所需时间过长；②接触人群中所用的观察指标是非特异性的，与对照人群比较需要足够多的例数；③外环境因素混杂，外源物的种类繁多而且多种化学物质可出现联合作用，难以确定某种特定的化学物质的毒性效应及其因果关系。

近年来，由于分子生物学的发展和渗透，在传统流行病学调查方法中引进了细胞、分子水平的人群检测方法，如生物标志物作为癌症早期判断的信息，把分子生物学与流行病学结合发展为分子流行病学。这门新兴学科利用分子生物学、分子遗传学、生物化学、免疫学等手段研究、评价不同人群或个体致癌危险度及其机制，从而使现代毒理学由实验动物研究发展到人群和个体易感性研究的新阶段。

第二节　毒理学技术及其应用

一、毒理学技术

重金属在土壤与水体中广泛分布，其环境停留时间久、难以降解的特性使得对重金属的处理十分困难。其所具有的生物毒性能够以食物链传递为富集途径最终对人类造成严重的健康危害。水生生物作为生物圈中极具代表性且广泛分布的生物群体，对重金属有聚积、浓缩作用。部分水生生物由于其基因与人类基因的高相似性，成为相关研究中最合适的受试生物，所得到的实验数据和推论有重要的参考价值。

毒理学技术整合了细胞生物学、病理学、组织化学和生物制片技术等多学科手段，广泛应用于环境污染物对植物、动物和人体健康的影响及其作用机理研究。通过水生植物和动物染毒实验来研究环境污染物的毒害作用，是毒理学的主要研究方法之一。水生生物的组织病理学形态变化常被用作监测水环境中重金属污染的程度。

毒理学研究不但包括水生动植物的组织病理学形态变化，还包括环境污染物在动植物体内的吸收、分布、排泄等生物转运过程和代谢转化等生物转化过程，用于阐明环境污染物对人体毒害作用的发生、发展和消除的各种条件和机理。

环境污染物对机体的作用一般具有下列特点：接触剂量较小；长时间内反复接触甚至终生接触；多种环境污染物同时作用于机体；接触的种群既有青少年和成年个体，又有老幼病弱个体，易感性差异极大。

环境污染物对机体毒害作用的评定，主要是通过以下几种动物实验方法进行的：①急性毒性实验：其目的是探明环境污染物与机体作短时间接触后所引起的损害作用，找出污染物的作用途径、剂量与效应的关系，并为进行各种动物实验提供设计依据。一般用半数致死量、半数致死浓度或半数有效量来表示急性毒作用的程度。②亚急性毒性实验：研究环境污染物反复多次作用于机体产生的损害。通过这种实验，可以初步估计环境污染物的最大无作用剂量和中毒阈剂量，了解有无蓄积作用，确定作用的靶器官，并为设计慢性毒性实验提供依据。③慢性毒性实验：探查低剂量环境污染物长期作用于机体所产生的损害，确定一种环境污染物对机体的最大无作用剂量和中毒阈剂量，为制定环境卫生标准提供依据。

二、毒理学技术应用

镉(Cd)为非降解型有毒物质，易被生物富集并有生物放大效应。镉作为重金属的1种，可通过两种途径进入生物体内，一是通过鳃吸收水体中的镉离子再由血液循环运送至动物体内各个部位；二是在摄食过程中经由消化道进入动物体内。溶解的、呈颗粒状的金属镉可通过跨膜通道或细胞内吞作用进入溶酶体或囊泡，随后通过血液运输或排泄。镉作为重金属的代表，已被广泛应用于生物毒理学研究(刘建博等，2014；甄静静等，2018)。

下面以镉离子对文蛤肝胰腺超微结构的影响为例，介绍毒理学技术的应用。

文蛤 *Meretrix meretrix* L. 隶属于软体动物门(Mollusca)、双壳纲(Bivalvia)、真瓣鳃目(Eulamellibranchia)、帘蛤科(Veneridae)，是我国沿海重要的经济贝类。文蛤主要生活在潮间带泥沙中，采用滤食的生活方式，移动性较低，易受到重金属污染，故常被用来作为重金属污染的指示生物。

实验用的新鲜文蛤于2012年6—7月取自浙江省温州市区灵昆养殖场。用化学纯 $CdCl_2 \cdot 2.5H_2O$(上海天莲精细化工有限公司)配制成1mg/L的母液，实验时用盐度为15的人工海水稀释成所需镉离子(Cd^{2+})浓度。用不同浓度镉离子溶液对文蛤进行毒害处理，并设对照组。5d后，取对照组及3个不同浓度组的文蛤进行解剖，迅速取出肝胰腺，切成1mm³小块，置于2.5%戊二醛溶液(以0.2mol/L、pH 7.2磷酸缓冲液配制)中固定2h，磷酸缓冲液漂洗3次后用1%锇酸固定。磷酸缓冲液和蒸馏水各漂洗2次后，用1%醋酸铀染色，丙酮梯度脱水，Epon 812环氧树脂包埋，LKB-2088型超薄切片机切片，醋酸铀-柠檬酸铅双重染色后，用日立-7500透射电镜观察并拍照。

结果表明，不同浓度的镉离子溶液毒害导致的核膜损伤(图8-1E)、核内陷(图8-1F、G)等现象，在对照组(图8-1A、B、C和D)中没有出现。在镉离子溶液浓度较低(1.5mg/L)时仅表现为核膜损伤(图8-1E)。当镉离子溶液浓度增加到3mg/L时，表现为核内陷(图8-1F)。当镉离子溶液浓度增加到6mg/L时，表现为严重核内陷(图8-1G)(刘建博等，2014)。

为了探明机体对环境污染物的毒害是否有蓄积作用，以及环境污染物对机体是否有致畸、致突变、致癌等作用，人们又建立了蓄积实验、致突变实验、致畸实验和致癌实验等特殊的实验方法。这些方法主要以动物实验研究为主，观察实验动物通过各种方式和途径接触不同剂量的环境污染物后出现的各种生物学变化。实验动物一般为哺乳动物，也可利用其他脊椎动物、无脊椎动物，以及微生物和动物细胞株等。用动物实验来观察环境污染物对机体的毒作用，条件容易控制，结果明确，便于分析，是评定环境污染物毒害作用的基本方法。但动物与人毕竟有差异，动物实验的结果不能直接应用于人。因此，一种环境污染物经过系统的动物毒性实验后，还必须结合环境流行病学对人群的调查研究结果进行综合分析，才能作出比较全面和正确的评价。

随着人类对环境污染物认识的不断深入，毒理学将在多个方向发展，其中主要是探讨多种环境污染物同时对机体产生的相加、协同或拮抗等联合作用；深入研究环境污染物在环境中的降解和转化产物，以及环境污染物相互反应形成的各种产物所引起的生物学变化；进一步研究致畸作用的机理，完善致突变作用的实验方法，找出致癌作用与致突变作用的确切关系；深入研究环境污染物对动物神经功能、行为表现，以及免疫功能的早期敏感指标；深入研究环境污染物的化学结构与它们的毒性作用的性质和强度的密切关系，以便根据化学结构作出毒性的估计。

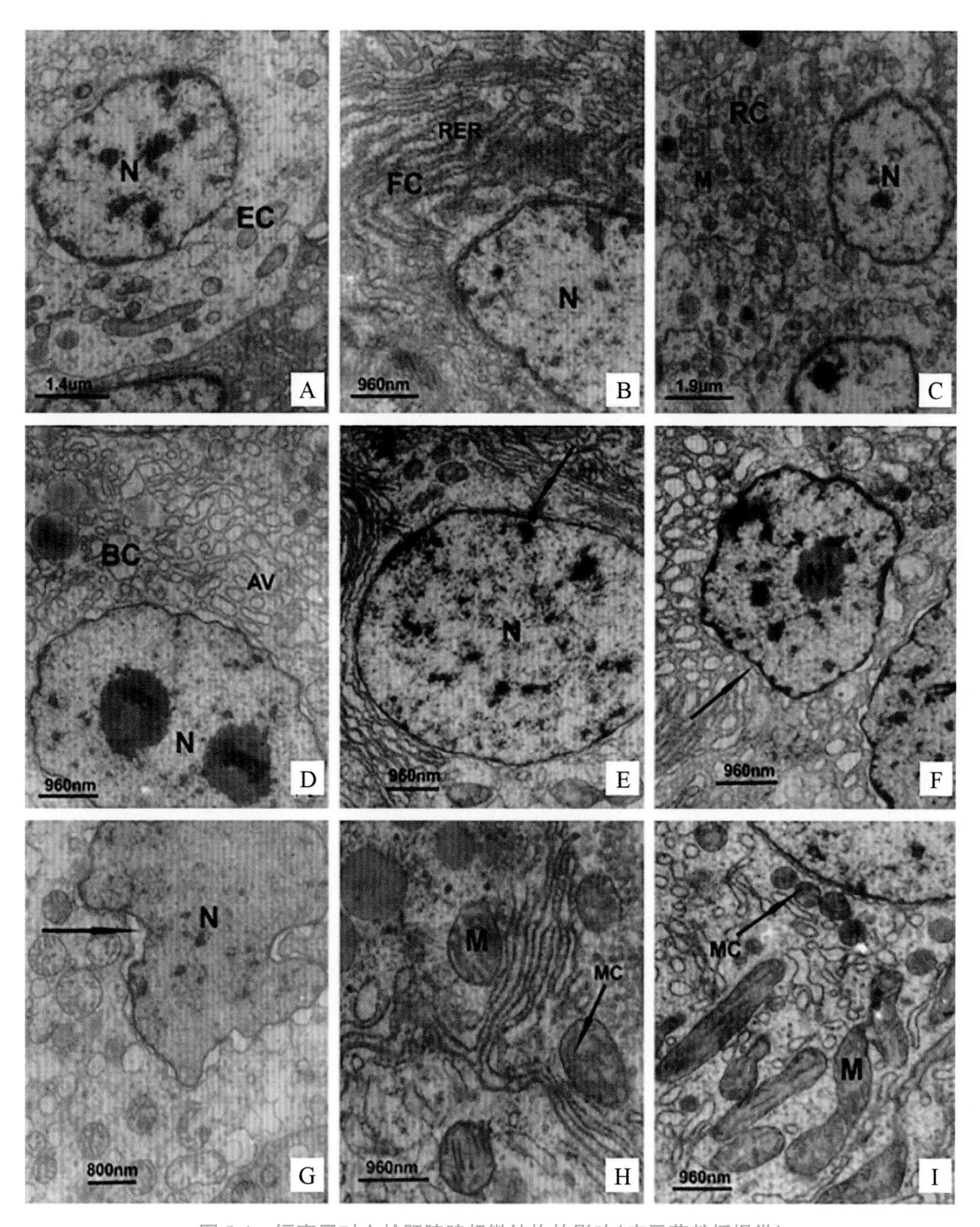

图 8-1　镉离子对文蛤肝胰腺超微结构的影响(应雪萍教授提供)

A. 示 E 细胞的大核及稀少的细胞器；B. 示 F 细胞发达的内质网；C. 示 R 细胞顶端大量的线粒体；D. 示 B 细胞及自噬泡；E. 示细胞核的变化，箭头示核膜损伤；F. 示细胞核的变化，箭头示核内陷；G. 示细胞核的变化，箭头示核内陷严重；H、I. 示线粒体。AV：autophagic vacuoles，自噬泡；BC：B cell，B 细胞；EC：E cell，E 细胞；FC：F cell，F 细胞；M：mitochondrion，线粒体；MC：mitochondrion cristae，线粒体嵴；N：nucleus，细胞核；RC：R cell，R 细胞；RER：rough endoplasmic reticulum，粗面内质网。A～D. 对照组；E～I. 毒害组

参考文献

[1] Ao C Q. Anther wall development，placentation，sporogenesis and gametogenesis in *Smilax davidiana* A. DC：A contribution to the embryology of *Smilax*[J]. South African Journal of Botany，2013a，88：459-465.

[2] Ao C Q. Chromosome numbers and karyotypes of *Allium przewalskianum* populations[J]. Acta Biologica Cracoviensia Series Botanica，2008a，50(1)：43-49.

[3] Ao C Q. Comparative anatomy of bisexual and female florets，embryology in *Calendula officinalis*(Asteraceae)，a naturalized horticultural plant[J]. Scientia Horticulturae，2007，114(3)：214-219.

[4] Ao C Q. Developmental origins of the conjoined twin mature embryo sacs in *Smilax davidiana*，with special notes on the formation of their embryos and endosperms[J]. American Journal of Botany，2013b，100(12)：2509-2515.

[5] Ao C Q. Double fertilization in *Zephyranthes candida*(Lindl.) Herb.，with special notes on the second fertilization and the behavior of the primary endosperm nucleus[J]. Phyton-Annales Rei Botanicae，2018，58(2)：135-138.

[6] Ao C Q. Prezygotic embryological characters of *Platycrater arguta*，a rare and endangered species endemic to east Asia[J]. Journal of Plant Biology，2008b，51(2)：116-121.

[7] Ao C Q. The endosperm development and the variations of structures of embryo sacs：unravelling the low fecundity of *Zephyranthes candida*(Amaryllidaceae)[J]. Plant biosystems，2019，153(5)：673-678.

[8] Ao C Q. The origin of double fertilization in flowering plants：looking into the history of plant reproduction evolution[J]. Plant Biosystems，2021，155(5)：994-1000.

[9] Ao C Q，Tobe H. Floral morphology and embryology of *Helwingia*(Helwingiaceae，Aquifoliales)：systematic and evolutionary implications[J]. Journal of Plant Research，2015，128(1)：161-175.

[10] Ao C Q，Ye C X，Zhang H D. A systematic investigation of leaf epidermis in *Camellia* using light microscopy[J]. Biologia，2007，62(2)：157-162.

[11] Chen Y，Wang X F，Liang L，Ao C Q. Formation of integuments，megasporogenesis and megagametogenesis in *Dendrobium catenatum* Lindl，with special discussions on embryo sac types and section techniques[J]. Botanica Serbica，2021，45(2)：177-184.

[12] Chen Y，Zhang C，Wang X F，Ao C Q. Fertilization of polar nuclei and formation of early endosperms in *Dendrobium catenatum*：evidence for the second fertilization in Orchidaceae[J]. Aus-

tralian Journal of Botany,2018,66(4):354-359.

[13] Hao S L, Pan L L, Fang Z X, et al. Comparative studies on sperm ultrastructure of three Gecko species, *Gekko japonicus*, *Gekko chinensis* and *Hemidactylus bowrigii* (Reptilia, Squamata, Gekkonidae)[J]. Asian Herpetological Research,2015,6(3):189-198.

[14] Li Y Y, Chen X M, Guo S X, et al. Embryology of two mycoheterotrophic orchid species, *Gastrodia elata* and *Gastrodia nantoensis*: ovule and embryo development[J]. Botanical Studies,2016,57:18.

[15] Nawaschin S G. Ueber die Befruchtungsvorgänge bei einigen Dicotyledoneen[J]. Berichte der Deutschen Botanischen Gesellschaft,1900,18:224-230.

[16] Prabhakar M. Structure, delimitation, nomenclature and classification of stomata[J]. Acta Botanica Sinica,2004,46(2):242-252.

[17] Ying X P, Sun X, Wu H X, et al. The fine structure of coelomocytes in the sipunculid *Phascolosoma esculenta*[J]. Micron,2010,41(1):71-78.

[18] 敖成齐. 山茶属植物花粉形态的光学显微镜观察[J]. 安徽师范大学学报,2004,27(3):318-321.

[19] 敖成齐,陈贤兴,陈露茜. 长寿花是解释气孔器定义的理想材料[J]. 生物学教学,2008,33(11):62.

[20] 敖成齐,陈贤兴,梁莉. 显微镜构造和使用的综合创新实验教学设计[J]. 实验室研究与探索,2023,42(12):210-213.

[21] 敖成齐,刘小坤. 供光学显微镜观察的花粉样品制备的一种简单方法[J]. 植物学通报,2001,18(2):251.

[22] 陈彩芳,沈伟良,霍礼辉,等. 重金属离子 Cd^{2+} 对泥蚶鳃及肝脏细胞显微和超微结构的影响[J]. 水产学报,2012,36(4):522-528.

[23] 梁汉兴. 天麻胚胎学的研究[J]. 植物学报,1984,26(5):466-472.

[24] 刘建博,夏利平,徐瑞,等. 镉离子对文蛤肝胰腺超微结构的影响[J]. 动物学杂志,2014,49(5):727-735.

[25] 陆时万,徐祥生,沈敏健. 植物学:上册[M]. 2 版. 北京:高等教育出版社,1991.

[26] 徐绥峻. 实用生物学制片手册[M]. 长沙:湖南教育出版社,1987.

[27] 曾小鲁. 实用生物学制片技术[M]. 北京:高等教育出版社,1989.

[28] 甄静静,叶方源,王都,等. 镉离子对文蛤鳃上皮细胞超微结构的影响[J]. 水产科学,2018,37(4):469-474.

附录

测微尺的构造和使用

一、测微尺的构造

测微尺有目镜测微尺和物镜测微尺两种。目镜测微尺是一块圆形玻片,通常是将5mm划分为50格,实际每格等于100μm。有的目镜测微尺是将10mm划分为10大格、100小格,每小格也等于100μm。物镜测微尺是一块特制的载玻片,其中央有一小圆圈,圆圈内刻有分度,将长1mm的直线等分为100小格,每小格等于10μm。也有将长1cm的直线等分为100小格,则每小格等于100μm。

二、测微尺的使用

(一)目镜测微尺的使用

1. 安装

取下接目镜,旋下目镜上的目透镜,将目镜测微尺放入接目镜的中隔板上,使有刻度一面朝下,再旋上目透镜,并装入镜筒内。

2. 测量

被测的样品要经过物镜和目镜两次放大才能被人眼观察到,而在这一过程中目镜测微尺也经过目镜同步放大,所以,样品的第二次放大即目镜的放大可以忽略。观察样品在目镜测微尺上所占的小格数,乘以100μm,得到样品的初始长度。须知这个长度是经过物镜放大后得到的数值,所以必须除以物镜的放大倍数才是样品的实际长度。

具体说来,若物镜为4×,则目镜测微尺每小格的实际长度为25μm;若物镜为10×,则目镜测微尺每小格的实际长度为10μm;若物镜为40×,则目镜测微尺每小格的实际长度为2.5μm;若物镜为100×,则目镜测微尺每小格的实际长度为1μm。

例如,温州大学植物胚胎学实验室使用的目镜测微尺是将10mm划分为10大格,每大格包含 10 小格，则每小格等于 100μm。我们用它来测量山茶花粉的大小。山茶的花粉粒呈椭球形，大小一般为极轴×赤道轴＝(22～30)μm×(18～25)μm。用 10×物镜和装有上述目镜测微尺的 10×目镜观察，某花粉粒极轴长 2.5 小格，赤道轴长 2 小格，则该花粉粒初始大小为 250μm×200μm。须知这一数值是经物镜放大 10 倍的结果，说明该花粉粒的实际大小为 25μm×20μm。虽然花粉粒经过目镜又被放大了 10 倍，但目镜测微尺也同样放大了 10 倍，两者相互抵消，可忽略不计。

(二)物镜测微尺的使用

将物镜测微尺置于显微镜的载物台上，使有刻度的一面朝上。与观察标本一样，使具有刻度的小圆圈位于视野中央。将装有样品的载玻片置于物镜测微尺上方，对准刻度进行测量。观察样品在物镜测微尺上所占的小格数乘以 10μm，得到样品的实际长度。

实际操作时，可能会遇到样品和刻度不能同时看清的情况。这种现象很正常，因为它们不在同一平面上。改进的方法很多，例如在测量花粉大小时，可直接在物镜测微尺上制样，因为物镜测微尺本身就是一块特制的载玻片。还可以在同一物镜下将物镜测微尺和标本分别拍照，然后对比照片，估算出标本的实际大小(见附图 1、附图 2)。

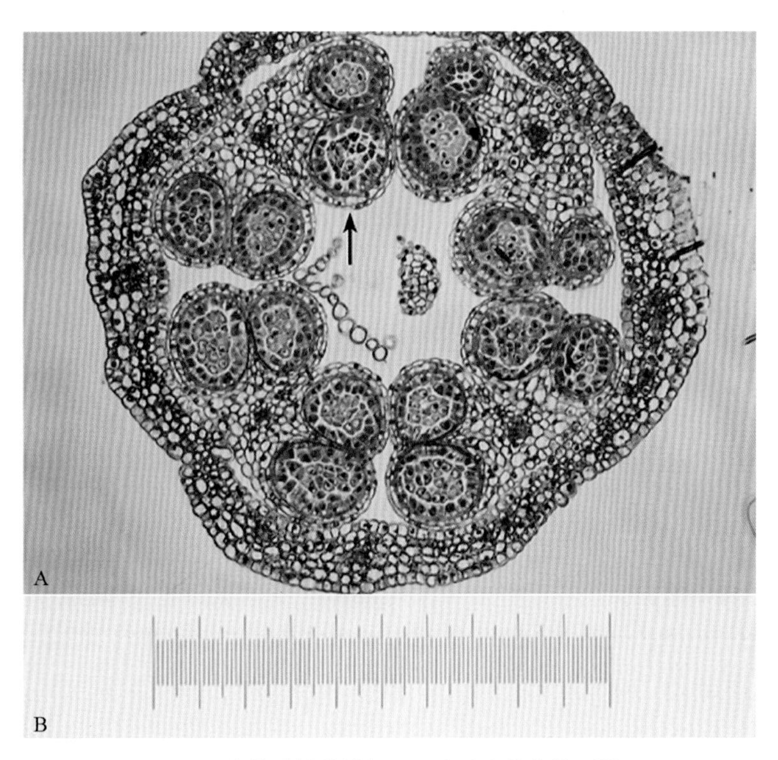

附图 1　青荚叶雄花横切及同步放大的物镜测微尺

青荚叶的雄花为单被花，有 4 枚雄蕊。该照片显示 4 个花药的横切面，左上角箭头所指为花药中的 1 个花粉囊。A. 青荚叶雄花横切(4×)。B. 4×视野下的物镜测微尺(标尺总长 1mm，每大格长 100μm，每小格长 10μm)。

测量结果表明，附图1箭头所指的花粉囊直径约为170μm。

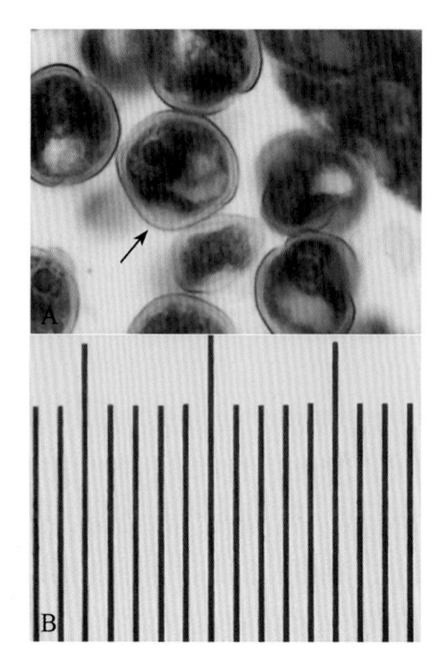

附图2　青荚叶花粉囊横切及同步放大的物镜测微尺

A.青荚叶花粉囊横切(40×)。B.40×视野下的物镜测微尺(标尺总长1mm，每大格长100μm，每小格长10μm)。

测量结果表明，附图2箭头所指的花粉直径约为38μm。

后　记

生物制片技术是生物科学、生物技术及其相关专业师生必备的基本技能之一，是研究动植物细胞、组织和器官的形态结构的重要手段。同时，它又是训练学生科学思维、培养实事求是的科学态度和独立工作能力的重要手段。

本书所采用的照片，大部分是作者多年来从事生物制片工作的实验原图，有些是作者指导的学生实验照片，如图 6-10 长寿花的叶表皮装片是温州大学 2006 级生物技术专业陈露茜同学的作品，图 6-18 西芹叶柄的横切（徒手切片）是温州大学 2014 级生物科学专业南黎同学的作品，图 6-14 洋葱根尖细胞有丝分裂的压片是 2021 年温州大学生物实验技能大赛一等奖作品。对同行提供的原始图片以及一些来源于网络的图片，作者表示衷心的感谢。

生物制片技术大部分是作者多年来从实践中摸索总结出来的。石蜡切片技术得到了云南大学朱启顺博士的指导，超薄切片技术得到了温州医科大学方周溪高级实验师的指导，细胞学压片和染色体计数技术得到了兰州大学刘建全教授（现在四川大学）的指导，Technovit 包埋切片技术得到了日本京都大学户部博（Tobe Hiroshi）教授和山本武能（Yamamoto Takenori）博士的指导。

本书的出版得到了温州大学生命与环境科学学院全体师生的大力支持：阎秀峰院长欣然为本书作序；应雪萍教授、张永普教授、柳劲松教授提供了动物学制片的大量原始图版，并对全书的结构与布局提出了建设性的意见。梁莉博士在样品采集和实验准备等方面做了大量工作。温州大学的李铭教授、王敏副教授、华南农业大学的郝双丽博士、温州大学 2020 级生物技术专业（专升本）的吴茜茜同学、2018 级生物科学专业的潘连红同学都做出了重要贡献。众人拾柴火焰高，可以说，没有同事和同学们的支持与帮助，就没有本书的出版。在此书出版之际，作者谨向上述人员表达诚挚的谢意。